國家社科基金重大項目"中國歷史上的災害與國家治理能力建設研究"階段性成果

全國高等院校古籍整理研究工作委員會直接資助項目資助成果

国家出版基金项目
NATIONAL PUBLICATION FOUNDATION

明代氣象史料編年

第六册

展龍 ◎ 編

社會科學文獻出版社
SOCIAL SCIENCES ACADEMIC PRESS (CHINA)

光宗泰昌年間

（一六二〇）

泰昌元年（庚申，一六二〇）

七月

壬寅，鳳陽大雨水，淮水大上（疑當作"漲"），舟行于陸。（《國榷》卷八四，第5159頁）

大水。（民國《全椒縣志》卷一六《祥異》）

初八日，大風拔木折屋，壓死人物甚眾，禾稼盡毀。（光緒《文登縣志》卷一四《災異》）

有雪。（光緒《金華縣志》卷一六《五行》）

八月

庚戌，是夜，漏下一鼓，東方有流星，大如盞，青白色，起趨蛇，東入奎宿，二小星隨之。（《明光宗實錄》卷四，第95頁）

庚午，浙江道御史左光斗請賑遼東饑寒。（《明光宗實錄》卷七，第188頁）

癸酉，颶風壞海運。先是，七月初，海運船開洋至馬頭嘴，夜聞海鳴龍鬭，黑雲糾連運艘，射激（廣本作"激射"）傷登屬運船八十五隻、萊屬船

一十六隻，溧〔漂〕没糧四萬四千九百石有奇。（《明光宗實錄》卷八，第210頁）

壬辰，遼東大旱，饑。（《國榷》卷八四，第2605頁）

大雨雹。（康熙《壽光縣志》卷一《總紀》；嘉慶《昌樂縣志》卷一《總紀》；同治《重修寧海州志》卷一《祥異》；民國《濰縣志稿》卷二《通紀》；民國《壽光縣志》卷一五《大事記》）

寧海大雨雹。（光緒《增修登州府志》卷二三《水旱豐饑》）

至二十三日以後，每夜月五彩光華，半月不止。（天啟《淮安府志》卷二三《祥異》）

丁卯，日没後，有白虹數丈，自西北横亘東南。（同治《上海縣志》卷三〇《祥異》）

丙辰，遼東經略熊廷弼言："西寧、錦義一帶，自春徂夏，踰時不雨，千里赤地；河東開、鐵諸處，早為戎馬之場。獨遼陽、海、蓋初春稍沾雨澤，不意六、七兩月，旱魃為虐，芻穀盡槁。"（民國《奉天通志》卷二三《大事》）

夜半，雷雨大作，轟然震響。（民國《重纂禮縣新志》卷二《山水》）

大雨雹，半尺，大如雞卵，鴉雀打死大半，至次日未消。（康熙《續安丘縣志》卷一《總紀》）

丁卯，日没後有白虹數丈，自西北至東南横亘天。（崇禎《松江府志》卷四七《災異》）

日光摩蕩，月餘而止。是年，米石二兩八錢。自後無歲不貴。（康熙《嘉定縣志》卷三《祥異》）

十三未、申二時，蛟水忽漲，平地深七八丈，刈禾積稻，頃刻漂没，沿河田地崩頹沙壓，遺沙糧數百頃。英民自是逃散。（乾隆《英山縣志》卷二六《祥異》）

一月之内，連作七次大水，飛蝗滿田，禾稻一空，即田上草根俱被食盡，各都皆然。（乾隆《定安縣志》卷一《災異》）

朔，大風晝晦。（萬曆《樂亭縣志》卷一一《祥異》；乾隆《永平府

志》卷三《祥異》)

十月

大雨，冰，地厚尺許，樹枝皆折，鳥獸多餓死。(順治《定陶縣志》卷七《雜稽》；民國《定陶縣志》卷九《災異》)

十月己未，淮安府地震，雷火擊燬城樓。大雨如注，平地盡成巨浸。巡按御史孫之益以聞，言："淮安咽喉重地，有此災警，變不虛生。且黎民重罹昏墊之苦，千里盡同魚鱉之區。兼之重征疊派，按册誅求，血肉飛於箠楚，枷鎖充斥街衢。疫癘盛行，十人九病，應比之窮氓，悉鬼形而鵠面。守催之胥役，亦下淚而傷心。"語甚痛切，章下所司。(《明熹宗實錄》卷二，第 86 頁)

癸亥，雷。(《國榷》卷八四，第 5182 頁)

雷電，大雨。(乾隆《銅陵縣志》卷一三《祥異》)

下旬，大雪連綿不息，至次年天啟辛酉歲二月初旬始霽。(康熙《巢縣志》卷四《祥異》)

二十日寅刻，震電。是夜，月圓如望。(嘉慶《松江府志》卷八○《祥異》；同治《上海縣志》卷三○《祥異》)

二十日，夜，雷雨大作。二十一日夜，大雷電。(民國《吳縣志》卷五五《祥異考》)

二十日，雷雨竟日。二十一日四更，大雷電。(乾隆《震澤縣志》卷二七《災祥》)

癸巳，五更，震電。(乾隆《婁縣志》卷一五《祥異》；乾隆《華亭縣志》卷一六《祥異》)

二十日，五更，震電。(光緒《川沙廳志》卷一四《祥異》)

大雷電。(同治《湖州府志》卷四四《祥異》)

二十日雷雨竟日，二十一日四更大雷電。(乾隆《吳江縣志》卷四○《災變》)

二十日五更時，雷雨大作，竟日方霽。二十一日四更時，復大雷電。

（崇禎《吴縣志》卷一一《祥異》）

十一月

暴風驟雪，行人死者甚眾。（光緒《保定府志》卷三《災祥》；光緒《容城縣志》卷八《災異》）

石首大雪，自冬十一月至明年春二月方止。（光緒《荆州府志》卷七六《災異》）

十日，大雷連發，電光大照。（天啟《淮安府志》卷二三《祥異》）

旱。十一月，舒城、無為、巢縣、六安大雪，至次年二月始霽，雪上多黑點，如煙煤散落，山陰處積至丈餘，人以為黑雪云。（康熙《廬州府志》卷三《祥異》）

大雪，至次年二月始霽……六安、舒城、廬江、巢縣皆然。（乾隆《无为州志》卷二《灾祥》）

雷電。（康熙《貴池縣志略》卷二《祥異》）

十二月

壬申，是歲山東省城及泰安、肥城皆雨土。泰安岱廟神口噴火，雲南各府俱猛雨狂風，晝晦地震。省城産羊妖，湖廣荆、襄、承天州縣各地震。江西鄱陽、廣信大冰雹，陝西岔山堡産牛妖，廣東肇慶、惠州各縣地大震。禮部類奏，又言："輦轂之下，屢見數日疊出，白氣横天，流星墜地。然猶八月以前災異也。皇上嗣登大寶，純孝昭格，宜其嘉祥交至，而曦鸞回禄，至驚先靈，且秋冬雨雪不霑，三農懸望，因請亟加修省。"上納之。（《明熹宗實録》卷四，第223～224頁）

雨冰，折木。（民國《淮陽縣志》卷八《災異》）

雨冰，地上凝結數寸。（光緒《壽張縣志》卷一〇《雜事》）

雨冰，地上凝數寸厚，大樹壓折，填塞道路。（崇禎《鄆城縣志》卷七《災祥》）

雨冰，地凝數寸，樹皮俱析，梗塞道路。（乾隆《魚臺縣志》卷三

《災祥》）

初八，天黑如夜。（咸豐《邛嶲野録》卷六九《祥異》；光緒《敘州府志》卷二三《祥異》）

雨冰，地上凝數寸厚，大樹壓折，填塞道路。（崇禎《鄆城縣志》卷七《災祥》）

二十日寅刻，震電，是夜月圓如望。（崇禎《松江府志》卷四七《災異》）

多雪。（天啓《淮安府志》卷二三《祥異》）

大雪，兩閱月始霽，凍死者無算。（乾隆《銅陵縣志》卷一三《祥異》）

大雪，積四十餘日。（康熙《安慶府志》卷六《祥異》；康熙《望江縣志》卷一一《災異》）

大雪，積四十餘日始霽，民多拆屋而爨。（道光《宿松縣志》卷二八《祥異》）

大雪，積四十日始霽。（康熙《安慶府太湖縣志》卷二《災祥》）

大雨雪。（康熙《進賢縣志》卷一八《災祥》）

降大雪。（萬曆《四川總志》卷二二《災祥》）

十八，大雪，至於正月止。（康熙《建德縣志》卷七《祥異》）

大雪，至正月中旬甫止。（光緒《五河縣志》卷一九《祥異》）

中旬，大雪，至次年二月中乃止。（乾隆《武寧縣志》卷一《祥異》；道光《義寧州志》卷二三《祥異》）

至春二月，大雪七十餘日，飛鳥饑斃。（乾隆《石首縣志》卷四《災異》）

是年

澂江、姚安、廣西、安寧、富民、新興、十八寨、河西大水。（天啓《滇志》卷三一《災祥》）

春，渭南、靈陽五鼓日才見，天裂數丈。冬，大雪，至仲春始霽，人多

凍死。（康熙《陝西通志》卷三〇《祥異》）

春，陰雨，三月不散。（光緒《太平府志》卷三《祥異》）

春，淫雨。夏，旱。（光緒《文登縣志》卷一四《災異》）

春夏，大雨水。（光緒《盱眙縣志稿》卷一四《祥祲》）

大風霾，晝晦。（康熙《大城縣志》卷八《災祥》）

夏雨雹，傷麥，鳥鵲死者甚多。（民國《重修蒙城縣志》卷一二《祥異》）

夏，大風雨，木樓飛出，越三仰峰而去，土人目擊者甚眾。（民國《崇安縣志》卷三六《雜録》）

夏，大旱。秋，蝗。（康熙《上蔡縣志》卷一二《編年》）

夏，旱，蝗。冬，饑。（乾隆《靈璧縣志略》卷四《災異》）

夏，旱，蝗蝻生。（乾隆《滿城縣志》卷八《災祥》）

夏，旱，石米一兩五錢，饑。（光緒《桐鄉縣志》卷二〇《祥異》）

夏，旱。（光緒《歸安縣志》卷二七《祥異》）

夏，澇，知縣羅公尚忠躬勘水災。（康熙《建昌縣志》卷九《祥異》）

大旱，秋，蝗。（康熙《汝陽縣志》卷五《機祥》；民國《確山縣志》卷二〇《大事記》）

大旱，山田彌望皆赤地。民大饑。（康熙《上杭縣志》卷三《儲郵》）

大無禾。（乾隆《偃師縣志》卷二九《祥異》）

大旱。秋，蝗。（順治《汝陽縣志》卷一〇《機祥》）

大荒，野蠶成繭。（康熙《封邱縣續志》卷八《災祥》）

大水，瀕江民多淹死。（乾隆《諸暨縣志》卷七《祥異》）

大水，無麥。冬夜，有白氣如雲橫天，數月不散。（康熙《鶴慶府志》卷二五《災祥》）

大水。（天啟《滇志》卷三一《災祥》；康熙《瀏陽縣志》卷九《災異》；康熙《新興州志》卷一《災祥》；道光《大姚縣志》卷四《祥異》）

大水。冬，大雪四十日，直抵正月，魚凍死，河可行車。（康熙《安鄉縣志》卷二《災祥》）

富民、安寧大水。（康熙《雲南府志》卷二五《菑祥》）

龜山橋，庚申洪水圯其半，積久弗治。（萬曆《將樂縣志》卷一一《詞翰》）

旱，蝗。（順治《息縣志》卷一〇《災異》；康熙《長垣縣志》卷二《災異》；同治《肥鄉縣志》卷二七《機祥》）

旱，蝗。民大饑。（光緒《光州志》卷六《宦蹟》）

旱，蝗飛蔽日，害稼。民饑。（民國《交河縣志》卷一〇《祥異》）

旱，民饑，南京工部尚書丁寶賑青浦并吳江縣，共粟一萬石。（乾隆《青浦縣志》卷一一《荒政》）

旱。（雍正《舒城縣志》卷二九《祥異》）

旱魃，蝗。冬，大雪。（康熙《開州志》卷四《災祥》）

旱蝗，地震。（民國《大名縣志》卷二六《祥異》）

河凍冰堅，車馬可渡。次年正月始解。（民國《芮城縣志》卷一四《祥異》）

河決陽武胡村鋪，直衝封城。（順治《封邱縣志》卷三《祥災》）

河陽大水。（康熙《澂江府志》卷一六《災祥》）

黃平大水，天雨皂角子。（嘉慶《黃平州志》卷一二《祥異》）

蝗。（天啟《中牟縣志》卷二《物異》；順治《太和縣志》卷一《災祥》；乾隆《羅山縣志》卷八《災異》）

蝗蔽天，無害。是年豐。（順治《高淳縣志》卷一《邑紀》）

蝗蝻大作，歲荒。（乾隆《夏縣志》卷一一《祥異》）

蝗自西北來，如河決之狀，漫延民舍，他處不有之。（康熙《通許縣志》卷一〇《災祥》）

江水冰。（光緒《江夏縣志》卷一三《祥異》）

歉。大水。（民國《姚安縣志》卷四七《農業》）

秋，大水。（順治《新修望江縣志》卷九《災異》）

秋，大水。冬，大雪……江水冰。（康熙《武昌府志》卷三《災異》）

秋，大水。冬，大雪四十日。（康熙《興國州志》卷下《祥異》）

秋，大雨雹。（雍正《樂安縣志》卷一八《五行》；民國《續修廣饒縣志》卷二六《通紀》）

秋，霪雨連綿，洪水横溢，沿河民居、田禾衝没甚多。是年米貴，民多菜色。（康熙《安寧州志》卷二《祥異》）

石埭疫。冬，雷。（康熙《池州府志》卷二九《災祥》）

霜降前三日，雨雪。（雍正《瑞昌縣志》卷一《祥異》）

水，改折。（崇禎《泰州志》卷七《災祥》）

大雪數十日，河凍冰堅。（民國《平民縣志》卷四《災祥》）

天鼓鳴，竟天飛蝗蔽日。（康熙《太康縣志》卷八《災祥》）

天雨灰。（康熙《文縣志》卷七《災變》）

蟹傷禾，大水。改折。（嘉慶《東臺縣志》卷七《祥異》）

夜，有白氣衝天，自秋及冬……黄河凍。（康熙《潼關衛志》卷上《災祥》）

陰雪四十餘日，竹木盡折。（順治《蘄水縣志》卷一《祥異》）

霪雨，決堤没禾。（雍正《安東縣志》卷一五《祥異》；光緒《安東縣志》卷五《民賦下》）

雨，木凍。（康熙《永寧縣志》卷一《災異》）

雨，木冰。（民國《洛寧縣志》卷一《祥異》）

雨土。（光緒《肥城縣志》卷一〇《祥異》）

諸暨大水，民多死。（乾隆《紹興府志》卷八〇《祥異》）

冬，大雪，恒寒。（康熙《景陵縣志》卷二《災祥》）

冬，大雪，深與簷齊，山樵經旬不能入市。（道光《桐城續修縣志》卷二三《祥異》）

冬，大雪，四十餘日無晴。（康熙《羅田縣志》卷七《災異》）

冬，大雪，四月乃止，積與簷平，雪上多黑點如煤，謂之黑雪。（光緒《霍山縣志》卷一五《祥異》）

冬，大雪，至春仲始霽，人多凍餒死。（光緒《新續渭南縣志》卷一一《祲祥》）

冬，大雪，至仲春始霽，人多凍死。（嘉慶《中部縣志》卷二《祥異》）

冬，大雪，自冬徂春四閱月不止，居民往來不通，人畜餓死者不知其數。（乾隆《英山縣志》卷二六《祥異》）

冬，大雪。（康熙《開州志》卷四《災祥》；咸豐《大名府志》卷四《年紀》）

冬，大雪四十餘日，江水冰。（康熙《武昌縣志》卷七《災異》；光緒《武昌縣志》卷一〇《祥異》）

冬，大雪至數十日，河冰，車馬可渡。明年正月末始解。是歲，大有年。（乾隆《蒲州府志》卷二三《事紀》）

冬，木結冰，乳枝俱折。（天啟《江山縣志》卷八《災祥》）

冬，雨，木冰。（光緒《曹縣志》卷一八《災祥》）

冬月，大雪，民仍饑，大寒，米薪甚貴，至天啟元年春二月乃霽。黃河凍，東至靈寶，西至潼關。（順治《閿鄉縣志》卷一《星野》）

熹宗天啟年間

（一六二一至一六二七）

天啟元年（辛酉，一六二一）

正月

丙戌，土星逆犯井宿。（《明熹宗實錄》卷五，第 239 頁）

癸亥，大風雪。（《國榷》卷八四，第 5184 頁）

大雪，積四十餘日。（道光《桐城續修縣志》卷二三《祥異》）

大雪連旬。（乾隆《銅陵縣志》卷一三《祥異》）

大雪彌月。（民國《確山縣志》卷二〇《大事記》）

大雪四十日，虎獸多饑死。（同治《德化縣志》卷五三《祥異》）

大雪四十日，虎獸多飢死。（同治《九江府志》卷五三《祥異》）

元日，大雨雪。三月，又大雪。三月十三日，黑風起，北方晝暝失人。十八日，大雨黃沙。（雍正《肥鄉縣志》卷二《災祥》）

元旦，大雪彌月。（康熙《汝陽縣志》卷五《機祥》）

元旦，日暈。冬，大雨雪。（康熙《景陵縣志》卷二《災祥》）

初一日，大風雪自艮方。（天啟《淮安府志》卷二三《祥異》）

雨黑雪，如鐺墨。正月，大雪，半月深丈餘。（順治《廬江縣志》卷一〇《災祥》）

大雪，封門塞路，積四十餘日。（康熙《桐城縣志》卷一《祥異》）

大雪，積四十日始霽，民皆拆屋而爨。（順治《安慶府太湖縣志》卷九《災祥》）

大雨雪，積四十餘日。（康熙《安慶府潛山縣志》卷一《祥異》）

雪深丈餘，人不能行。（乾隆《亳州志》卷一《災祥》）

大雪四十餘日，虎獸多餓死。（康熙《彭澤縣志》卷一四《雜志》）

風霾晝晦。（光緒《祥符縣志》卷二三《祥異》）

大雪四十餘日，人多凍死。（乾隆《蘄水縣志》卷末《祥異》）

大雪，木冰，屋瓦地上冰厚尺許，一月不止。（康熙《蘄州志》卷一二《祥異》）

大雪，雨，木冰，時積雪四十日，民多凍死，竹樹盡折。（康熙《廣濟縣志》卷二《災祥》）

二十一日自午至酉，落黑雪如麮，鹽一包價四錢。大雪異常，人與牛馬多凍死，柴貴，無賣者。（康熙《興國州志》卷下《祥異》）

大雪，漢水冰凍，冰堅可履。（乾隆《鍾祥縣志》卷一《祥異》）

大雪。自去年十二月十五至正月末旬始霽。雪共深六七尺，野鳥多餓死者。（康熙《太平府志》卷三《祥異》）

大雪。自十二月十五日至二年正月終止，深七八尺。壓頹村市房屋，不計其數，野鹿麢麇幾絕。（康熙《繁昌縣志》卷二《祥異》；道光《繁昌縣志書》卷一八《祥異》）

大雪，自正月至二月終不絕，平地積四五尺，人畜、樹木、魚鱉凍死無數，洞庭凍結可行。（康熙《岳州府志》卷二《祥異》）

大雪，自正月至二月終不止，平地積四五尺，人畜、魚鱉多凍死，樹木根枯，江水冰結，人馬可行。（乾隆《平江縣志》卷二四《事紀》）

大雪，自正月至二月終不絕，平地積四五尺，人畜、樹木、魚鱉凍死無數，江河凍結可行。（康熙《臨湘縣志》卷一《祥異》）

正、二月雨雪連綿，米價石一兩一錢。（崇禎《吳縣志》卷一一《祥異》）

（省城）不雨至六月，米價騰貴。（天啟《滇志》卷三一《災祥》）

省城自正月不雨，至六月，米價騰踴。（康熙《雲南府志》卷二五《蓄祥》）

至六月不雨。（道光《昆明縣志》卷八《祥異》；民國《宜良縣志》卷一《祥異》）

二月

乙巳，日暈，見于遼陽旁，有耳，如月狀，赤白色，光燄閃爍。睨之如連環。其西南東北面，復各有形如日，景色昏慘。又化為青虹，狀似弓形者二，皆外向，與日光相背，自辰至午而滅。（《明熹宗實錄》卷六，第277頁）

乙丑，海運遭風，遣山東撫臣及薊遼等廠道臣致祭海神。（《明熹宗實錄》卷六，第311頁）

壬申夜，四方黑雲，風起西北有聲。（《國榷》卷八四，第5187頁）

大水，牆屋頹壞，人民損傷。（民國《連城縣志》卷三《大事》）

雨雪，嶺南無雪。是春，寒冽異常，大雪半月。（道光《陽江縣志》卷八《編年》）

雨雪。（宣統《高要縣志》卷二五《紀事》）

雨雪。嶺南素無雪，是春寒冽異常，大雪半日〔月〕。（民國《陽江志》卷三七《雜志》）

雨雹。（光緒《通州直隸州志》卷末《祥異》；光緒《泰興縣志》卷末《述異》）

常風霾。（康熙《通州志》卷一一《災異》）

初八日，大風霾。（康熙《山海關志》卷一《災祥》；乾隆《永平府志》卷三《祥異》；民國《綏中縣志》卷一《災祥》）

十八日，天雨土。（康熙《臨城縣志》卷八《機祥》）

癸亥，雨雹。（弘光《州乘資》卷一《機祥》）

初四日，夜，大雨雹，擊殺牛畜。（康熙《清流縣志》卷一〇《祥異》）

初四，夜，大風雹，樹木傷折無數。（崇禎《寧化縣志》卷七《祥異》）

自先冬至正二月，大雪四十日，魚多凍死，河可行車。（同治《安福縣

志》卷二九《祥異》）

大雹。（康熙《長樂縣志》卷七《災祥》）

閏二月

丙子，是日，風霾。因諭內閣："朕見今日偶然風塵大作，心甚兢惕，卿等可傳示兵部行文，星夜（李本無'星夜'二字）馬上差人傳與九邊經畧、督撫、鎮巡等官，嚴加防備，務保萬全，毋得疎怠。"越二日，復諭禮部："風霾示警，已令兵部申飭邊備，大小臣工仍各恪勤職業，共圖消弭，以副朕敬謹天戒至意。"（《明熹宗實錄》卷七，第 327 頁）

戊寅，風霾。（《明熹宗實錄》卷七，第 330 頁）

庚辰，傳諭順天府祈禱雨澤，禮部請以十五日為始，零禱修省，上然之。（《明熹宗實錄》卷七，第 330 頁）

乙酉，是日風霾。（《明熹宗實錄》卷七，第 335 頁）

癸巳，火星逆行入氐宿。（《明熹宗實錄》卷七，第 346~347 頁）

甲午，日生天文交暈，暈旁生左右珥，俱各黃白色，濃厚鮮明，兩接相生，白虹彌天。（《明熹宗實錄》卷七，第 348 頁）

大水，牆屋壞，人民損傷。（康熙《連城縣志》卷一《歷年紀》）

三月

辛亥，大風揚塵四塞，命太常寺官以六月二十二日，祀火德之神，著為令。（《明熹宗實錄》卷八，第 375~376 頁）

壬戌，大理寺署寺事左少卿李宗延為祈禱雨澤，請開釋無辜、情可矜疑、律例不合者盧元紹等四十名。命會刑部、都察院具奏。（《明熹宗實錄》卷八，第 395 頁）

乙丑，山東道御史傳宗龍言："近者三時不雨，所在尤旱。乃畿輔、山東之民，既苦辦納，又苦齎送。而遼人更苦援兵，膏血匱於轉輸，室家傾於剽奪，怨恨之氣，徹于九天，奈何望天心之垂佑也。為今之計，惟有速下明詔，將畿輔、山東旱荒地方，應加派盡行停免，概發帑金，以抵所免之

數。”（《明熹宗實錄》卷八，第 399~400 頁）

庚午，午後風霾，日無光。（《明熹宗實錄》卷八，第 416 頁）

十四日晡後，黑風雨雹，有龍自西而東，拔木折屋，文廟東廡文昌、名宦、鄉賢各須臾傾仆。（光緒《青陽縣志》卷三《祥異》）

大雨雹。是年秋大有。（康熙《開建縣志》卷九《事紀》）

四月

壬申，日有食之，以推算少差，奪監官戈承科俸二月。（《明熹宗實錄》卷九，第 419 頁）

甲戌，風霾。（《明熹宗實錄》卷九，第 427 頁）

甲戌，日中有黑氣摩盪。傍晚，赤星見於東方，連日夨矣。欽天監不以聞，御史徐揚先陳時事及之。（《明熹宗實錄》卷九，第 429 頁）

癸丑，是日午時，寧夏洪廣堡風霾大作，墜灰，片如瓜子，紛紛不絕，踰時而止。日將沉作紅黃色，外如炊煙，圍罩畝許。日光所射如火焰，夜分而沒。同日，延綏孤山城陷三十五丈，入地二丈七尺。（《明熹宗實錄》卷九，第 434~435 頁）

二十三日，龍巖大水，城崩十餘丈。（道光《龍巖州志》卷二〇《雜記》）

蝗。（同治《六安州志》卷五五《祥異》）

府治雨墨，着衣盡黑。（崇禎《瑞州府志》卷二四《祥異》）

大水入城，平地五六尺，衝壞城西南民居百餘間，鄉民多漂溺者，經三日始退。（康熙《上杭縣志》卷一一《祲祥》）

春，大雨雹。夏四月，霪雨大水，比丁巳年高數丈，城外民居漂去者半，東北城基崩陷。（乾隆《潮州府志》卷一一《災祥》）

五月

甲辰，夏至，大祀地於方澤，大風揚塵四塞。（《明熹宗實錄》卷一〇，第 489 頁）

淫雨，淮河交溢。（光緒《盱眙縣志稿》卷一四《祥祲》）

霖雨，河淮交溢，水入縣治，舟行於市。（光緒《清河縣志》卷二六《祥祲》）

朔，大風拔木，迅雷擊樹，南原一帶冰雹如卵。（光緒《新續渭南縣志》卷一一《祲祥》）

朔，渭南大風拔木，冰雹傷禾，迅雷震驚，地裂數處，闊三四尺，長五六尺，中有氣，人不敢下視。（康熙《陝西通志》卷三〇《祥異》）

大風拔木。（光緒《榆社縣志》卷一〇《災祥》）

大風傾拔樹木，禽鳥墮地無數。（康熙《深澤縣志》卷一〇《祥異》）

大水。（康熙《平樂縣志》卷六《災祥》；乾隆《昭平縣志》卷四《祥異》；乾隆《梧州府志》卷二四《機祥》；嘉慶《永安州志》卷四《祥異》）

六月

甲午，淮安大水。（《國榷》卷八四，第 5191 頁）

徐州大雨七日夜，城內水深數尺，壞民屋。（同治《徐州府志》卷五下《祥異》）

十五日始，大雨七晝夜。（嘉慶《蕭縣志》卷一八《祥異》）

大雨三日夜不止，馬陵山水發，塌橋二，鋪口決。（光緒《安東縣志》卷五《民賦下》）

大旱，江山縣十九都地陷為淵。（康熙《衢州府志》卷三〇《五行》）

大旱。（嘉慶《西安縣志》卷二二《祥異》；民國《衢縣志》卷一《五行》）

初二日，夜半大雨，平地水深數尺，坍牆倒屋無算。（民國《盩厔縣志》卷八《祥異》）

霖雨不止，運河隄岸衝倒，水由二鋪灌入三城，平地深一丈。（天啟《淮安府志》卷二三《祥異》）

十五日，大雨七晝夜，城內水深數尺，壞民房舍千餘間。（順治《徐州志》卷八《災祥》）

六、七月，亢旱。（光緒《慈谿縣志》卷五五《祥異》）

七月

壬子，順天等處旱，蝗。（《明熹宗實錄》卷一二，第 605 頁）

揚州雨紅沙。（乾隆《江都縣志》卷二《祥異》）

蝗。（民國《陽信縣志》第二冊卷二《祥異》）

旱、蝗。（民國《霑化縣志》卷七《大事記》）

二十三日，烈風，驟雨，海嘯，沿江廬舍漂没俱盡。（乾隆《杭州府志》卷五六《祥異》）

大雨彌月，渭北一帶河水泛溢。（光緒《新續渭南縣志》卷一一《祲祥》）

飛蝗北來，晚禾傷損。（崇禎《武定州志》卷一一《災祥》）

八月

甲戌，監軍御史方震孺具報遼陽失事情形言："道臣張應吾亦赴寧前任，城中始定，流離稍歸，及樞臣張經世冒險一行，而河西有人來往矣。爾時百無可制賊，不得不尋用虜，一著城中無兵將，不得不尋招潰兵；一著防河絕（紅本作'寂'）無人，不得不將殘卒殘兵擺置河上，皆應猝安排，不容不如此。日月既久，風雨浸潏，非不欲建營房，而木植甎瓦，從何措辦？烈日流金，漂風裂骨，殘卒原非鐵石，何以堪此？五、六月徹日大雨，河上低濕，兵坐立泥淖中，腿皆生蛆，得升斗糧，安置地上。風雨驟至，粮化爲沙，斗米價一兩二錢。"（《明熹宗實錄》卷一三，第 645 頁）

乙酉，貴州鎮遠、思州、銅仁、偏橋、平溪等處大水。（《明熹宗實錄》卷一三，第 675 頁）

乙未，近日，浙火，黔水，秦旱，齊蝗，屢見告矣，而徵調日衆，催科日急，令有司加意撫字，无得因之朘削。（《明熹宗實錄》卷一三，第 684 頁）

水霾江漲，較乙酉年只差一尺而已。（乾隆《定安縣志》卷一《災異》）

九月

霪雨十日。（乾隆《許州志》卷一○《祥異》）

十月

雨霧落地成冰，草木被折。（民國《大名縣志》卷二六《祥異》）

初五日，天雨黑子，狀如黍，亦如菽，食之味甘。（道光《蒲圻縣志》卷一《災異并附》）

雨霧，落地成冰，草木被折。（康熙《元城縣志》卷一《年紀》）

初十，夜，天有白氣，像如刀，經宿方散。（康熙《永壽縣志》卷六《災祥》）

雨霧，落地成冰，草木披折。（乾隆《內黃縣志》卷六《編年》）

雨霧，落地成冰，草木盡皆折損。（民國《清豐縣志》卷二《編年》）

十一月

己酉，瑞王、惠王、桂王奏：“以養贍不敷，乞撥給雄縣拋荒遺地，武清、東安二縣界三家水洶，及獨流宮村新莊牙行。”上報以之國不遠，恐多一番擾累，王宜體朕意。（《明熹宗實錄》卷一六，第797頁）

壬子，淮安大雷。（《國榷》卷八四，第5196頁）

十五日，亥，大雷一聲，電光大照，去向乾方。（天啟《淮安府志》卷二三《祥異》）

大雪連晝夜，至次年正月十六日始止。民饑死者不知其數。（康熙《石埭縣志》卷二《祥異》）

冬，大雪，自十一月至於二年春四十八日，鳥鵲死，路無行人。（乾隆《黃岡縣志》卷一九《祥異》）

十二月

辛巳，是日午，風從西北乾方來，揚塵四塞。禮科周朝瑞言：“是午，日上有一物，覆壓摩盪，非烟非霧，如蓋如吞，怪風揚沙，通天皆赤，當束東西交警之時。天不悔禍，有此非嘗譴告。願皇上省躬慮敗，虛已〔己〕求言，併嚴勅内外臣工，盡化陰私，無復仍前借徑紛争，甘心悞國。更詰責欽天監職司何事，一任昏迷，庶幾人心知儆，天意可回。"（《明熹宗實録》卷一七，第 854～855 頁）

丙申，禮部類奏灾異，除遼東日暈，京師二次風霾已經另題外，泰昌元年十月二十六日，嘉定州地震。十一月二十八日，茂州地震。天啓元年二月十八日，廣元縣地震二次。閏二月十四日，平武縣地震。十九日，復震。二月二十七日，洮州、岷州、秦州皆地震。三月初五日，杭州省城大火，至初八日止，燒燬一千六百餘户，屋萬餘間，死者三十五人。四月十一日，宣府懷、延二衛；十七日，開平、龍門二衛；十八日，萬全都司俱地震。五月二十六日，韓城縣學古槐一株周圍丈餘，火從空出，燄向下萎，自稍逮根，遂成煨燼。六月二十日，肇慶府大雨如注，西門外王體積家廳地上微折處，血水噴出，如趵突泉狀，色鮮氣腥，徧地皆溢。十月二十日，遵化、密雲、薊鎮各地震。十月初十日，蓬萊、黄縣、福山、棲霞、招遠、萊陽、文登、寧海各地震。（《明熹宗實録》卷一七，第 885～886 頁）

大風晝晦。（民國《鹽山新志》卷二九《祥異表》）

江陵大雪。（光緒《荆州府志》卷七六《灾異》）

大雪，草市早起居民見屋上巨跡長尺餘，遍户皆然，跡皆自北而南。（乾隆《江陵縣志》卷五四《祥異》）

是年

春，大雨水。（嘉慶《澄海縣志》卷五《灾祥》；光緒《潮陽縣志》卷一三《灾祥》）

春，大雨，水漲。（乾隆《潮州府志》卷一一《灾祥》）

春，大雪，深丈許。（民國《太和縣志》卷一二《灾祥》）

春，雨，木冰。（康熙《豐城縣志》卷一《邑志》；民國《南昌縣志》卷五五《祥異》）

春，大旱。（乾隆《掖縣志》卷五《祥異》）

上杭大水，漂田廬，人多溺死。（乾隆《汀州府志》卷四五《祥異》）

水溢，民饑。（道光《重修武強縣志》卷一〇《禨祥》）

大旱。（康熙《定邊縣志·災祥》；乾隆《陸涼州志》卷五《雜志》；道光《宣威州志》卷五《祥異》；光緒《蠡縣志》卷八《災祥》；民國《萬載縣志》卷一《祥異》）

公安旱饑。（光緒《荊州府志》卷七六《災異》）

楚藩承運殿災，時大雷雨。（光緒《江夏縣志》卷一三《祥異》）

大水，九里，北隄決。（嘉慶《高郵州志》卷一二《雜類》）

沭陽蝗，沭水溢溢。（嘉慶《海州直隸州志》卷三一《祥異》）

大水，廟灣匯為巨浸。（民國《阜寧縣新志》卷首《大事記》）

淮黃漲溢，決裏河王公祠。淮安知府宋統殷、山陽知縣練國事力塞之。（光緒《淮安府志》卷四〇《雜記》）

大水。（崇禎《廉州府志》卷一《歷年紀》；康熙《寶應縣志》卷三《災祥》；康熙《河間縣志》卷一一《祥異》；乾隆《任邱縣志》卷一〇《五行》；嘉慶《沅江縣志》卷二二《祥異》；道光《重修寶應縣志》卷九《災祥》；光緒《沔陽州志》卷一《祥異》；光緒《鶴慶州志》卷二《祥異》；民國《建德縣志》卷一《災異》；民國《獻縣志》卷一九《故實》）

仙六都小君山蛟溢，人多淹死者。（道光《宜黃縣志》卷二七《祥異》）

郡大火，燬民居三之一。（光緒《撫州府志》卷八四《祥異》）

大水，壞民居，傷禾稼，漂畜產，崩橋梁圩堤無算。（同治《萬年縣志》卷一二《災異》）

大旱，樹頭生火，百葉零落，人多遷徙，至七月間始雨，城北馬莊廟碑發見。（民國《茌平縣志》卷一一《天災》）

旱，蝗。（順治《鄒平縣志》卷八《災祥》；乾隆《淄川縣志》卷三《災祥》；乾隆《武城縣志》卷一二《祥異》；乾隆《東昌府志》卷三《總紀》；民國《鄒平縣志》卷一八《災祥》；民國《齊東縣志》卷一《災祥》）

大雪，民間有天啟元年雪撞撩（或作"橑"）檐之謠。（光緒《歸安縣

志》卷二七《祥異》）

大雨雪。（同治《孝豐縣志》卷八《災歉》）

大雪。（乾隆《安吉州志》卷一六《雜記》；同治《長興縣志》卷九《災祥》）

黃河溢，水及城下。（康熙《朝邑縣後志》卷八《災祥》）

黃河溢。（民國《平民縣志》卷四《災祥》）

雨，大水，木枝墜。（道光《安定縣志》卷一《災祥》）

秋，旱，民饑。（同治《江山縣志》卷一二《祥異》）

冬，大雨雪。（民國《重修蒙城縣志》卷一二《祥異》）

春，潦。夏，旱。（康熙《新淦縣志》卷五《歲眚》）

春，大雪。夏，大水。（順治《息縣志》卷一〇《災異》）

春，大冰雪，池魚多凍死者。是年鹽貴，至每小包價一金。（乾隆《寧鄉縣志》卷八《災祥》）

春，雪，大冰淩，池魚多凍死。是年大饑。（嘉慶《安化縣志》卷一八《災異》）

春，大冰雪，池魚多凍死。（同治《益陽縣志》卷二五《祥異》）

春，大雪四十日，魚凍死，河冰可行車。（乾隆《澧志舉要》卷一《大事記》）

春，大寒，雪積五十餘日，鳥獸多死。夏，水漲堤決，不為災。（嘉慶《常德府志》卷一七《災祥》）

春，大冰，池魚凍死。（乾隆《長沙府志》卷三七《災祥》）

春，大雪，平地深丈餘。（乾隆《霍邱縣志》卷一二《雜記》）

春，大雪四十餘日，自舊臘二十日至二月初始霽。（康熙《宿松縣志》卷三《祥異》）

春，雪百日。（順治《含山縣志》卷三《祥異》；光緒《直隸和州志》卷四《祥異》）

春，久雪，米貴自此年始。（嘉慶《東流縣志》卷一五《五行》）

春，大雪，深丈餘。（乾隆《鳳陽縣志》卷一五《紀事》；嘉慶《重刊

宜興縣舊志》卷末《祥異》)

春，大雪五十余日。（嘉慶《無爲州志》卷三四《機祥》)

春夏，旱。（順治《饒陽縣後志》卷五《事紀》)

春夏，大旱。秋，澇，禾盡蝗。（康熙《儋州志》卷二《祥異》)

夏，大旱，無禾。（康熙《孟縣志》卷七《災祥》)

夏，大旱，無麥。（乾隆《重修懷慶府志》卷三二《物異》)

夏，無麥。（乾隆《濟源縣志》卷一《祥異》)

（夏）大水，没民田及廬。（康熙《靈璧縣志略》卷一《祥異》)

新興、十八寨、彌勒大旱。（天啟《滇志》卷三一《災祥》)

平之城，自天啟改元夏五月，陽侯作祟，水高於垛者五尺，沿江一帶樓櫓雉堞蕩然漂没，牆之圮者無慮數十百丈，而北樓為水所浸。（乾隆《玉屏縣志》卷一〇《記》)

又旱。（同治《營山縣志》卷二七《雜類》)

大水。是歲饑，永淳饑民流欽死者日數百計。（道光《欽州志》卷一〇《紀事》)

先年，雪堆城市五十餘日，冰雪堅厚，鵲獸死者枕藉。于正月十五冰始解。是年夏，水漲，各隄皆崩，究稱有年。（康熙《龍陽縣志》卷一《祥異》)

洚水湯湯，又湖潦内溢，揵石盡菑，於五月十九日堤大決。上自武陵、高磧、張旺堰決口三，伍家塔決口二，約皆二里。下則柳家潭、烏龍灘、遊仙觀等處決口三，約二里……故老云百年以來未見此災。（嘉慶《常德府志》卷一一《隄防》)

府庠雷震鄰署，移鴟吻於明倫堂。（康熙《寶慶府志》卷二二《五行》)

旱，饑。（乾隆《富平縣志》卷一《祥異》；同治《公安縣志》卷三《祥異》)

旱，饑。知縣張陽純請發官儲五千餘石賑濟。（康熙《順昌縣志》卷二《災祥》)

大雪，四十餘日不止，薪桂米珠，人多僵斃。（康熙《羅田縣志》卷一《災異》）

大雪，四晚不止，人多僵死。（道光《黃安縣志》卷九《災異》）

漢水冰合。（同治《續輯漢陽縣志》卷四《祥異》）

大水，城盡圮。（康熙《汝寧府志》卷三《城池》；乾隆《羅山縣志》卷二《城池》）

大蝗。（道光《泌陽縣志》卷三《災祥》）

六都小君山蛟溢，人多淹死者。（康熙《宜黃縣志》卷一《機祥》）

旱。自元年至五年，惟萬載一邑水旱頻仍。（同治《袁州府志》卷一《祥異》）

雪深一丈，人不能行。（雍正《懷遠縣志》卷八《災異》）

蝗災。（康熙《虹縣志》卷上《祥異》）

大雪，路止人行，凍死甚衆。（順治《潁上縣志》卷一一《災祥》）

大雪，自冬歷春，深踰丈，窮民凍死者甚衆。（雍正《舒城縣志》卷二九《祥異》）

臥龍山發洪水。（康熙《山陰縣志》卷九《災祥》）

大雪。民間有“天啟元年，雪撞橑檐”之謠。（光緒《烏程縣志》卷二七《祥異》）

黃、淮、運俱決，廟灣匯為巨浸。（民國《阜寧縣新志》卷九《水工》）

水。（嘉慶《東臺縣志》卷七《祥異》）

飛蝗蔽天，淮水大漲，沭河四決，民舍漂流。（康熙《沭陽縣志》卷一《祥異》）

河決靈璧入淮。淮安霪雨連旬，黃淮暴漲。（乾隆《山陽縣志》卷一〇《河防》）

蝗。（康熙《棲霞縣志》卷七《祥異》；同治《重修寧海州志》卷一《祥異》）

天雨灰。（民國《新纂康縣縣志》卷一八《祥異》）

天雨灰三日，日赤如血，無光。（乾隆《直隸階州志》卷下《祥異》）

龍曲灣大雨，地移為凹，四五里之外房屋皆陷。（順治《藍田縣志》卷四《災異》）

大水，賑濟。（光緒《吉州全志》卷七《祥異》）

秋，漆河溢。（康熙《灤志》卷二《世編》）

秋，大水。（崇禎《歷乘》卷一三《災祥》）

秋，旱。（康熙《紫陽縣新志》卷下《祥異》）

冬，雨，木冰，樹枝盡壓折，地如玻璃，滑不可步。（康熙《城武縣志》卷一〇《祲祥》）

冬，雨，木冰，樹枝盡壓折，地如琉璃。（光緒《曹縣志》卷一八《災祥》）

冬，大雨雪，凡三月。（康熙《麻城縣志》卷三《災異》）

冬，不雨，日赤無光。（康熙《敘永廳志》卷二《籌邊》）

冬，大雷，雪。（同治《漢川縣志》卷一四《祥祲》）

冬，大雪。（順治《沈丘縣志》卷一三《災祥》）

天啟中，天鼓鳴。冬，雪上恒見巨人跡。（康熙《江寧縣志》卷一二《災祥》）

天啟二年（壬戌，一六二二）

正月

風霾蔽日。（天啟《新泰縣志》卷八《祥異》）

二月

甲戌，月犯天關。（《明熹宗實錄》卷一九，第962~963頁）

乙亥，月犯掩井宿。（《明熹宗實錄》卷一九，第963頁）

丙戌，金星晝見。（《明熹宗實錄》卷一九，第976頁）

己丑，風霾。（《明熹宗實錄》卷一九，第983頁）

十五日，大風拔木，屋瓦咸飛，大雨雹。（道光《蒲圻縣志》卷一《災異并附》）

庚寅，黃沙四塞，日色黯白。壬辰，雨沙蔽日。（乾隆《華亭縣志》卷一六《祥異》；嘉慶《松江府志》卷八〇《祥異》；同治《上海縣志》卷三〇《祥異》；光緒《奉賢縣志》卷二〇《灾祥》）

庚寅，黃沙四塞。壬辰，雨沙蔽日。（乾隆《婁縣志》卷一五《祥異》）

二十三、四日，地方無雨沙土，黃色，蔽日無光。（天啟《淮安府志》卷二三《祥異》）

二十四日，飛沙蔽天，聚成堆，其氣腥，日出無色。（光緒《嘉善縣志》卷三四《祥眚》；光緒《嘉興府志》卷三五《祥異》）

二十四日，飛沙蔽天，聚沙成堆，其氣腥，日出無色。（康熙《秀水縣志》卷七《祥異》）

二十四日，飛沙蔽天，聚成堆，其氣甚腥，日出無色。（光緒《平湖縣志》卷二五《祥異》）

二十四日，飛沙蔽天，日出無色。（康熙《桐鄉縣志》卷二《災祥》）

雨土，屋瓦皆盈，行者衣帽盡染。（乾隆《瑞安縣志》卷一〇《雜志》）

江夏大水。（康熙《武昌府志》卷三《災異》）

有黑雲如蓋，自北來，覆省城。是月，東川賊犯嵩明，甚雪，及之雷震死者二賊。（天啟《滇志》卷三一《災祥》）

三月

戊戌，後軍都督府掌府事英國公張惟賢以數日風霾，金星晝見，疏請亟圖修省。（《明熹宗實錄》卷二〇，第 996~997 頁）

辛酉，命禱雨。（《明熹宗實錄》卷二〇，第 1031 頁）

地震，有黑風起。（民國《茌平縣志》卷一一《天災》）

九日巳時，日在東方，生大暈於奎婁，暈內黑氣佈滿，暈外白氣。（康

熙《蘄州志》卷一二《災異》）

十八日午，黑風驟起，移時乃息。（乾隆《大名縣志》卷二七《禨祥》）

大雷連震七次，霹倒鳳凰山大松。（康熙《平樂縣志》卷六《災祥》）

龍井涸，大雨雪。（康熙《貴州通志》卷二七《災祥》）

四月

甲申，京師亢旱，祈禱未應，遣泰寧侯陳良弼、恭順侯吳汝胤、遂安伯陳偉、惠安伯張慶臻、駙馬都尉侯拱宸、都督李承恩及順天府堂上官祭告郊壇。（《明熹宗實錄》卷二一，第1070～1071頁）

壬辰，京師雨雹，大如鷄卵，屋瓦俱碎，毀折草木麥苗，不可勝紀。（《明熹宗實錄》卷二一，第1079頁）

十一日，大風雨雹，民居屋瓦皆飛。（民國《大田縣志》卷一《大事》）

十一日，大風雨雹。（民國《沙縣志》卷三《大事》）

十一日，大風雨雹，自北徂西數十里民居屋瓦皆飛。（康熙《南平縣志》卷四《祥異》）

陰雨怒號，雹如卵，壞屋瓦，禾木偃拔。（光緒《昌平州志》卷六《大事表》）

大水。（民國《萬載縣志》卷一《祥異》）

久雨，麥爛，斗米八錢。（嘉慶《西安縣志》卷二二《祥異》）

雨久麥爛，米價湧貴，每石一兩二錢。（民國《衢縣志》卷一《五行》）

風怒，雹如鷄子。（雍正《密雲縣志》卷一《災祥》）

大水決郭家觜，平地水深七尺。（民國《銅山縣志》卷一四《河防》）

龍池井出龍，大雷雨。（光緒《臨桂縣志》卷一八《前事》）

龍池井出神龍，大雷雨。（康熙《平樂縣志》卷六《災祥》）

五月

丙申，御史周宗建因雨雹之異，疏陳弭災四款。（《明熹宗實錄》卷二

二，第 1083 頁）

庚申，山東兗州府巳時見天上月明，當午，有一星隨月西轉。（《明熹宗實錄》卷二二，第 1117 頁）

雹雨傷麥。（康熙《文安縣志》卷一一《災祥》）

霪雨不止。（雍正《肥鄉縣志》卷二《災祥》）

大水，漂没廬舍數十百處，溺民畜甚眾，城壞數十丈，城内高家塌，溺死男婦數百餘口。（康熙《京山縣志》卷一《祥異》）

二十四日，邳、桃、沭陽雨冰雹，大如雞子，二麥俱傷。（天啟《淮安府志》卷二三《祥異》）

六月

癸巳，束（紅本、梁本作"束"，按會典與館本同）鹿、肥鄉二縣大水，保定巡撫張鳳翔疏請蠲賑，下部。（《明熹宗實錄》卷二三，第 1161 頁）

九日，大霧。（道光《江陰縣志》卷八《祥異》）

二十三日，河自晉州境内涅槃村決口，入束鹿境……破舊城南堤，淹没城池一空。（乾隆《束鹿縣志》卷二《地理》）

二十三日，忽雷電，雨雹如拳，行人多被擊傷，坊表傾裂，或遭壓死。（崇禎《吳縣志》卷一一《祥異》）

二十九日，漳水暴漲，衝堤決城，水與堞平，屋上可駕舟楫。冊報溺死男婦七百餘口。（雍正《肥鄉縣志》卷二《災祥》）

大水没堤。時大雨，城東南堯峰崗陷下十餘丈。（康熙《臨城縣志》卷八《磯祥》）

暴雨，小河泛漲，水高（東濟）橋表崩。（乾隆《富平縣志》卷八《藝文》）

蝗。（乾隆《雒南縣志》卷一○《災祥》）

旱，忽十七日過午，暴風自西南來，雨濛濛如晦，冰雹隨至，大者如拳，不移時，樹葉凋零如深秋。其年秋大獲。（康熙《蒲城志》卷二《祥異》）

朔，大雨雹。（康熙《長山縣志》卷七《災祥》）

河決徐州小店，壞廬舍，民多溺死。（乾隆《靈璧縣志略》卷四《災異》）

縣東南孔村雨血，屋瓦赤。（順治《湯陰縣志》卷九《雜志》）

七月

壬子，以山海、燕、建等處滛雨為災，命經督撫臣于傾塌城垣，速行修建，傷害人民，量與賑助，昭朝廷軫恤至意。從樞輔孫承宗之請也。（《明熹宗實錄》卷二四，第1208頁）

霪雨，灤河溢，地震有聲。（民國《盧龍縣志》卷二三《史事》）

七日，大雨，至初九日止，官舍民廬傾覆殆盡，禾稼全没。（民國《鹽山新志》卷二九《祥異表》）

七日，海溢。（康熙《海豐縣志》卷四《事記》）

大水，平地深丈餘，漂没田廬無數。（民國《遷安縣志》卷五《記事篇》）

海溢。（民國《霑化縣志》卷七《大事記》）

霪雨大水。秋饑。（康熙《遵化州志》卷二《災異》）

蝗。（康熙《泰安州志》卷一四《祥異》；同治《六安州志》卷五五《祥異》）

大水，廬舍損傷。（天啟《新泰縣志》卷八《祥異》）

旱。（康熙《湖廣鄖陽府志》卷二《祥異》）

廿八日開洋時，邦船先於霑化外洋遇龍捲風，粮船間有飄損。繼至劉公島，揚帆北行，又遇異常龍風，兩日兩夜，船俱随風四散。劉公島候風至八月廿四日黎明開洋，午後即陰雨迷天，風色倏忽四五更，進退莫知去向。至夜怒風大作，滿海皆龍，如山之浪直從桅頂而下，船俱埋在浪中，或壞蓬桅，或去錨舵，随風四散。（《督餉疏草》）

八月

丁卯，太僕寺添註少卿滿朝薦題："……四月雨雹，震虩異常，連書揚霾，白日為晦，月星午見，太白經天，東邦地震，幾于徹省。六月，汲泉河至掛凍，夏秋霆雨，萬寶漂流，天地之變不已極乎？天地豈無因而有兹變乎？"（《明熹宗實錄》卷二五，第1238頁）

癸未，金星順行，犯軒轅火星。（《明熹宗實錄》卷二五，第1270頁）

壬辰，土星順行，犯守鬼宿東南星。（《明熹宗實錄》卷二五，第1284頁）

冰雹，大如掌，傷禾。（乾隆《滑縣志》卷一二《祥異》；民國《重修滑縣志》卷二〇《大事記》）

大水。（光緒《安東縣志》卷五《民賦下》）

冰雹狀如刀，傷人畜禾稼。是年八月，延水雨漲，或澄清徹底，聚觀為瑞。（乾隆《延長縣志》卷一《災祥》）

蝗災。（天啟《新泰縣志》卷八《祥異》）

四日，暴水滿入蘭谿城市。（光緒《蘭谿縣志》卷八《祥異》）

蝗。（嘉慶《廬州府志》卷四九《祥異》）

冰雹，大如掌，損秋。（順治《衛輝府志》卷一九《災祥》）

雞鳴時天燒香在東南方，至天明後不見。（乾隆《定安縣志》卷一《災異》）

（師宗縣）隕霜殺禾。（天啟《滇志》卷三一《災祥》）

九月

九日，大霧。（光緒《靖江縣志》卷八《祲祥》）

霆雨不止，麥苗淹没。（天啟《新泰縣志》卷八《祥異》）

大霖雨。（天啟《中牟縣志》卷二《物異》）

十月

丙寅，督理軍務大學士孫承宗奏："臣視事未匝月，而悚然者三矣。九月雷已收聲，忽二十三日，雷電交作。次日，時當午，有聲如雷，有煙如雲，因城外試銃，延燒寺中新造火藥二萬餘斤。"（《明熹宗實錄》卷二七，第1343~1344頁）

壬辰，大同蔚州星大如斗，殞於西北，隨時正北天鼓大鳴。（《明熹宗實錄》卷二七，第 1394 頁）

十二月

壬午，水星逆行，留守井宿。（《明熹宗實錄》卷二九，第 1467 頁）

是年

瀏陽，春，大冰，池魚凍死。是年，大饑。（乾隆《長沙府志》卷三七《災祥》）

夏，大水。（康熙《長興縣志》卷四《災祥》；民國《建寧縣志》卷二七《災異》）

大水。（嘉慶《藤縣志》卷一九《雜紀》；同治《漢川縣志》卷一四《祥祲》；光緒《江夏縣志》卷一三《祥異》）

上饒大水，河流衝激，浸汩（疑當作"汩"）城櫓。（同治《廣信府志》卷一《星野》）

濂水大發，過桃渥二江，水俱逆流數里，民居□（疑為"蕩"）析。（光緒《龍南縣志》卷一《機祥》）

蝗。（乾隆《无为州志》卷二《灾祥》；道光《榮成縣志》卷一《災祥》；光緒《文登縣志》卷一四《災異》）

雨雹。（光緒《臨朐縣志》卷一〇《大事表》）

冰雹，壯若劂刀，傷人畜禾稼。是年八月，延水兩漲。（乾隆《延長縣志》卷一《災祥》）

暴水滿，入城市。（嘉慶《蘭谿縣志》卷一八《祥異》）

秋，大水。（民國《昌黎縣志》卷一二《故事》）

春，雨冰。（民國《項城縣志》卷三一《祥異》）

夏，滹沱衝決饒北，損稼。（順治《饒陽縣後志》卷五《事紀》）

夏，霪雨，壞邊牆無算。（康熙《山海關志》卷一《災祥》）

蝗。夏，雨雹。（康熙《棲霞縣志》卷七《祥異》）

水。（乾隆《開州志》卷一《建置》）

大旱，斗米千錢。（乾隆《黄岡縣志》卷一九《祥異》）

大水。穀賤。（康熙《漢陽府志》卷一一《災祥》）

大蝗。（康熙《唐縣志》卷一《災祥》）

又蝗，牲畜誤食，盡為所斃。（康熙《淅川縣志》卷八《災祥》）

旱，蝗。（康熙《汝寧府志》卷一六《災祥》；康熙《上蔡縣志》卷一二《編年》）

決大坡村。（崇禎《湯陰縣志》卷四《山川》）

飛蝗蔽日。（康熙《濬縣志》卷一《祥異》）

大水，河流衝激，浸没汩城櫓。（乾隆《廣信府志》卷一《祥異》）

大水，河流衝激，没至城櫓。（康熙《貴溪縣志》卷一《祥異》）

大水，城頹幾半。（康熙《睢寧縣舊志》卷二《城池》）

雨雹大如雞卵，麥盡傷。（乾隆《重修桃源縣志》卷一《祥異》）

雨沙蔽日，日色黯白。（康熙《常熟縣志》卷一《祥異》）

合浦門外雨血。（乾隆《嘉定縣志》卷三《祥異》）

蝗食禾苗，歲饑。（乾隆《單縣志》卷一《祥異》）

海溢。（嘉慶《慶雲縣志》卷三《災異》）

靈州河大決。（乾隆《寧夏府志》卷一二《宦跡》）

大旱。（康熙《丘縣志》卷八《災祥》）

漳、滏、洺三河俱決，水圍堤僅尺許，潸没稻田七百餘頃。（崇禎《永年縣志》卷二《災祥》）

滹沱河大決，祁州束鹿城壞，官舍民居悉没於水。（康熙《保定府志》卷二六《祥異》）

秋，灤河溢。（康熙《永平府志》卷三《災祥》）

秋，水泛漲，有穿穴東向之勢。（嘉慶《濬縣志》卷六《建置》）

秋，蛟出，太平宫嶺毁宫角，圮橋，奔沙數里。（同治《德化縣志》卷五三《祥異》）

二、三、四年，連年旱，米價騰踴。（康熙《石屏州志》卷二《災祥》）

至六年，地皆震，大水，漳、滏、沙、洺皆溢。（乾隆《平鄉縣志》卷一《災祥》）

天啟三年（癸亥，一六二三）

正月

甲午，夜五更，火星順行，犯房宿北第一星。（《明熹宗實錄》卷三〇，第 1496 頁）

甲寅，月犯鍵閉星。（《明熹宗實錄》卷三〇，第 1532 頁）

甲寅，縣中晝晦。（乾隆《榆次縣志》卷七《祥異》）

雷鳴大雨。（乾隆《潮州府志》卷一一《災祥》）

二月

雨雹。是歲，旱，醴陵大水。（乾隆《長沙府志》卷三七《災祥》）

雹。（康熙《益都縣志》卷一〇《祥異》；光緒《臨朐縣志》卷一〇《大事表》）

大雨雹。是歲旱。（康熙《湘鄉縣志》卷一〇《兵災附》）

雨雹。是歲旱。（嘉慶《安化縣志》卷一八《災異》）

三月

乙未，夜一更，月犯畢宿右股北第一星。（《明熹宗實錄》卷三二，第 1621 頁）

乙巳，薊鎮天鼓鳴，有星墜，大如車輪，火光四燭。（《明熹宗實錄》卷三二，第 1646 頁）

甲寅，命禱雨。（《明熹宗實錄》卷三二，第 1668 頁）

丙午，大風霾，天鼓鳴，白虹貫日。（《國榷》卷八五，第 5216 頁）

十八日午，黑風驟起，移時乃息。（民國《大名縣志》卷二六

《祥異》）

大風揚沙，晝晦。（光緒《德平縣志》卷一○《祥異》）

雒水一日夜不流。（天啓《同州志》卷一六《祥祲》）

大霜。（乾隆《曲阜縣志》卷三○《通編》）

十六日至十八日，大風異常，從巽來，天昏勢慘，拔木揚沙。（天啓《淮安府志》卷二二《祥異》）

大霜，殺麥苗俱盡。（嘉慶《孟津縣志》卷四《祥異》）

四月

丁亥，命謝雨。（《明熹宗實録》卷三三，第 1737 頁）

大水，九清橋壞。（同治《江山縣志》卷一二《祥異》）

大水，無麥。（同治《麗水縣志》卷一四《災祥附》）

大水。（康熙《衢州府志》卷三○《五行》）

大水，二麥無收。（雍正《處州府志》卷一六《雜事》）

洪水泛濫，船遊城垛，浸及儀門，沿河居民漂没殆盡。（康熙《弋陽縣志》卷一《祥異》）

隕霜，麥苗枯，越數日根復生，大穫。（乾隆《通許縣舊志》卷一《祥異》）

五月

庚子，以河決，盡蠲睢寧縣天啓元年、二年各項錢糧。（《明熹宗實録》卷三四，第 1754 頁）

大水，龍眠花崖山縣東北，漂没數百家。（道光《桐城續修縣志》卷二三《祥異》）

大雨雹。（同治《德化縣志》卷五三《祥異》；同治《瑞昌縣志》卷一○《祥異》；同治《九江府志》卷五三《祥異》）

大水。（民國《萬載縣志》卷一《祥異》）

大水漂没民居，知縣王繼孝請築堤防。（光緒《龍南縣志》卷一《機祥》）

桐城大水，漂没數百家。（康熙《安慶府志》卷六《風俗》）

河決睢陽。（雍正《河南通志》卷一四《河防》）

雨雹，縣西南五六里為酷，禾稼盡毁。（康熙《淅川縣志》卷八《災祥》）

大雪，深尺許。（同治《重修成都縣志》卷一六《祥異》）

大雪。（乾隆《昭化縣志》卷六《祥異》）

五、六月，大旱。（同治《安仁縣志》卷四三《祥異》）

六月

辛巳，督理軍務大學士孫承宗以靄潦坍溻〔塌〕榆關內外城垣房屋（梁本無"房屋"二字）引災求罷，上溫旨慰之。（《明熹宗實錄》卷三五，第1825頁）

大雨雹，大如卵，損禾稼。（民國《連城縣志》卷三《大事》）

漳水大溢，決城南堤。（民國《成安縣志》卷一五《故事》）

天氣陰黑，狂風雷電如人馬行聲。雨雹刻許，大者如升，小者如卵，平地深二尺，田禾樹木皆損，禽鳥死無數。（康熙《香河縣志》卷一〇《災祥》）

蝗蝻叢生，麥牟禾稼俱被食傷。（順治《六合縣志》卷八《災祥》）

初一，溪水暴漲，壞民居官廨數百餘間，人民沉溺，田土衝廢不計。（康熙《通山縣志》卷八《災異》）

溪水暴漲。（同治《崇陽縣志》卷一二《災祥》）

大雨震電，霧黃紅色，水溢田禾廬舍，溺三百餘人，牲畜無算。（天啟《滇志》卷三一《災祥》）

至秋七月，大旱，民饑，南門火燬廬舍數十户。（民國《萬載縣志》卷一《祥異》）

六、七月，大旱。（康熙《新修醴陵縣志》卷六《災異》）

七月

甲寅，夜一更，西南方有流星，青白色，尾跡有光，起自大角星，西北

行入上台星，後有二小星隨之。（《明熹宗實録》卷三六，第1881頁）

旱。（同治《鄖陽府志》卷八《祥異》）

大旱，又多怪風，又有鬼災，禳乃止。（乾隆《長沙府志》卷三七《災祥》）

大蝗。（康熙《續安丘縣志》卷一《總紀》；嘉慶《昌樂縣志》卷一《總紀》；民國《濰縣志稿》卷二《通紀》）

金堂山鳴，淫雨至九月不止。蝗害稼。（民國《重修四川通志金堂採訪録》卷一一《五行》）

八月

甲子，火星順行，犯南斗魁第二星，約相離二十餘分，火星在上。（《明熹宗實録》卷三七，第1893頁）

己巳，户部題：“霪雨滂沱，饑卒無依，請發山海帑金。”上曰：“糧餉緊急，已有旨會議，如何不行，又不設法措處，職掌何在。念邊關事重，姑准發帑銀十萬兩，以後不得再瀆。”（《明熹宗實録》卷三七，第1901頁）

大雨雹。（民國《昌黎縣志》卷一二《故事》）

旱。（乾隆《瑞安縣志》卷一〇《雜志》）

九月

壬寅，酉月食，亥復圓。（《明熹宗實録》卷三八，第1955頁）

甲辰，木星順行，犯軒轅大星。（《明熹宗實録》卷三八，第1975頁）

壬子，夜，南方有流星如盞大，赤色，尾跡有光，起自虛宿，東南行入壘壁陣星，後有二小星隨之。（《明熹宗實録》卷三八，第1989頁）

河決徐州青田大龍口，徐、邳、靈、睢河並淤，吕梁城南隅陷，沙高，平地丈許，雙溝決口亦滿，上下百五十里悉成平陸。（同治《徐州府志》卷五下《祥異》）

又火。西北怪風起，凡物吹上半天。（康熙《新修醴陵縣志》卷六《災異》）

十月

丁丑，刑科給事中解學龍言：“近督臣有江淮水變非常，溝壑民生立斃一疏，内稱：‘入秋而後，風雨匝月不止，桑麻禾黍悉舉而問之水濱，哀此孑遺與魚鱉遊矣。請皇上賜蠲、賜賑、賜折。’蓋目擊其艱危，不得已叩閽而請者也。”（《明熹宗實録》卷三九，第 2023 頁）

辛巳，是日巳時，日生重半暈，暈旁生左右珥。（《明熹宗實録》卷三九，第 2029 頁）

甲申，夜一更，火星順行，犯壘壁陣西第五星，約相離三十分餘，火星在上。（《明熹宗實録》卷三九，第 2029 頁）

十一月

庚午，萬壽聖節以雨雪免朝賀，輔臣葉向高等率百官于午門外行禮。（《明熹宗實録》卷四一，第 2126 頁）

十二月

己丑，辰時，金星順行，晝見，在巳位尾宿度。（《明熹宗實録》卷四二，第 2166 頁）

丁未，寒甚。酉時地震，有聲如雷。（弘光《州乘資》卷一《機祥》）

是年

春，江山縣城東地陷，廣丈餘。（康熙《衢州府志》卷三〇《五行》）

春，隕霜殺桑。（康熙《新城縣志》卷一〇《災祥》；乾隆《歷城縣志》卷二《總紀》）

大水傷稼。（光緒《新樂縣志》卷一《災祥》）

大雨雹。（康熙《内鄉縣志》卷一一《災祥》）

是年振恤江南水旱災民。（光緒《金陵通紀》卷一〇下）

旱。（光緒《安東縣志》卷五《民賦下》）

雨雹，民房碎，禾為泥。（乾隆《商南縣志》卷一一《祥異》；民國《商南縣志》卷一一《祥異》）

旱，雨雹，傷禾苗果實。（道光《分水縣志》卷一○《祥祲》；光緒《分水縣志》卷一○《祥祲》）

隕霜殺桑，麥苗損。（天啟《新泰縣志》卷八《祥異》）

夏，大水。（康熙《紫陽縣新志》卷下《祥異》）

秋，淫雨，邑西鄉南阜村魏氏家院中落一火塊，如竈底炭煤結成，圍三尺。（康熙《蒲城志》卷二《祥異》）

夏，旱。（同治《鄞縣志》卷六九《祥異》）

日暮，縣南山后黑霧黃雲重蔽，雷電交作，大雨如注，須臾間水湧百尺，廬舍傾圮，溺死男婦千餘，牲畜無算。（康熙《定邊縣志·災祥》）

大旱，二年壬戌，水城走馬種梁，直抵浮石庵下。（乾隆《石屏州志》卷一《災異》）

霪雨害稼，升米三錢。（康熙《尋甸州志》卷一《災祥》）

大雪，深三尺許。（民國《松潘縣志》卷八《祥異》）

大水漂屋。（康熙《新修醴陵縣志》卷六《災異》）

大水。（康熙《河間縣志》卷一一《祥異》；雍正《湖廣通志》卷一《祥異》；乾隆《肅寧縣志》卷一《祥異》；乾隆《任邱縣志》卷一○《五行》；同治《安仁縣志》卷四三《祥異》；民國《獻縣志》卷一九《故實》）

大雨雹，蝗。（康熙《內鄉縣志》卷一一《災祥》）

伊水漲壞十七村，與洛交。（乾隆《洛陽縣志》卷一○《祥異》）

新港，天啟三年潰為巨浸，水利道葛寅亮復塞之。（民國《福建通志·水利》）

旱，饑。（乾隆《龍泉縣志》卷末《祥異》）

大風，折學宮杏木。（同治《崇仁縣志》卷一三《祥異》）

洪水，衝斷（五星橋）兩頭二洞……踰五年，復為水，摧一洞，更四年而仍為水傾其半。（同治《萬年縣志》卷一七《藝文》）

大水，田多漂没。（雍正《舒城縣志》卷二九《祥異》）

洪水衝没民房，城垛傾倒幾半。（崇禎《處州府志》卷一《城池》）

江淮水皆嘯。（民國《續修興化縣志》卷一《祥異》）

潦，崩永豐圩若干丈。（康熙《高淳縣志》卷一七《義士》）

蝗，陳令應顯親於縣東薄穀嶺驅瘞之，因改名其地曰播穀嶺。（乾隆《雒南縣志》卷一〇《災祥》）

漳水潰堤。（康熙《廣平府志》卷一九《災祥》）

宋八瞳等村大水，民苦新餉。（雍正《邱縣志》卷七《災祥》）

沱水泛溢饒境。（順治《饒陽縣後志》卷五《事紀》）

夏秋之交，旱魃為災。（《濮鎮紀聞》卷三《記傳》）

冬，旱。十二月，河冰，久不開。（嘉慶《重刊宜興縣舊志》卷末《祥異》）

三年、四年，府屬旱饑。（乾隆《吉安府志》卷一《機祥》；光緒《吉安府志》卷五三《祥異》）

三年、四年、五年，俱大豐，雨暘〔暘〕時若，瑞雪三尺，野禾雙穗。（道光《榮成縣志》卷一《災祥》）

三年、四年秋，大水。（民國《福山縣志稿》卷八《災祥》）

天啓四年（甲子，一六二四）

正月

無雨，至三月始雨，播穀後又無雨，至夏乃雨。（民國《靈川縣志》卷一四《前事》）

十一日，雨色黑。是年大水。（康熙《秀水縣志》卷七《祥異》；光緒《嘉興府志》卷三五《祥異》）

十一日，黑雨。（乾隆《烏青鎮志》卷一《祥異》；同治《湖州府志》卷四四《祥異》；民國《德清縣新志》卷一三《雜志》）

十一日，雨色如墨……是年大水。（光緒《桐鄉縣志》卷二〇《祥異》）

十一日，震雷甚，雨，水色俱黑。（康熙《海寧縣志》卷一二上《祥異》）

十一日，雨色如墨水。（乾隆《平湖縣志》卷一〇《災祥》）

二十五日，天雨雹，二十九日又雨雹。（光緒《金壇縣志》卷一五《祥異》）

水退舍。六月，水災，大雨雹。（順治《新修望江縣志》卷九《災異》）

二月

丁未，以風霾馳飭邊臣。（《國榷》卷八六，第5263頁）

初四日，大風雨雹，山川壇及演武場大木盡折，城中屋瓦被風飄墮。（民國《明溪縣志》卷一二《大事》）

初四日，大風雨雹，山川壇及演武場大松木盡折，城中屋瓦被風飄墜。（康熙《歸化縣志》卷一〇《災祥》）

六日，又雨雹。（光緒《金壇縣志》卷一五《祥異》）

辛丑，風霾晝晦，塵沙蔽天，連日不止。（《明史·五行志》，第492頁）

甲辰，烈風雨沙，日白無光三日。（嘉慶《松江府志》卷八〇《祥異》；光緒《奉賢縣志》卷二〇《災祥》）

甲辰，烈風雨沙，日白無光，凡三日。（乾隆《婁縣志》卷一五《祥異》；光緒《川沙廳志》卷一四《祥異》）

十八日，天色黯淡，日傍黑子摩蕩，當晝無光，至晚空中奮聲如雷，連震，民盡恐。（康熙《蘇州府志》卷二《祥異》）

甲午，雷電。（弘光《州乘資》卷一《機祥》）

三月

庚辰，黑虹見於南方，其長亘天。（嘉慶《松江府志》卷八〇《祥異》）

庚辰，黑虹見南方，其長亘天。（光緒《奉賢縣志》卷二〇《災祥》）

連雨。五月，又連雨，田沒。十八日，大雨連五晝夜，水大溢田，與河無辨。（乾隆《震澤縣志》卷二七《災祥》）

甲辰，烈風雨沙，日白無光，凡三日。（乾隆《華亭縣志》卷一六

《祥異》）

霪雨。（民國《金壇縣志》卷一二《祥異》）

連雨。（康熙《蘇州府志》卷二《祥異》；乾隆《吳江縣志》卷四〇《災變》）

多陰雨。（崇禎《吳縣志》卷一一《祥異》）

霪雨連四月，麥食嘔。（光緒《金壇縣志》卷一五《祥異》）

初四日申時，雷雨暴至，霹靂七聲。（天啟《淮安府志》卷二三《祥異》）

四月

十九日，烈風雨雹，須臾深尺餘，小者如雞卵，大者如斗，麥禾損壞幾盡。（康熙《新鄭縣志》卷四《祥異》）

雨雹。（乾隆《雞澤縣志》卷一八《災祥》）

霪雨。（光緒《靖江縣志》卷八《禖祥》）

淫雨積旬，傷麥。（道光《江陰縣志》卷八《祥異》）

雨傷蠶麥。（崇禎《烏程縣志》卷四《災異》；同治《湖州府志》卷四四《祥異》；光緒《歸安縣志》卷二七《祥異》）

雨米於西門內人家瓦上，千戶劉德家最多。（民國《平陽縣志》卷五八《祥異》）

大雨雹損麥，積地尺餘，翌日不消。（光緒《正定縣志》卷八《災祥》）

大雹傷禾。（崇禎《郾城縣志》卷七《災祥》）

二十二日，雨，至五月二十四日止，平地水深丈餘，一望成湖，麥爛未腐。（崇禎《外岡志》卷二《祥異》）

霪雨淹旬，傷二麥盡。（康熙《常州府志》卷三《祥異》）

十六日酉時，飆風異雨，二日不絕。至三日，風益猛，拔樹撤屋，磚瓦皆飛，海水大嘯，漂沒廬舍數千家，鹽、安更甚。（崇禎《淮安府實錄備草》卷一八《祥異》）

大旱。次年，斗米價值一金，殍殣載道。（嘉慶《安仁縣志》卷一三《災異》）

至七月，無雨，江流俱絕，民采蕨根竹實以食。（康熙《郴州總志》卷一二《祥異》；乾隆《永興縣志》卷一二《祥異》）

至七月，無雨，老幼日採蕨根糊口，兼以遼黔加徵，師旅饑饉，民多逃徙。（光緒《興寧縣志》卷一八《災祲》）

五月

辛巳，久旱，至是大雨，輔臣奏賀。（《明熹宗實錄》卷四二，第2373頁）

辛巳，固原、華亭大雨雹傷稼，又塞上大旱。（《明熹宗實錄》卷四二，第2373頁）

婺源大水，舟往來城堞上。（道光《徽州府志》卷一六《祥異》）

十五，夜，安化龍見，伊溪大水暴至，漂溺男女無數。（乾隆《長沙府志》卷三七《災祥》）

霪雨壞禾稼，饑。（嘉慶《松江府志》卷八〇《祥異》）

大水，歲大祲。（光緒《丹徒縣志》卷五八《祥異》；光緒《丹陽縣志》卷三〇《祥異》）

淫雨徹晝夜，壞禾苗，歲饑。（光緒《重修華亭縣志》卷二三《祥異》）

霪雨徹晝夜，壞禾苗，歲饑。（乾隆《婁縣志》卷一五《祥異》；乾隆《華亭縣志》卷一六《祥異》；光緒《川沙廳志》卷一四《祥異》）

十九日，霪雨五晝夜，江漲，江濱民居漂沒。（光緒《靖江縣志》卷八《祲祥》）

雨，五晝夜不止，江潮漂沒五千餘家，積屍無算。（道光《江陰縣志》卷八《祥異》）

梅雨浹旬，秋苗盡沒。（同治《湖州府志》卷四四《祥異》；光緒《歸安縣志》卷二七《祥異》）

大水。（道光《高要縣志》卷一〇《前事》；民國《遂安縣志》卷九

《災異》）

大水，壞屋廬，倒圩岸，平地水深數尺，舟行田中，徑入村市。是年，大祲。（民國《金壇縣志》卷一二《祥異》）

大雷，擊死數人。（康熙《陽曲縣志》卷一《祥異》）

蛟出，没民居。（順治《溧水縣志》卷一《邑紀》）

積雨田没，十八日大雨五晝夜，水溢，田畝與河道無辨。（康熙《蘇州府志》卷二《祥異》）

淫潦，農田瀦没者十之八，米價石一兩一錢。（崇禎《吳縣志》卷一一《祥異》）

父老謂水尤大於嘉靖四十年，有水痕可記也。田禾全没，米價湧貴，市肆閉糶，饑者洶洶。公亟發巨室所貯米數萬斛平糶。鎮得一千石，賴以安。（崇禎《横谿録》卷五《水患》）

又連雨田没，十八日大雨，連五晝夜，水大溢，田與河無辨。秋禾不登，全漕改折。（乾隆《吳江縣志》卷四〇《災變》）

大水。歲大祲。（康熙《鎮江府志》卷四三《祥異》）

十九日，澍雨五晝夜，江漲，漂没五千餘家，男婦積屍無數。（康熙《常州府志》卷三《祥異》）

大水，壞屋廬倒圩岸，平地水高三尺，舟艇行田塍，徑入村市。父老言：較萬曆三十六年水浮一尺。是年，大祲。（光緒《金壇縣志》卷一五《祥異》）

大水至府治前。（康熙《建德縣志》卷九《災祥》）

梅雨浹旬，秋苗盡没。（崇禎《烏程縣志》卷四《災異》）

望日，水。（崇禎《開化縣志》卷一〇《詩詞》）

大旱，飛蝗蔽天。（順治《潁上縣志》卷一一《災祥》）

朔，邑大水，舟浮于市，主簿廨深三尺。既望，又大水，舟往來城堞上，西南城門圮，民居多漂毁，溺死者甚眾，田皆衝漲。（康熙《婺源縣志》卷一二《機祥》）

十五，夜，水暴至，民居漂溺男女無數，龍見伊溪水面。（同治《安化

縣志》卷三四《五行》）

六月

戊申，江南大水，巡撫應天周啟元、巡撫浙江王洽俱告災。（《明熹宗實錄》卷四三，第 2409 頁）

丙申，大雨雹。（《國榷》卷八六，第 5288 頁）

朔，大雨雹。（嘉慶《長山縣志》卷四《災祥》）

朔，大雨雹，打死一婦人，打死禽鳥無數。（崇禎《歷乘》卷一三《災祥》）

大水，七月賑之。（康熙《太平府志》卷三《祥異》）

初二日，奎山堤決，是夜由東南水門陷城，頃刻丈餘，官廨民舍盡没，漂百姓，溺死無數。六、七年城中皆水，漸次沙淤，議復舊城。（順治《徐州志》卷八《災祥》）

初五日，大寒，夜，微雪。（康熙《鎮江府志》卷四三《祥異》；光緒《丹徒縣志》卷五八《祥異》；光緒《丹陽縣志》卷三〇《祥異》）

五日，大寒，夜，微雪。（光緒《金壇縣志》卷一五《祥異》）

六日，大水。（民國《江灣里志》卷一五《祥異》）

大水，舟入城。（康熙《寶慶府志》卷二二《五行》）

初七日，叙浦縣黑風自北起，掀天震地，大雹如雞卵，途人顛仆，房屋破毀，自午至申方止。（乾隆《辰州府志》卷六《磯祥》）

閏六月

朔，大水，井溢，城屋多圮。（光緒《定興縣志》卷一九《災祥》）

七月

辛酉，山東地方復苦荒旱。（《明熹宗實錄》卷四四，第 2415 頁）

癸亥，《兩朝從信錄》："河決。六月初三午時，黃水洶湧，魁山隄潰，

四散奔流，冲裂徐州東南城垣，平地水深丈餘，淹死人畜甚多。"（《明熹宗實録》卷四四，第2423頁）

賑恤水旱災民。（嘉慶《涇縣志》卷五《蠲賑》）

癸亥，河决徐州魁山隄東北，灌州城，城中水深一丈三尺。（同治《徐州府志》卷五下《祥異》）

連雨三晝夜，後蒔烏稻復漂没。（道光《江陰縣志》卷八《祥異》）

後大雨三日。（同治《湖州府志》卷四四《祥異》）

後大雨三日。再插再澇，一歲兩荒。（崇禎《烏程縣志》卷四《災異》；光緒《歸安縣志》卷二七《祥異》）

賑邺江南水旱災民。（乾隆《江南通志》卷八三《蠲賑》）

大雨雪，損禾。（乾隆《雲南通志》卷二八《祥異》；光緒《武定直隸州志》卷四《祥異》）

八月

初二日，霜殺禾。（康熙《文水縣志》卷一《祥異》）

薊州于中秋驟然暴風，大雨滂沱，迅雷霹靂聲匝響震，空中黑暗，四望晦冥，宇舍搖動，屋瓦飛擲，大樹吹折者過半，四面城樓與寺觀牌坊俱吹隕落，兼之冰雹，凍死男女無算。（《二申野録》）

望，大風雨，凍死人民甚眾。（光緒《永平府志》卷三〇《紀事》）

十五日，驟風雨，寒甚，行人多凍死者。（康熙《玉田縣志》卷八《祥眚》）

静樂、文水嚴霜殺禾。（雍正《山西通志》卷一六三《祥異》）

二十五日，雄雷連發，大霹靂一聲。四年、五年連年荒歉，斗米百錢以上。至六年夏，郡境内蝗螟匝地，堆積尺餘，禾稼損盡，而山、海、鹽、沭、安、贛之墟更甚，人不聊生。入秋，蝗始銷滅。（天啟《淮安府志》卷二三《祥異》）

大風，飛沙拔木，鳥雀多死。（乾隆《龍溪縣志》卷二〇《祥異》）

二十日至二十五日，晝夜大雨如注，海水漲湧，田畝俱成巨浸，稻已割

者漂流入海，未割者漂没萌芽，近城行舟，四門城牆俱被衝倒。（康熙《石屏州志》卷一三《志補》）

九月

地震，又有暴風自西南來，雨濛濛如晦，冰雹隨至，大者如拳。（民國《寶雞縣志》卷一六《祥異》）

漳水溢。（康熙《彰德府志》卷一七《災祥》）

霖雨，水溢傷稼，人物有溺死者。（康熙《文昌縣志》卷九《災祥》）

十月

丁未，風雨雷震，夜二鼓雞鳴。（光緒《永平府志》卷三〇《紀事》；民國《遷安縣志》卷五《記事篇》）

雷。（康熙《貴池縣志略》卷二《祥異》；康熙《石埭縣志》卷二《祥異》）

十一月

初八日，大暑，人裸體三日。（康熙《鎮江府志》卷四三《祥異》；光緒《丹徒縣志》卷五八《祥異》；光緒《丹陽縣志》卷三〇《祥異》）

是年

春夏，旱，自正月至六月，不雨。（民國《大名縣志》卷二六《祥異》）

自春及秋，大水浸城郭。（光緒《海鹽縣志》卷一三《祥異考》）

春夏，旱，不雨。（雍正《師宗州志》卷上《災祥》）

初夏，不雨。（康熙《新城縣志》卷一〇《災祥》）

夏，大庾大水。（光緒《南安府志補正》卷一〇《祥異》）

夏，大水漲溢。秋仍驟雨，較嘉萬間災傷特甚。（康熙《德清縣志》卷一〇《災祥》）

夏，大水。秋，旱。（同治《贛縣志》卷五三《祥異》；同治《贛州府志》卷二二《祥異》）

夏，永州大旱。（道光《永州府志》卷一七《事紀畧》）

夏，大水，湖流泛溢，舟行阡陌間。（乾隆《無錫縣志》卷四〇《祥異》；光緒《無錫金匱縣志》卷三一《祥異》）

夏，大雨，傷稼。（乾隆《銅陵縣志》卷一三《祥異》）

夏，大旱。（光緒《零陵縣志》卷一二《祥異》）

大旱，蝗蝻蔽天。（嘉慶《備修天長縣志稿》卷九下《災異》）

大旱。（康熙《靜樂縣志》卷四《災祥》；康熙《安福縣志》卷一《祥異》；康熙《英德縣志》卷三《祥異》；康熙《新修醴陵縣志》卷六《災異》；康熙《漳浦縣志》卷四《災祥》；同治《醴陵縣志》卷一一《災祥》；光緒《武定直隸州志》卷四《祥異》；光緒《漳浦縣志》卷四《災祥》；民國《來賓縣志》下篇《機祥》）

旱，饑。（康熙《陽朔縣志》卷二《災祥》；嘉慶《順昌縣志》卷九《祥異》）

大水。（康熙《濟寧州志》卷二《灾祥》；康熙《溧陽縣志》卷三《祥異》；康熙《南樂縣志》卷九《紀年》；康熙《建平縣志》卷三《祥異》；乾隆《直隸澧州志林》卷一九《祥異》；嘉慶《溧陽縣志》卷一六《雜類》；嘉慶《重刊宜興縣舊志》卷末《祥異》；同治《餘干縣志》卷二〇《祥異》；光緒《南樂縣志》卷七《祥異》；光緒《青浦縣志》卷二九《祥異》；民國《太倉州志》卷二六《祥異》；民國《萬載縣志》卷一《祥異》；民國《瓜洲續志》卷一二《續異》）

江陵雨，木實如豆。（光緒《荊州府志》卷七六《災異》）

大風飛沙拔木，鳥雀多死（乾隆《龍溪縣志》卷二〇《祥異》）

霪雨，無麥苗。（光緒《江夏縣志》卷一三《祥異》）

大潦。（光緒《咸寧縣志》卷八《災祥》）

旱。（康熙《平樂縣志》卷六《災祥》；乾隆《昭平縣志》卷四《祥異》；嘉慶《永安州志》卷四《祥異》；光緒《東安縣志》卷二《事紀》；

光緒《武昌縣志》卷一〇《祥異》；民國《禄勸縣志》卷一《祥異》）

大旱，民饑。巡道周士昌賑恤有差。（同治《衡陽縣志》卷二《事紀》）

大旱。次年，斗米銀五錢，餓莩載路。（光緒《耒陽縣志》卷一《祥異》）

以河決灌州城，遷州治于雲龍山。（民國《銅山縣志》卷四《紀事表》）

蝗。（嘉慶《海州直隸州志》卷三一《祥異》；光緒《贛榆縣志》卷一七《祥異》）

大水，饑。（光緒《南匯縣志》卷二二《祥異》）

賑恤江南水旱災民。（同治《上江兩縣志》卷二下《大事下》）

沁澗水俱漲，田地多成巨浸。（民國《岳陽縣志》卷一四《災祥》；民國《安澤縣志》卷一四《災祥》）

復旱，米價騰貴。（乾隆《石屏州志》卷一《災異》）

邑大水。（雍正《開化縣志》卷六《雜志》）

又大水。（民國《建德縣志》卷一《災異》）

開化縣大水。（康熙《衢州府志》卷三〇《五行》）

秋，淫雨壞民廬舍。（道光《重修博興縣志》卷一三《祥異》）

秋，雨雹，屋瓦皆裂。（嘉慶《福鼎縣志》卷七《雜記》）

秋，大風雨傷禾。（康熙《汝陽縣志》卷五《譏祥》；民國《確山縣志》卷二〇《大事記》）

秋，烈風大雨傷禾。（康熙《上蔡縣志》卷一二《編年》）

秋，大水。（光緒《安東縣志》卷五《民賦下》）

冬，旱。（光緒《淮安府志》卷四〇《雜記》）

春，大旱。（道光《高要縣志》卷一〇《前事》）

春，霪雨，二麥不熟。穀貴，石至七錢。（康熙《漢陽府志》卷一一《災祥》）

春，木稼合抱者皆折。是歲大潦。（康熙《德安安陸郡縣志》卷八《災異》；康熙《咸寧縣志》卷六《災祥》）

春，旱。（康熙《陽武縣志》卷八《災祥》）

春，旱。夏，大水。（嘉慶《沅江縣志》卷二二《祥異》）

春，大雪。（乾隆《順德府志》卷一六《祥異》）

春，岳陽大水。（雍正《平陽府志》卷三四《祥異》）

自春徂夏，不雨。秋禾稔。（康熙《清豐縣志》卷二《編年》）

（瀘西縣）春夏不雨。（天啟《滇志》卷三一《災祥》）

夏，大水。（乾隆《南安府大庾縣志》卷一《祥異》）

夏，大水，後大旱。民饑。（雍正《淞南志》卷五《災祥》；光緒《崑新兩縣續修合志》卷五一《祥異》）

夏月之淫霖，木棉罄歸腐爛，災近十分。（乾隆《寶山縣志》卷九《藝文》）

夏，大水，龍見於江灣九都，鱗甲頭角俱露。（康熙《嘉定縣志》卷三《祥異》）

夏，大水，疏請漕粮改折十分之六。（順治《長興縣志》卷四《災祥》）

天雨魚。是年旱。（乾隆《農部瑣録》卷一三《事記》）

（禄豐縣）旱。（天啟《滇志》卷三一《災祥》）

天雨灰三日。（康熙《西充縣志》卷九《祥異》）

自揚州以南，金陵、豫章、嶺南皆旱饑。（康熙《南海縣志》卷三《災祥》）

孫家橋，縣東二里。天啟四年水圮。（乾隆《霍山縣志》卷二《城池》）

郡大旱，次年斗米價值銀一錢，殍殣載路。（康熙《衡州府志》卷二二《祥異》）

大旱，斗米銀二錢五分。（嘉慶《臨武縣志》卷四五《祥異》）

雨木實如豆，綠黑黃紅異色鮮明。又雨小豆，半赤半黑，如嶺南之相思子。（光緒《荆州府志》卷七六《災異》）

雹災，傷田租。（康熙《黄安縣志》卷四《蠲賑》）

旱荒。（康熙《永寧縣志》卷上《災祥》）

賑恤水旱災民。（嘉慶《旌德縣志·附錄》）

雨水盛，圩田潲没，無收穫。（康熙《巢縣志》卷四《祥異》）

水。（康熙《無為州志》卷一《祥異》）

知縣康元穗申報水災，請减派漕粮正耗米三萬三千七百一十二石，改徵折一萬四千八百七十二兩有奇，蠲免漕粮項下板木蘆席等項銀一百七十六兩有奇。（康熙《重修嘉善縣志》卷五《蠲恤》）

春，洪水驟發，商賈不通，米鋪閉糶。五月霪雨，水西流。（光緒《嘉善縣志》卷三四《祥眚》）

自春至秋水旱迭至，五穀不登。（崇禎《嘉興縣纂修啟禎兩朝實録·賑濟》）

孟縣大水。（崇禎《嘉興縣纂修啟禎兩朝實録·災傷》）

霪雨壞禾，歲饑。（光緒《常昭合志稿》卷四七《祥異》）

大水。是年災與戊申等，而民貧賦重困倍於前，幸是冬糟米全折，民得稍蘇。時邑紳顧秉謙在政府，故恩例不同他邑。（乾隆《崑山新陽合志》卷三七《祥異》）

大水，圩盡潰。以災上聞。（乾隆《高淳縣志》卷一二《祥異》）

大水，郡人吴炯出粟三千石分賑華亭、上海。（雍正《分建南匯縣志》卷一四《救荒》）

淫雨兼旬，縣治水滿，民間沉竈産黿。歲大祲。（康熙《青浦縣志》卷九《荒政》）

夜，村雨雹如石臼杵，民房悉碎，禾為泥。（乾隆《直隸商州志》卷一四《災祥》）

潼水衝北水關。（康熙《潼關衛志》卷上《災祥》）

一夕雷雨大作，河水在溢，漂没甚多，闔村逃避。（胡）養心當水猝至，不暇他顧，獨趨入室，負母登高。時本宅水痕外與簷齊，一家獨未罹變，邑人以為孝感。（康熙《山西直隸沁州志》卷七《人物》）

水注肥鄉城。（康熙《廣平府志》卷一九《災祥》）

仲秋朔，夜，縣北鐵橋洞忽大水，聲甚厲，救苦菴僧驚起，見水上流處如二炬並行，光燭兩岸。僧懼，亟伐鐘鼓，光竚片時，水湧數丈，漂没河岸數百家，治北城根崩決自此始。（同治《嘉定府志》卷四七《祥異》）

秋，大霜，晚禾無收。（光緒《麻城縣志》卷一《大事》）

秋，大水，築堤煮粥。（康熙《成安縣志》卷四《災異》）

冬，長治、平順大雪三晝夜，樹盡折。（雍正《山西通志》卷一六三《祥異》）

冬，不雨。（乾隆《山陽縣志》卷一八《祥祲》）

天啟五年（乙丑，一六二五）

正月

庚戌，夜五更，木星逆行，犯太微垣左執法星。（《明熹宗實録》卷五五，第2491頁）

辛酉，江南水災，撫按俱請改折漕粮，疏下户部。部覆兩臣補牘既為全折十分，地方頌如天之澤，復為被災九分等邑，希一視之仁。（《明熹宗實録》卷五五，第2498頁）

大雨沙。下旬，大風起，三四日不止，飛沙蔽日。（民國《全椒縣志》卷一六《祥異》）

初八日雷鳴三次。自四年十月至本年正月，地方久旱不雨，河乾井涸，二麥焦死。（天啟《淮安府志》卷二三《祥異》）

十五日，日赤如血，無光。（康熙《城武縣志》卷一○《祲祥》）

十七日，紅風晝晦，星晝見。（民國《新河縣志》第一册《災異》）

紅風起，自午至申，日無光，星晝見。（同治《武邑縣志》卷一○《雜事志》）

紅風起，自午至申，太陽無光，星辰晝見。（民國《南宫縣志》卷二五《雜志篇》）

上旬，大霧凡八日。（光緒《靖江縣志》卷八《祲祥》）

大霧，晝晦，聞雷。（道光《江陰縣志》卷八《祥異》）

大風晝晦。（嘉慶《邢臺縣志》卷九《災祥》）

二十五日，紅風，晝晦如夜。（順治《威縣續志·祥異》）

二月

戊戌，夜四更，月犯掩氐宿東北星。（《明熹宗實錄》卷五六，第 2574～2575 頁）

大雨雹。（光緒《吉安府志》卷五三《祥異》）

異風，晝晦如夜。（雍正《館陶縣志》卷一二《災祥》）

春，大雨。甲子三冬至春正月無雨，二月初七日忽大雷雨，四野霑足，民慶歡，比之甘霖。夏，大風雷雨，晝暝。（崇禎《新城縣志》卷一一《災祥》）

黑風晝晦。（乾隆《東昌府志》卷三《總紀》）

大雨雹。（康熙《安福縣志》卷一《祥異》）

三月

二十二日，驟雨，水浸民居，深數尺。（民國《明溪縣志》卷一二《大事》）

大雨雹傷麥。（嘉慶《松江府志》卷八〇《祥異》；光緒《奉賢縣志》卷二〇《災祥》；民國《南匯縣續志》卷二二《祥異》）

雨雹，大如雞卵。（光緒《青浦縣志》卷二九《祥異》）

雨雹，大如雞卵、杯盌，損麥。（乾隆《婁縣志》卷一五《祥異》）

雨雹，大如杯盌，損麥。（光緒《川沙廳志》卷一四《祥異》）

雨雹，大如雞卵、杯碗，損麥。（乾隆《華亭縣志》卷一六《祥異》）

霆雨。（光緒《靖江縣志》卷八《祲祥》）

淫雨，傷麥。（道光《江陰縣志》卷八《祥異》）

大風拔木。（民國《遂安縣志》卷九《災異》）

雨雹。四月，風霾。（光緒《常昭合志稿》卷四七《祥異》）

二十二日，胡坊驟雨，水浸民居，深七尺。（康熙《歸化縣志》卷一〇
《災祥》）

春，旱，至三月盡有雨，方下穀。四月又旱，至夏至方耕種。（雍正
《靈川縣志》卷四《祥異》）

四月

癸未，申時，金星順行，晝見，在未位井宿度。（《明熹宗實錄》卷五
八，第 2668 頁）

己亥，風霾。（乾隆《婁縣志》卷一五《祥異》；乾隆《華亭縣志》卷
一六《祥異》；嘉慶《松江府志》卷八〇《祥異》；光緒《奉賢縣志》卷二
〇《災祥》；光緒《青浦縣志》卷二九《祥異》；光緒《川沙廳志》卷一四
《祥異》；民國《南匯縣續志》卷二二《祥異》）

初五日未時，西北黑雲如潑墨，震雷，狂風發屋拔木，晝晦。（康熙
《長山縣志》卷七《災祥》；嘉慶《長山縣志》卷四《災祥》）

五日，黑氣如靛，震雷狂風，發屋拔木，晝晦。（道光《濟南府志》卷
二〇《災祥》）

初五日未刻，西北黑雲如靛，雷聲轟轟，風沙大作，揭屋拔木，白晝如
夜，已而大雨如注。（崇禎《新城縣志》卷一一《災祥》）

二十八日，雷雹大作，風吼水立，拔木覆屋，竟日怒號。（光緒《嘉善
縣志》卷三四《祥眚》）

雨雹，大風拔木，麥盡傷。（乾隆《滿城縣志》卷八《災祥》）

大霜，殺麥禾。（康熙《城武縣志》卷一〇《祲祥》；光緒《曹縣志》
卷一八《災祥》）

春大旱，四月始雨。秋禾方起，飛蝗忽至，大嚙禾稼。（乾隆《東明縣
志》卷七《災祥》）

陰雨浹旬，麥皆浥腐不可食。（崇禎《外岡志》卷二《祥異》）

白氣如練繞耳旁，三日始沒。（崇禎《廉州府志》卷一《歷年紀》）

五月

大颶。（乾隆《潮州府志》卷一一《災祥》；嘉慶《澄海縣志》卷五《災祥》；光緒《潮陽縣志》卷一三《灾祥》）

十七日大風雨，晝如晦。秋旱。（順治《溧水縣志》卷一《邑紀》）

饑。五、六月內，斗米一錢，民饑絕食。（康熙《武寧縣志》卷三《災祥》）

雨雹，大如雞卵，打傷人。（康熙《淅川縣志》卷八《災祥》）

至七月，赤日皎烈，天無纖雲，河底迸裂，斗米二百文。（崇禎《外岡志》卷二《祥異》）

六月

大水。（嘉慶《澄海縣志》卷五《災祥》；光緒《潮陽縣志》卷一三《灾祥》）

丁丑，延安大風雪三日。是歲，大饑，人相食。（《國榷》卷八七，第5304頁）

大旱。（光緒《通州直隸州志》卷末《祥異》）

初四日，天鼓鳴，逾月不雨。（光緒《靖江縣志》卷八《祲祥》）

蝗。（乾隆《平原縣志》卷九《災祥》）

不雨，歲饑。（康熙《文水縣志》卷一《祥異》）

二十九日，漳水漂没辛安鎮等村，黍稼蕩然。（雍正《肥鄉縣志》卷二《災祥》）

陽和大旱，六月不雨。（雍正《陽高縣志》卷六《藝文》）

文水旱。（雍正《山西通志》卷一六三《祥異》）

飛蝗蔽天，田禾俱盡。（道光《濟南府志》卷二〇《災祥》）

飛蝗蔽天。（嘉慶《禹城縣志》卷一一《灾祥》）

夜，聞空中有兵刃聲。（光緒《常昭合志稿》卷四七《祥異》）

蝗災。（光緒《烏程縣志》卷二七《祥異》）

興孝鄉大雨雹，間下黑豆，種之，葉作刀劍形。（康熙《池州府志》卷二九《災異》）

旱甚，民心惶懼。（康熙《石門縣志》卷七《藝文》）

月中，颶風，壞城樓、敵臺、城牆五十餘丈。（康熙《潮陽縣志》卷二《城池》）

六月、八月，天鼓鳴，旱甚。（道光《江陰縣志》卷八《祥異》）

七月

戊午，辰時，金星順行晝見，在巳位井宿分度。（《明熹宗實錄》卷六一，第2874頁）

壬申，火星逆行，色赤，體大有光芒，測在壁宿七度八十分。（《明熹宗實錄》卷六一，第2889～2890頁）

雨雹。（道光《蒲圻縣志》卷一《災異并附》）

大水。（道光《膠州志》卷三五《祥異》；民國《增修膠志》卷五三《祥異》）

大旱，田起黃埃，井泉俱竭。（康熙《蕭山縣志》卷九《災祥》）

朔，大風拔木，霪雨如注，屋廬俱壞，兩晝夜方息。（光緒《烏程縣志》卷二七《祥異》）

大饑。七月，大雨雹。（康熙《武昌府志》卷三《災異》）

洪水，蕩折民居，禾盡偃。知縣潘藻買穀賑之。（康熙《長樂縣志》卷七《災祥》）

大水浸城。（康熙《新寧縣志》卷二《事略》）

八月

大水。（道光《高要縣志》卷一〇《前事》）

歉，斗粟八十錢，市相顧愕然。（崇禎《內邱縣志》卷六《變紀》）

十一日，海州之臺山下冰雹，連宿不化，長者盈尺，大者如鵝卵，方者如盤。（崇禎《淮安府實錄備草》卷一八《祥異》）

九月

戊申，工科給事中王夢尹奏："天津米豆全賴真、順、保、河等府為之糴買輸運，今三伏不雨，繼以秋旱，定、興等處飛蝗蔽天，米值一斗至一錢四五分，豆一斗至一錢二三分，秋成且然，況明春乎？畿輔近地與遠省不同，偶生他變，便與宗社相關，原派關門米豆之數，當照災傷輕重、道里遠近、價值高下，逐一酌量，庶寬一分，民受一分之賜。"疏下部議。（《明熹宗實錄》卷六三，第 2946～2947 頁）

戊申，夜五更，金星順行，犯軒轅御女星，約相離三十分餘，金星在下。（《明熹宗實錄》卷六三，第 2947 頁）

乙卯，夜三更，火星逆行，過於壁室。（《明熹宗實錄》卷六三，第 2962 頁）

壬申，夜五更，金星順行，犯太微垣左執法星，約相離三十分餘，金星在上。（《明熹宗實錄》卷六三，第 2990 頁）

十月

丙子，保定巡撫郭尚友題："天津等處旱蝗，請議蠲恤，下疏於部。"（《明熹宗實錄》卷六四，第 2997 頁）

丙戌，土星順行，犯太微垣上將星。（《明熹宗實錄》卷六四，第 3012 頁）

戊子，戶部以天寒循例賑濟京師饑民，南城原額米三百九十六石，再增六百石。東城原額米三百九十六石，再增三百石。中西北三城原額一百九十八石，再增米各二百三十八石三斗。（《明熹宗實錄》卷六四，第 3014 頁）

戊子，夜二更，月犯畢宿、火星。（《明熹宗實錄》卷六四，第 3015 頁）

辛卯，巡撫浙江右僉都御史劉可法條上兩浙旱荒，請加蠲賑，章下戶部。（《明熹宗實錄》卷六四，第 3016 頁）

十二月

壬寅，巡按直隸監察御史焦源溥覆勘保、河旱蝗，言："保定稍輕，河間更甚。請於保定府動支一千五百兩，河間府動支二千五百兩，發各州縣衛所，照災重輕，量攤派賑濟。"上是之，命詠地方官分別拯救，以恤災黎。（《明熹宗實錄》卷六六，第3157~3158頁）

雨沙。（康熙《延津縣志》卷七《災祥》）

是年

春，旱，河井乾涸，火災凡五十六。（光緒《淮安府志》卷四〇《雜記》）

春，旱。（乾隆《碭山縣志》卷一《祥異》；民國《鹽山新志》卷二九《祥異表》）

春，風霾蔽日，越午及申三時方息。（康熙《南樂縣志》卷九《紀年》；光緒《南樂縣志》卷七《祥異》）

春，風霾蔽日，三時始息。（民國《大名縣志》卷二六《祥異》）

春，大旱。四月始雨，秋禾甫起，飛蝗至，大嚙禾稼，祭告，輒飛去。（乾隆《東明縣志》卷七《災祥》）

春夏，多雨潦，秋多虎，冬多雷。（宣統《高要縣志》卷二五《紀事》）

夏，大旱。（嘉慶《重刊宜興縣舊志》卷末《祥異》；光緒《歸安縣志》卷二七《祥異》；光緒《泰興縣志》卷末《述異》）

夏，蝗。（道光《膠州志》卷三五《祥異》；民國《增修膠志》卷五三《祥異》）

飛蝗蔽天。（光緒《五河縣志》卷一九《祥異》）

又旱，蝗生更甚，草亦不生。（嘉慶《備修天長縣志稿》卷九下《災異》）

大旱。（順治《安慶府太湖縣志》卷九《災祥》；道光《遵義府志》卷二一《祥異》；宣統《臨安縣志》卷一《祥異》；民國《滄縣志》卷一六《大事年表》）

大旱，秋雨連綿，黍穀皆化為灰。（光緒《容城縣志》卷八《災

異志》）

旱，蝗。（嘉慶《高郵州志》卷一二《雜類》；光緒《鹽城縣志》卷一七《祥異》）

蝗。（崇禎《固安縣志》卷八《災異》；順治《新修豐縣志》卷九《災祥》；順治《新泰縣志》卷一《祥異》；康熙《良鄉縣志》卷七《灾異》；乾隆《新安縣志》卷七《襪祚》；光緒《豐縣志》卷一六《災祥》）

霪雨害麥。（光緒《安東縣志》卷五《民賦下》）

旱，大饑，米穀騰貴。（光緒《川沙廳志》卷一四《祥異》）

城內喻日五宅雨紅雨。（康熙《安義縣志》卷一〇《災異》；同治《安義縣志》卷一六《祥異》）

大旱，禾苗盡枯，斗米銀一錢。（民國《萬載縣志》卷一《祥異》）

雷震縣城南隅。（乾隆《延長縣志》卷一《災祥》）

旱，傷稼。（光緒《嘉興府志》卷三五《祥異》）

臨安縣大旱。（乾隆《杭州府志》卷五六《祥異》）

山、會、蕭、諸俱大旱。（乾隆《紹興府志》卷八〇《祥異》）

旱損稼，高阜無收。（康熙《秀水縣志》卷七《祥異》；光緒《海鹽縣志》卷一三《祥異考》）

夏秋，大旱，禾盡槁。（光緒《桐鄉縣志》卷二〇《祥異》；光緒《烏程縣志》卷二七《祥異》）

夏秋，大旱。（同治《湖州府志》卷四四《祥異》）

秋，霪雨。（民國《芮城縣志》卷一四《祥異考》）

秋，烈風暴雨，天台禾盡拔，民采蕨充食。（民國《台州府志》卷一三四《大事略》）

春，雨，無麥。（康熙《景陵縣志》卷二《災祥》）

夏，旱，米價石一兩三錢。（崇禎《吳縣志》卷一一《祥異》）

夏，旱。秋，水。冬，饑，米價騰貴，梁垜場草寇蠭起。至六年春，民不聊生，插草鬻子女者盈衢市，饑民搶預備倉。（嘉慶《東臺縣志》卷七《祥異》）

夏，飛蝗蔽天。（康熙《東光縣志》卷一《機祥》；民國《景縣志》卷一四《故實》）

遵義大旱。（乾隆《貴州通志》卷一《祥異》）

苦大旱。（康熙《瀏陽縣志》卷九《災異》）

唐縣鎮雨豆，形如彎弧，其色如灰。（同治《隨州志》卷一七《祥異》）

旱，饑。時稻石值五錢，而民有餓死者。（康熙《大冶縣志》卷四《災異》）

大水。（崇禎《鄆城縣志》卷七《災祥》；《浠水縣簡志·自然災害》）

雨不止，無麥禾。（道光《黃安縣志》卷九《災異》）

旱。（康熙《商城縣志》卷八《災祥》；乾隆《羅山縣志》卷八《災異》；嘉慶《息縣志》卷八《災異》）

霪雨彌月，二麥無收。（雍正《安東縣志》卷一五《祥異》）

蝗蝻害稼。（順治《泗水縣志》卷一一《災祥》）

大豐。雨暘時若，瑞雪三尺，野禾雙穗。（道光《榮成縣志》卷一《災祥》）

瑞雪三尺，大豐。（雍正《文登縣志》卷一《災祥》）

鳳縣城池，於天啟五年大雨衝壞北門一帶，知縣楊茂令補修。（順治《漢中府志》卷二《城池》）

三伏不雨，禾收七分，人以為異。（康熙《榆次縣續志》卷一二《災祥》）

大旱，麥秋俱傷。（康熙《丘縣志》卷八《災祥》）

旱魃為災。（康熙《成安縣志》卷四《災異》）

白洋澱涸，種麥大熟。（康熙《任邱縣志》卷四《祥異》）

真、順、保、河四府三伏不雨，秋復旱。（《明史·五行志》，第485頁）

蝗飛蔽天，蝻積地盈尺。（康熙《靜海縣志》卷四《災異》）

三伏不雨，秋，復旱。（民國《獻縣志》卷一九《故實》）

秋，大雨。（乾隆《沛縣志》卷一《水旱祥異》）

秋，霪雨四十餘日，損屋害稼，一望巨津，魚産盈尺。（民國《芮城縣志》卷一四《祥異》）

秋，烈風暴雨，田禾盡拔，民采蕨充食。（康熙《天台縣志》卷一五《災祥》）

秋，旱。（康熙《巢縣志》卷四《祥異》）

冬，大冰，雪深數尺。（康熙《新蔡縣志》卷七《雜述》；乾隆《新蔡縣志》卷一〇《雜説》）

冬，雷。（道光《高要縣志》卷一〇《前事》）

天啟六年（丙寅，一六二六）

正月

戊辰，大風揚塵四塞。（《明熹宗實録》卷六七，第3181頁）

不雨，至四月終乃雨。（咸豐《興甯縣志》卷一二《災祥》）

雪，大雷電。（光緒《靖江縣志》卷八《祲祥》）

雪，大雷電。春夏，雨，無麥。（道光《江陰縣志》卷八《祥異》）

大雪，積二尺餘。是年夏霪雨，禾多淹没。（乾隆《上杭縣志》卷一一《祲祥》）

二月

庚辰，月犯畢宿、火星。（《明熹宗實録》卷六八，第3235頁）

己丑，大風揚塵四塞。（《明熹宗實録》卷六八，第3249頁）

癸巳，大風揚塵四塞。（《明熹宗實録》卷六八，第3256頁）

庚子，大風揚塵四塞。（《明熹宗實録》卷六八，第3274頁）

辛巳，大風，雨雹殺麥。（乾隆《婁縣志》卷一五《祥異》；乾隆《華亭縣志》卷一六《祥異》；嘉慶《松江府志》卷八〇《祥異》；光緒《川沙

廳志》卷一四《祥異》）

雨沙。（光緒《川沙廳志》卷一四《祥異》）

三月

丁未，聖諭：“……迄今數年之久，未雪三朝之憤，頃又渡河告警，寧遠被圍，賴一時文武合謀，孤城得守。然醜類未盡殲除，則孽蘗猶恐時發也……”（《明熹宗實錄》卷六九，第3289頁）

乙卯，大風揚塵四塞。（《明熹宗實錄》卷六九，第3306頁）

庚申，陰霾如雨。（《明熹宗實錄》卷六九，第3314頁）

不雨。（康熙《成安縣志》卷四《災異》）

四月

癸巳，是日，白露著樹，如垂縣，至日中不散。（《明熹宗實錄》卷七〇，第3383頁）

丙申，漕運總督蘇茂相疏言：“海州、徐州，并贛榆、桃源二縣俱荒旱異嘗，人民餓死，流離賊盜，日不聊生，漕糧無措，當一體改折。其餘州縣雖被灾，而未若此甚者。臣督令忍死輸納本色，不敢瀆陳。”部覆，從之。（《明熹宗實錄》卷七〇，第3389頁）

雨。（康熙《成安縣志》卷四《災異》）

大雹雨，麥禾盡傷。（順治《靈臺志》卷四《災異》）

蝗螟盈尺，草木禾苗俱盡。（康熙《安東縣志》卷二《災祥》）

雷擊儒學大門棟。（康熙《澄邁縣志》卷九《紀灾》）

五月

己酉，諭內閣：“今歲入春已（紅本作‘以’）來，風霾屢作，旱魃為灾，禾麥皆枯，萬姓失望。乃五月初六日巳時，地鳴震虩，屋宇動搖，而京城西南一方王恭廠一帶，其房屋盡屬傾頹，震壓多命。朕以渺躬御極，值此變異非常（紅本作‘嘗’），飲食不遑，慄慄畏懼。念上驚九廟列祖，下致

中外駭然……"（《明熹宗實錄》卷七一，第3421~3422頁）

丁巳，禮部請祈雨澤，得旨："今歲春夏以來，風霾亢旱，雨澤未澍。朕宮中虔禱，夙夜惶惶。依議於十九日為始，著百官痛加修省，務南郊北郊（紅本無'南郊北郊'四字）期感格。祭告社稷尚書王紹徽、山川尚書李起元、風雲雷雨壇尚書李思誠、護國濟民神應龍王侯柳祚昌，各竭誠行禮，仍行順天府，率屬祈禱。"（《明熹宗實錄》卷七一，第3438頁）

丁未，地震，大風霾，京城石獅擲出城外，銀錢器皿飄至州城南閱武場。（光緒《昌平州志》卷六《大事表》）

管山等里雨雹，大如雞卵，東西八十里二麥俱傷。（光緒《文登縣志》卷一四《災異》）

十九日未時，大風自西來，過演武場，吹倒牆數堵，將台旗杆拔折。（民國《聞喜縣志》卷二四《舊聞》）

蝗。（光緒《新樂縣志》卷一《災祥》）

二十八日，雨雹，城北傷麥并禾稼十之七八。（康熙《安州志》卷八《祥異》）

旱，蝗。（乾隆《阜平縣志》卷四《災祥》）

蝗。秋，漳水泛濫逼城，家有魚鱉。（康熙《成安縣志》卷四《災異》）

有黑風驟雷暴雨，拔樹傾屋，晝晦。（康熙《陽武縣志》卷八《災祥》）

六月

壬申，上以雨澤應祈郊壇等處，仍令前遣各官行禮。（《明熹宗實錄》卷七二，第3467頁）

丙戌，卯時，霧從乾方來，沉重如細雨。（《明熹宗實錄》卷七二，第3493頁）

庚子，雲南大水。（《國榷》卷八七，第5330頁）

初一日，大水，泛漲淤没。（崇禎《固安縣志》卷八《災異》）

初三日，地震有聲，大風拔木。（乾隆《祁州志》卷八《紀事》）

初三日，蝗渡江南。秋，大旱。歲大祲，人食樹皮。（康熙《鎮江府志》卷四三《祥異》；光緒《丹徒縣志》卷五八《祥異》；光緒《丹陽縣志》卷三〇《祥異》）

二十日，大水。（咸豐《順德縣志》卷三一《前事畧》）

地大震，蝗傷禾。（光緒《永年縣志》卷一九《祥異》）

大旱，蝗。（道光《江陰縣志》卷八《祥異》）

旱，蝗。（民國《增修膠志》卷五三《祥異》）

雨雹，傷稼。（崇禎《廣昌縣志·災異》）

大雨四十日，水至城下深丈，禾稼盡没。（順治《曲周縣志》卷二《災祥》）

晦，夜黑雲布斗牛間。（光緒《常昭合志稿》卷四七《祥異》）

大水，平地深丈餘，民居漂没殆盡。（順治《淇縣志》卷一〇《灾祥》）

三十日至閏六月初三日，大雨傾注三晝夜，雷大震不絕，平地水深數尺，屋舍圮壞。（乾隆《雞澤縣志》卷一八《災祥》）

六月、閏六月，大旱。（光緒《靖江縣志》卷八《祲祥》）

閏六月

癸卯，聖諭戶、禮二部，都察院：“朕惟自古帝王御世，莫不以敬天勤民為首務。朕紹統祖宗，誦法堯舜，念此至殷切矣。踐祚已（紅本作‘以’）來，惟上帝眷祐，是賴下民，居食是懷。乃今春入夏，異災頻仍，亢旱彌甚。茲者復遭霖雨，晝夜連綿，震動若傾，滂沱若注，克謹天戒，恐懼靡寧，已於宮中竭誠致禱。其禮部堂上官，宜即率屬懇祈，各秉精誠，齋心對越，仰答上天示儆之意，勿以虛文塞責。又念京師米價騰湧，小民糊口艱難，今復房屋坍塌，人口損傷，朕甚憫焉，即著五城御史上緊行查具奏，照例一體優卹，其房號銀兩，除舊例免徵外，再免徵二箇月。”（《明熹宗實錄》卷七三，第3524頁）

丁未，天壽山守備太監孟進寶疏奏：“大雨連綿，寶城神路等處衝塌。”

上命該部作速修理。（《明熹宗實録》卷七三，第3533頁）

辛亥，提督九門太監金良輔言："天雨連綿，都城及橋梁坍塌。"得旨："都城関係緊要，這城垣橋梁坍塌處所，著分工修理，勒限報完，不得遲緩悮事。"（《明熹宗實録》卷七三，第3540頁）

辛亥，張樸又奏："據廣武守備報稱，六月十一日子時，猛然風雷震吼，暴雨如傾，東西河潰共七十餘丈，淹没軍民房屋頭畜，大砲駝鼓水漂無影。"報聞。（《明熹宗實録》卷七三，第3541頁）

壬子，月犯天江北第二星，相離六十分，月在上。（《明熹宗實録》卷七三，第3543頁）

乙卯，欽天監算該月食，適雲陰遮蔽，月體未見虧食。（《明熹宗實録》卷七三，第3546頁）

丁巳，巡視中城御史龔萃肅，奉諭查過霪雨為灾，五城地方塌倒民房七千三百三間，損傷男婦二十五名口。得旨："五城倒塌房屋既已查明，即照王恭廠事例，發御前銀一萬兩，給發優邺，以彰朝廷德意。"（《明熹宗實録》卷七三，第3552頁）

壬戌，中府草場雷火。（《明熹宗實録》卷七三，第3558頁）

辛丑，京師大雨水，壞房舍，溺人，良鄉至城溺，武清、東安如之。（《國榷》卷八七，第5330頁）

廣州大旱。（《國榷》卷八七，第5332頁）

大風，多虎。（宣統《高要縣志》卷二五《紀事》）

大雨連旬，壞天壽山神路。（光緒《昌平州志》卷六《大事表》）

大雨浹旬，平地水深數尺，壞民居無數，禾稼盡淹。（光緒《容城縣志》卷八《灾異》）

大雨，漳、滏、洺河俱決，没稻田七百餘頃。（光緒《永年縣志》卷一九《祥異》）

大雨淹禾。（光緒《文登縣志》卷一四《灾異》）

大雨淹禾。（道光《榮成縣志》卷一《灾祥》）

大雨，西山洪水驟發，城中水深六尺，新舊屋宇傾倒不計其數，蘆溝橋

人家被水衝去，良鄉城俱傾，勢若江河，屍橫遍野，直至涿州而止。（《二申野録》）

久雨，蘆溝河水發，從京西入御河，穿城經過五閘至通州，民多溺死。（康熙《通州志》卷一一《災異》）

滹沱大水，曹馬口堤決，增築月堤。（光緒《正定縣志》卷八《災祥》）

朔，大水。（康熙《保定府志》卷二六《祥異》；光緒《保定府志》卷三《災祥》）

朔，大水，井溢，城屋多圮。（康熙《定興縣志》卷一《機祥》）

朔，大水，井溢，房屋多圮。（民國《新城縣志》卷二二《災禍》）

初一日，大雨浹旬，平城水深數尺，壞民房垣無數，禾稼浸潦大半。（康熙《容城縣志》卷八《災變》）

大水。閏六月二十二日，水自北門入，城幾没。（乾隆《新安縣志》卷七《機祚》）

初二日，渾河入城，房舍盡没。人民架巢為屋，禾稼盡失。（天啟《東安縣志》卷一《機祥》）

初二，夜，大風，水溢。（乾隆《瑞安縣志》卷一〇《災變》）

大水。（康熙《雄乘》卷中《祥異》）

（朔）大水，漂没民舍，煮粥賑之。（康熙《慶都縣志》卷三《政事》）

大風，拔木伐屋，五穀摧折無遺。（乾隆《威海衛志》卷一《災祥》）

三日，飛蝗渡江而南，初六日入金壇，南飛蔽天，不絶者八日。（光緒《金壇縣志》卷一五《祥異》）

大雨，湯水溢入城中，官舍民房多傾頹，近城西北民舍漂没殆盡。（順治《湯陰縣志》卷九《雜志》）

［閏五（當作“六”月）］丙戌，霧重如雨，六月己未如之。（乾隆《湖南通志》卷一四二《祥異》）

颶風。（道光《高要縣志》卷一〇《前事》）

旱，蝗。（道光《商河縣志》卷三《祥異》）

七月

丙子，工部尚書薛鳳翔言："天雨連綿，水勢暴漲，冲毁長陵七星橋，乞先委官搭盖浮橋，以便秋祭。"從之。又言："山水泛溢，冲毁寶城，請借內帑修築。"上令該部設處興工。（《明熹宗實録》卷七四，第 3584～3585 頁）

丙子，是夜，西南方流星如盞大，尾跡有光，起自室宿，西南行入危宿，後有二小星隨之。（《明熹宗實録》卷七四，第 3585 頁）

戊子，山東巡撫吕純如以東省旱蝗，條上方略。（《明熹宗實録》卷七四，第 3601 頁）

己丑，月犯畢宿。（《明熹宗實録》卷七四，第 3603 頁）

辛卯，總督河道工部尚書李從心奏："淮水驟發，以淮刷黄，闕沙盡逝，運道復通。"報聞。（《明熹宗實録》卷七四，第 3604 頁）

辛未，江南北大風雨，驟湧丈許。（《國榷》卷八七，第 5332 頁）

壬申，山海關大雨水。（《國榷》卷八七，第 5333 頁）

大水，傷禾稼。（民國《束鹿縣志》卷九《災祥》）

大水。（乾隆《隆平縣志》卷九《災祥》；嘉慶《長山縣志》卷四《災祥》；同治《欒城縣志》卷三《祥異》；同治《鄞縣志》卷六九《祥異》）

漳水大溢。（同治《武邑縣志》卷一〇《雜事》）

暴雨如注，定州李村唐河决，水深數丈，直衝州城，不没，僅六尺，居民湮没無算。（乾隆《祁州志》卷八《紀事》）

河决匙頭灣，灌駱馬湖，邳宿田廬潏没無算。是月，豐縣大霜殺禾。（同治《徐州府志》卷五下《祥異》）

朔，颶風霖雨大作，扳木震屋，府譙樓盡傾。辛卯，大風，損廬舍。（嘉慶《松江府志》卷八〇《祥異》）

大雨，風，歲祲。（光緒《青浦縣志》卷二九《祥異》）

朔，怪風大雨，發屋拔木。（光緒《崑新兩縣續修合志》卷五一《祥異》）

朔，辛未，大風雨兩晝夜，拔木仆屋，至辛卯復然。（光緒《南匯縣志》卷二二《祥異》）

隕霜殺禾。（光緒《豐縣志》卷一六《災祥》）

朔。辛未，大風雨兩晝夜，拔木仆屋，水盈數尺，府譙樓傾。辛卯，大風雨，損廬舍。（乾隆《婁縣志》卷一五《祥異》）

朔，辛未，大風雨兩晝夜，拔木仆屋，水盈數尺。辛卯，大風雨，損廬舍。（乾隆《華亭縣志》卷一六《祥異》）

夏，蝗。七月，河決匙頭灣，灌駱馬湖，淹沒田廬無算。（同治《宿遷縣志》卷三《紀事沿革表》）

朔，大風雨兩晝夜，拔木仆屋，平地水盈數尺。二十一日，大風雨，損廬舍。（光緒《川沙廳志》卷一四《祥異》）

大風雨兩晝夜，敗屋拔木，河決匙頭灣，倒流入駱馬湖。自四年至是，凡三歲，歲歉民流。（光緒《淮安府志》卷四〇《雜記》）

朔，大風雨，拔木偃禾，江漲，濱江田皆壞。（光緒《靖江縣志》卷八《裖祥》）

大風雨，拔木偃禾，江水溢，民多溺死。冬，不雨，饑民採食圖山乳石。（道光《江陰縣志》卷八《祥異》）

大風拔木。（道光《榮成縣志》卷一《災祥》；光緒《文登縣志》卷一四《災異》）

一日，大風拔木，霪雨如注，室廬俱害，兩晝夜方息。（康熙《秀水縣志》卷七《祥異》；光緒《嘉興府志》卷三五《祥異》）

朔，大風拔木，霪雨如注，屋廬俱壞，兩晝夜方息。（同治《湖州府志》卷四四《祥異》；光緒《桐鄉縣志》卷二〇《祥異》）

朔，雷雨驟至，狂颺搏擊，屋瓦皆飛。（光緒《嘉善縣志》卷三四《祥眚》）

一日，大風雨，拔木壞垣，海潮溢。大祲。（康熙《嘉定縣志》卷三《祥異》）

朔，怒風怪雨，敗垣破屋，合抱之木皆拔起。（崇禎《外岡志》卷二

《祥異》）

朔，大風，拔木傾垣，一秋多水。（崇禎《吳縣志》卷一一《祥異》）

朔，天乃大風，風起連雨，後自東南掃西北，近海淹千百家，水騰湧丈餘，山中百餘年木偃仆殆盡。大蠹之老所未見也。（崇禎《橫谿録》卷五《水患》）

初一日，大風潮，仍有秋。（道光《璜涇志稿》卷七《災祥》）

朔，大風雨，拔木仆屋，江浦多漂没，巨艘擊破，浮屍相屬。（光緒《常昭合志稿》卷四七《祥異》）

朔，風災。（康熙《武進縣志》卷三《災祥》）

初一、初二兩晝夜，狂風暴雨，壞屋拔木，損舟，各河水驟長丈許。（乾隆《淮安府志》卷一《祥異》）

初一，大風拔木，霆雨如注，室屋俱毀，兩晝夜方息。（康熙《平湖縣志》卷一〇《災祥》）

初二日，大風拔木。秋，旱，蝗。冬，雨，木冰。（崇禎《泰州志》卷七《災祥》）

初三日，大水，決黃土厓，東西北皆漂没。冬，大雪深三尺。（康熙《新城縣志》卷一〇《災祥》）

初三，大水。（康熙《博興縣志》卷三《河患》）

初八日，泛漲，柴楷盡衝。（崇禎《固安縣志》卷八《災異》）

初九，黃河決口圍遶，睢城蕩然。（康熙《睢寧縣舊志》卷九《災祥》）

大水，傷禾稼。（民國《晉縣志》卷五《災祥》）

大水，淹禾稼。（康熙《深澤縣志》卷一〇《祥異》）

十六日夜，上津大風，瓦石亂飛，雷雨交作，平地水深三尺，及曙西鄰大樹插於東鄰，北樓獸脊移于南樓，損傷無算。（同治《鄖陽府志》卷八《祥異》）

上津縣七月十六日夜，南風習習，月明如晝，須臾黑雲驟起，西北暴風大至，屋瓦亂飛，牆壁皆仆。少頃，雷雨交加，水深數尺，西鄰有樹拔至東鄰，北樓獸脊移至南樓。有一人高卧室內，及晨，乃知身在瓦礫中，從旁匍

匍以出，遍地皆水，唯有臥處未濕。（光緒《湖北通志·志餘》）

飛蝗蔽野，大傷禾稼。（康熙《遷安縣志》卷七《災異》）

又大水，田禾漂没。秋七月，飛蝗蔽天。（康熙《雄乘》卷中《祥異》）

漳水大溢。（康熙《武邑縣志》卷一《祥異》）

大風雨，河決安東等口。（康熙《安東縣志》卷二《災祥》）

大風拔木，蝗，旱。冬，雨，木冰。（嘉慶《東臺縣志》卷七《祥異》）

隕霜殺禾。（順治《新修豐縣志》卷九《災祥》）

黃河決匙頭灣，近城皆水，田廬沉溺。（康熙《邳州志》卷一《祥異》）

七月、八月飛蝗蔽天。（光緒《保定府志》卷三《災祥》）

八月

乙卯，兵科右給事中薛國觀題："秋高馬肥，正犬羊肆志之日。況我之瑕隙可乘，而敵之狂謀未艾，如關外寧遠，與中、右、後、前屯諸城，先時以霖雨坍塌報；宣、大沿邊諸處邊墻墪臺，先時以地震傾圮〔圮〕報；寧夏鎮炒忽兒千兒罵，頃以西行犯搶報……"（《明熹宗實錄》卷七五，第3634～3635頁）

海潮溢，自海寧入，一夕水漲三尺餘。（光緒《嘉興府志》卷三五《祥異》）

蝗災。八月十六日，辰，風從西北方起，蝗飛集蔽野。（光緒《歸安縣志》卷二七《祥異》）

大雨雹，損稼。（順治《真定縣志》卷四《災祥》；光緒《正定縣志》卷八《災祥》）

蝗災。八月十六日辰時，風從西北方起，隨蝗蝻順風飛集，填空蔽野，至酉時才止。次日復然，不論田禾地菜蓏時食盡。（崇禎《烏程縣志》卷四《災異》）

大風，飛沙拔木，鳥雀多死。（崇禎《海澄縣志》卷一四《災祥》；康熙《漳州府志》卷三三《災祥》）

九月

壬申，淮、揚、廬、鳳各府屬春夏旱蝗為災，入秋霪雨連旬，河溢海嘯。濱河之邑，如邳州、宿遷、桃源、安東等州縣，其田土盡没於黄河。濱海之邑，如泰興一縣，海潮江浪一夜驟湧，廬舍衝没，人民溺死者無算。總漕蘇茂相具狀乞賑，下其疏於部。（《明熹宗實録》卷七六，第 3665 頁）

癸未，金星晝見。（《明熹宗實録》卷七六，第 3680～3681 頁）

大旱，地坼。歲大祲，人食樹皮，有饑死者。（光緒《金壇縣志》卷一五祥異）

十月

旱，蝗。（民國《項城縣志》卷三一《祥異》）

開封旱，蝗。（《明史·五行志》，第 438 頁）

十一月

十日，夜，大雨，雷電。（崇禎《吴縣志》卷一一《祥異》）

十二月

癸丑，月有食之，凡食八分七十六秒〔秒〕，自酉至亥二刻復圓。（《明熹宗實録》卷七九，第 3826 頁）

大雪，一夕五尺餘，竹木折，鳥獸多死。（乾隆《婁縣志》卷一五《祥異》；乾隆《華亭縣志》卷一六《祥異》；嘉慶《松江府志》卷八〇《祥異》；光緒《川沙廳志》卷一四《祥異》）

大雪，一夕深四五尺，竹木折，鳥獸死。（光緒《南匯縣志》卷二二《祥異》）

二十八日，木冰，歲大祲。（光緒《靖江縣志》卷八《祲祥》）

二十八日，木冰。（道光《江陰縣志》卷八《祥異》）

除夜，雷雨電雹，七里鋪地方有龍自樹中出。（崇禎《鄆城縣志》卷七

《災祥》）

大雪深三尺許，晚霽。余登龍山，萬山載雪，明月薄之，月不能光，雪皆呆白。（《陶庵夢憶》卷七）

是年

春，大雨。夏，大風，雷雨，晝瞑。秋，大風。（康熙《新城縣志》卷一〇《災祥》）

春，大旱。（道光《高要縣志》卷一〇《前事》；宣統《高要縣志》卷二五《紀事》）

夏，蝗。是歲，自春至夏多雨，蝗起徧野，損田禾十之七八。（民國《沛縣志》卷二《沿革紀事表》）

夏，蝗生盈尺，草木禾苗俱盡。（光緒《安東縣志》卷五《民賦下》）

夏，旱，蝗。（乾隆《諸城縣志》卷二《總紀上》；乾隆《歷城縣志》卷二《總紀》）

夏，大旱。（康熙《永壽縣志》卷六《災祥》；光緒《永壽縣志》卷一〇《述異》）

婺源大旱。（道光《徽州府志》卷一六《祥異》）

旱，兼蝗。（民國《重修蒙城縣志》卷一二《祥異》）

大旱，饑。（道光《新會縣志》卷一四《祥異》；民國《開平縣志》卷一九《前事》）

大水。（康熙《廣宗縣志》卷一一《禓祥》；康熙《磁州志》卷九《祥異》；康熙《衡水縣志》卷六《事紀》；康熙《霸州志》卷一〇《災異》；嘉慶《中部縣志》卷二《祥異》；民國《霸縣新志》卷六《灾異》；民國《磁縣縣志》第二十章第二節《明清災異》；民國《廣宗縣志》卷一《大事紀》）

大水漂没民舍，煮粥賑之。（民國《望都縣志》卷一一《雜志》）

漳河大溢。（民國《冀縣志》卷三《河流》）

大水，平地行舟，漂没田廬無算。（康熙《邯鄲縣志》卷一〇《災異》；

民國《邯鄲縣志》卷一《大事》）

　　大收。來牟（疑當作"年"）秋，蝗。（光緒《蠡縣志》卷八《災祥》）

　　旱，蝗。（康熙《景州志》卷四《災變》；康熙《靈璧縣志略》卷一《祥異》；康熙《寶應縣志》卷三《災祥》；乾隆《鳳陽縣志》卷一五《紀事》；乾隆《曲阜縣志》卷三〇《通編》；道光《重修寶應縣志》卷九《災祥》；民國《景縣志》卷一四《故實》）

　　蝗。（嘉慶《海州直隸州志》卷三一《祥異》）

　　旱蝗害稼。（光緒《淮安府志》卷四〇《雜記》）

　　大旱，至明年六月始雨，大饑。（乾隆《象山縣志》卷一二《禨祥》）

　　武定府大旱。（民國《祿勸縣志》卷一《祥異》）

　　縣治大水，舟行衢中。（嘉慶《義烏縣志》卷一九《祥異》）

　　大旱，墟市搶貴糶。秋，大水。（嘉慶《三水縣志》卷一三《災祥》）

　　秋，旱。（嘉慶《順昌縣志》卷九《祥異》）

　　秋，河決匙頭灣，民居盡没。（咸豐《邳州志》卷六《民賦下》）

　　秋，大水，蛹生食禾。（民國《續修廣饒縣志》卷二六《通紀》）

　　秋冬，旱，疫。（民國《連城縣志》卷三《大事》）

　　春，不雨，至四月終始雨，田少播種，穀貴。（崇禎《興寧縣志》卷六《災異》）

　　春，久不雨，洮湖水竭。（光緒《金壇縣志》卷一五《祥異》）

　　春，大旱，時米價騰貴。（乾隆《瑞安縣志》卷一〇《災變》）

　　蝗。夏潦，大水。（康熙《大城縣志》卷八《災祥》）

　　夏，旱，蝗大起，習習中天翳日，苗禾一空。（光緒《曹縣志》卷一八《災祥》）

　　夏，旱，蝗大起，習習中天翳日，所過禾苗一空。（康熙《城武縣志》卷一〇《褉祥》）

　　夏，蝗。是歲春至夏多雨，蝗起遍野，損田禾十之七八。（乾隆《沛縣志》卷一《水旱祥異》）

　　夏，旱。（康熙《武進縣志》卷三《災祥》）

夏，大旱，竹有實，禾焦如焚，農民循畝而泣。秋，霪雨，禾生兩耳。（乾隆《潮州府志》卷一一《災祥》）

夏，雷震北門樓。（崇禎《歷乘》卷一三《災祥》）

大旱。（康熙《番禺縣志》卷一五《事紀》；康熙《婺源縣志》卷一二《譏祥》；道光《雲南備徵志》卷八《南詔野史》；民國《龍門縣志》卷四《輿地》）

大旱。饑，知縣黃師夔賑之。（康熙《新會縣志》卷三《事紀》）

旱魃為虐，民不聊生，相與采蕨而食。（康熙《長樂縣志》卷七《災祥》）

旱，大饑。（雍正《東莞縣志》卷一〇《祥異》）

大旱，民采蕨根作粉以食。知縣王梯捐俸賑濟，所活甚眾。（康熙《常寧縣志》卷一一《祥異》）

旱。（順治《溧水縣志》卷一《邑紀》；康熙《蘄州志》卷一二《災祥》；嘉慶《息縣志》卷八《災異》）

旱，饑。（乾隆《富平縣志》卷一《祥異》）

黃霧四塞，繼而雨雹。民饑。（康熙《盧氏縣志》卷四《災祥》；光緒《盧氏縣志》卷一二《祥異》）

水，壞民居。（康熙《真陽縣志》卷八《災祥》）

飛蝗蔽天落地，秋禾食盡。（康熙《新蔡縣志》卷七《雜述》）

木稼。（順治《虞城縣志》卷八《災祥》）

大雨，水幾入城，亦二百餘年所僅見。（乾隆《彰德府志》卷二六《碑記》）

紅風從東北來，天地人物皆變白色。（康熙《安陽縣志》卷一〇《災祥》）

雨雹，大風揭瓦拔木。（康熙《河內縣志》卷一《災祥》）

大風，裂瓦拔木。黃河清。（順治《懷慶府志》卷一《災祥》）

河水決入城，數日始落。（康熙《中牟縣志》卷六《祥異》）

廣濟橋，天啟六年又水衝。（康熙《清流縣志》卷五《橋樑》）

田潦。（康熙《進賢縣志》卷一八《災祥》）

大旱，有蝗。（順治《廬江縣志》卷一〇《災祥》；康熙《廬州府志》卷九《祥異》）

大旱，至七年六月始雨，失種無收。民大饑。（同治《象山縣志稿》卷二二《幾祥》）

大水與城齊，漂去南甕城，没南關民數百家。（道光《清澗縣志》卷一《災祥》）

延長大水。（康熙《陝西通志》卷三〇《祥異》）

霪雨為災。（民國《綏中縣志》卷一《災祥》）

大水，蝗傷稼。（乾隆《曲周縣志》卷一七《雜事》）

大水，滹沱河移去。（康熙《安平縣志》卷一〇《災祥》）

漳、滏、洺三河俱決，水圍堤僅尺，漂没稻田七百餘頃。（康熙《永年縣志》卷一八《災異》）

霖雨，民田半收。（康熙《交河縣志》卷七《災祥》）

李村唐河決，水深數丈，直衝州城，不没僅六尺，居民湮没無算。（乾隆《祁州志》卷八《祥異》）

蝗災。雨潦，黑牛口決，水抵新堤。（崇禎《文安縣志》卷一一《災祥》）

遼東霪雨，壞山海關內外城垣，軍民傷者甚眾。（《明史·五行志》，第475頁）

空中有聲，由東北而西南，門户震動。（民國《順義縣志》卷一六《雜事記》）

饑。秋分日，隕霜殺草，晚禾未熟。（乾隆《榆次縣志》卷七《祥異》）

秋，大水，蝻至。（康熙《樂安縣志》卷上《紀年》）

秋，大霪雨，漳、滋、清河皆溢，損傷禾稼。（順治《饒陽縣後志》卷五《事紀》）

秋，大水，蝗生。（康熙《臨淄縣志》卷三《災祥》）

秋，大雨，滹沱水至深州城北。（道光《深州直隸州志》卷末

《機祥》）

秋，尤大水。（康熙《薊州志》卷一《祥異》）

秋，大水。（康熙《河間縣志》卷一一《祥異》；康熙《任邱縣志》卷四《祥異》；乾隆《肅寧縣志》卷一《祥異》；民國《獻縣志》卷一九《故實》）

秋，復旱，張陽純步禱三日，雨隨應，四民謳歌。（康熙《順昌縣志》卷三《災祥》）

秋冬，旱，疫病。（康熙《連城縣志》卷一《歷年紀》）

冬，池結冰花。（順治《滎澤縣志》卷七《災祥》）

天啟七年（丁卯，一六二七）

正月

辛巳，夜五更，月犯軒轅大星，相離五十分餘，月在下。（《明熹宗實錄》卷八〇，第3882頁）

甲申，雲南巡撫閔洪學、巡按朱泰禎類報災異言：“定邊縣風雷電霧，橫漲漂没鶴慶府鎮姚所；石屏、雲龍二州俱地震；千崖宣撫司大星飛隕。”疏下該部，知之。（《明熹宗實錄》卷八〇，第3885頁）

大雪。自十五日起至二十四日，始霽。二十一大雷電。（康熙《太平府志》卷三《祥異》）

己丑，雷震狼山浮屠東北角。八月庚戌，又震西南角，五級皆穿。（光緒《通州直隸州志》卷末《祥異》）

朔，天鼓鳴三日。晝晦，澍雨兼旬，凡十八晝夜，民食樹皮。二十一日，風雨震電，雨雪。翌日，臭霧四塞。（光緒《靖江縣志》卷八《禩祥》）

朔，天鼓鳴，三日不絶，大雨連十八晝夜，十九日至二十一日，風雨雷電，大雪雹。二十二日，濃霧四寒，鳥雀多凍死。（道光《江陰縣志》卷八《祥異》）

震電，雨雪。（同治《湖州府志》卷四四《祥異》；光緒《烏程縣志》卷二七《祥異》；光緒《歸安縣志》卷二七《祥異》）

二十一日，嚴寒，雷電霰雪交集，二十四日雷又雪。（康熙《蘇州府志》卷二《祥異》）

二十一日，晨起嚴寒，忽雷電晦冥，霰雪交集，是夜雪積盈尺，後三日雷雪復作。（崇禎《吳縣志》卷一一《祥異》）

（南通縣）己丑，雷震狼山浮圖東北角。（弘光《州乘資》卷一《幾祥》）

水災兩見。丁卯正月二十二日卯時起，至辰巳之交震電，大雨雪。（崇禎《烏程縣志》卷四《災異》）

望日，雷。（康熙《鎮江府志》卷四三《祥異》；乾隆《丹陽縣志》卷六《祥異》）

二月

乙巳，夜二更，月犯井宿東翁北第三星，相離五十分餘，月在下。（《明熹宗實錄》卷八一，第3931頁）

丙寅，辰時，金星順行，在巳位危宿度分。（《明熹宗實錄》卷八一，第3960頁）

雨冰。（民國《商水縣志》卷二四《雜事》）

永明龍鬪，水溢山崩，田廬多漂溺。（道光《永州府志》卷一七《事紀畧》）

夜，雷電風雨，到處鬼哭震天，慘不可聞。（光緒《嘉善縣志》卷三四《祥眚》）

清明，夜，大雨如注，洪水災至。電光閃爍，水聲和雷聲并吼，男婦從夢中躍起，則水浸臥榻，轉盼淹及簷，沿江居民憑高呼救，一時哄喧震天。迨將曙，水勢差殺，得以小艇往來濟渡，始稍寧息。然是夕鄉人咸見空中有二物，捲水奔騰於猛霆怒颸中，若相角逐，然乍縱乍橫，倏高倏下，移時東去，暴雨乃止。故所至崩山陷田，傾廬毀舍，儲蓄漂溺者不可勝計，豈鯨鯢

之族為祟歟？誠從來所未有者。（康熙《永明縣志》卷一四《災異》）

清明夜，大雹如栗。（康熙《新淦縣志》卷五《歲眚》）

下旬，大雪嚴寒，桑、麻、豆、麥并萎。（康熙《蘇州府志》卷二《祥異》）

下旬，大雪嚴寒，桑、麻、豆、麥、花、果并凍萎無收。（崇禎《吳縣志》卷一一《祥異》）

壬寅，未時，雨雹。庚戌，大雪。（弘光《州乘資》卷一《機祥》）

三月

己巳，夜五更，東北方有流星如碗大，赤黃色，尾跡有光，炸散炤地，起自天桴星，西北行入紫微垣，穿過少宰星，行入鈎陳星，尾跡為白雲，良久漸散。（《明熹宗實錄》卷八二，第3968～3969頁）

壬申，夜一更，東北方有流星，如盞大，赤色，有光，起自北斗搖光星旁，北行至近濁。（《明熹宗實錄》卷八二，第3978頁）

丙子，未時雨雹。（《明熹宗實錄》卷八二，第3985頁）

乙酉，夜五更，木星逆行，犯房宿北第一星，約相離二十分餘，木星在下。（《明熹宗實錄》卷八二，第3997頁）

十四，大風，揚沙拔木，雨雹。（道光《桐城續修縣志》卷二三《祥異》）

雪。（光緒《蠡縣志》卷八《災祥》）

丙子，赤風蔽空，晝晦如夜。（民國《遷安縣志》卷五《記事篇》）

青蟲食麥苗。秋，蝗傷稼。（道光《江陰縣志》卷八《祥異》）

隕霜，天大寒。（乾隆《蒲州府志》卷二三《事紀》）

蝗。夏旱。（乾隆《杞縣志》卷二《祥異》）

戊辰，未時雨雹。（弘光《州乘資》卷一《機祥》）

四月

己酉，命順天府率屬竭誠祈禱雨澤。（《明熹宗實錄》卷八三，第

4030 頁）

乙巳，地震，自春至夏五月，不雨。（民國《遷安縣志》卷五《記事篇》）

壬戌，鎮江雨雹，傷麥。（嘉慶《丹徒縣志》卷四六《祥異》）

大水，衝陷民田。（民國《始興縣志》卷七《田賦》）

五月

浙西大雨水。（《國榷》卷八八，第 5379 頁）

大水。（雍正《蒼梧志》卷四《紀事》；民國《來賓縣志》下篇《機祥》）

雨雹，大如雞子。（乾隆《武鄉縣志》卷二《災祥》）

晝夜淫雨，四境平沈，秧苗盡没。（同治《湖州府志》卷四四《祥異》；光緒《歸安縣志》卷二七《祥異》）

大水，田地災傷。（光緒《縉雲縣志》卷一五《災祥》）

縉雲大水，田地災傷。（雍正《處州府志》卷一六《雜事》）

月初，大水，泒河決，麥田盡潟，行船收麥。（崇禎《隆平縣志》卷八《災異》）

大旱。二十五日，微有雲氣。二十八日，雨果大足。（光緒《繁峙縣志》卷四《雜志》）

大雨水。（嘉慶《石門縣志》卷二三《祥異》）

初九至七月初一復雨，為初種者又没。一歲兩荒。（崇禎《烏程縣志》卷四《災異》）

大雨數日，洪水泛溢，民舍盡傾。（光緒《諸暨縣志》卷三《災祥》）

洪水，通濟橋壞。八月，又壞。（光緒《金華縣志》卷一六《五行》）

大水，顆粒不入。（順治《潁上縣志》卷一一《災祥》）

二十三日，雷震南平縣門，時避雨門下者震斃三人。（康熙《延平府志》卷二一《災祥》）

日中天昏如夜，目不辨色，如是者二日。（康熙《會同縣志》卷一

《星野》)

大水，舟行城市，人民漂没無數。(康熙《岳州府慈利縣志》卷三《祥異》)

三江大水，漂没民房甚眾。荔浦江浮出一佛樓，有齋公在上誦經，至桂榜山傾溺。(雍正《平樂府志》卷一四《祥異》)

晝晦。(光緒《天柱縣志》卷一《祥異》)

六月

大雪，壓折松樹。(光緒《洮州廳志》卷一七《災異》)

大雨，海水溢，浸城門四五尺，毀壞廬舍。(康熙《新會縣志》卷三《事紀》；道光《新會縣志》卷一四《祥異》)

水平，復種。(同治《湖州府志》卷四四《祥異》；光緒《歸安縣志》卷二七《祥異》)

初五日，大颶，十二日，復大颶，二十日，復大颶。大水。(道光《龍江志略》卷一《編年》)

雹。七月，又雹，傷稼。(雍正《屯留縣志》卷一《祥異》)

旱，斗米七千錢，死亡遍野。(光緒《三續華州志》卷四《省鑒》)

旱，斗米七錢，死亡遍野。(康熙《潼關衛志》卷上《災祥》；乾隆《華陰縣志》卷二一《紀事》)

涑水漲，沂州、郯城等縣災。(乾隆《沂州府志》卷一五《記事》)

夏，大霖雨。六月十七日，涑水大漲，衝塌恩橋，聲聞數十里，官民震驚。河水深數丈，城濠兩岸各塌十餘步，平地水深六七尺，殺禾害稼，蕩民田産不可勝記。(康熙《郯城縣志》卷九《災祥》)

二十三日，白虹見，如匹練彌天。(康熙《城武縣志》卷一〇《祲祥》)

二十六日立秋，西北方有白氣一道，自天而下，墜於縣東南方，狀如懸帛，丑時見，卯時散。(順治《句容縣志》卷末《祥異》)

水平復種，至七月雨復如初，種者又没。一歲二荒。秋，大風拔木，太湖水溢。(光緒《烏程縣志》卷二七《祥異》)

河水高一丈，衝破髶化渡文昌橋。（康熙《廣昌縣志》卷一《祥異》）

暴水自山下。（康熙《孝感縣志》卷一四《祥異》）

丁丑，乾州雨雹大如牛，小如斗，毀傷牆屋，擊斃人畜。（乾隆《湖南通志》卷一《祥異》）

大雨海溢。（道光《開平縣志》卷八《事紀》）

颶風。（康熙《高要縣志》卷一《事紀》）

大旱。（同治《德陽縣志》卷四二《災祥》）

七月

辛卯，以浙省水災異嘗，命巡按勘實災傷，以便定議寬恤，從巡撫浙江潘汝禎請也。（《明熹宗實錄》卷八六，第 4185 頁）

大水。（嘉慶《長山縣志》卷四《災祥》；光緒《餘姚縣志》卷七《祥異》）

大清河溢。（乾隆《濟陽縣志》卷一四《祥異》）

雨復如初，種者又没，一歲兩荒。秋，大風拔木，太湖水溢，蛟龍群舞。（同治《湖州府志》卷四四《祥異》）

雨復如初，種者又没，一歲兩荒。（光緒《歸安縣志》卷二七《祥異》）

初三日，寅時大水，三川廬舍漂没殆盡，大清河溢。（崇禎《歷城縣志》卷一六《災祥》）

二十二日，暴風雨，拔木偃禾。（民國《嵊縣志》卷三一《祥異》）

二十三日，大風雨，飄瓦拔木，凡數日乃止。（崇禎《吳縣志》卷一一《祥異》）

二十三日，大風雨，飄瓦拔木，旬日乃止。黃山巔發蛟。田生蟲，食稗。（康熙《蘇州府志》卷二《祥異》）

暴風雨一晝二夜。（乾隆《紹興府志》卷八〇《祥異》）

霪雨，山水瀑漲，諸流泛溢。大饑。（康熙《遵化州志》卷二《災異》）

霪雨害稼，遍地洪波。（康熙《齊東縣志》卷一《災祥》）

颶風。（道光《高要縣志》卷一〇《前事畧》）

二十五日，大西南風，海潮大作，至四五日大東北風，方退。（乾隆《崇明縣志》卷一三《祲祥》）

癸酉，大風，至八月辛卯止，沿江田地半坍于江。（光緒《泰興縣志》卷末《述異》）

八月

庚戌，木星犯房宿。（《明熹宗實錄》卷八七，第4239頁）

蝗。（康熙《定興縣志》卷一《機祥》；民國《新城縣志》卷二二《災禍》）

異蟲傷稼。八月初旬，天氣蒸熱，田間宿水釀成蟊蟲，籽粒無收。（康熙《武進縣志》卷三《災祥》）

庚戌，（狼山浮屠）又震西南角，五級皆穿。（弘光《州乘資》卷一《機祥》）

大風，拔木轉石。（康熙《安慶府潛山縣志》卷一《祥異》）

八日，白龍現于相公墩。（乾隆《池州府志》卷二〇《祥異》）

朔，半夜，轟雷駭，將曙稍止，平地水深數尺。望前後，飛蝗蔽天。幸有秋。（順治《鄆城縣志》卷八《祥異》）

飛蝗蔽天。（乾隆《臨潁縣續志》卷七《灾祥》）

九月

霜降後，颶風大作，摧屋折木，瓊人謂之鐵颶。（道光《瓊山縣志》卷四二《雜志》）

雨。（道光《江陰縣志》卷八《祥異》）

己巳，雷雨。（弘光《州乘資》卷一《機祥》）

收刈，連日風雨，大河水溢。（崇禎《嘉興縣纂修啟禎兩朝實錄·災傷》）

霜降後數日，颶風猶大作，摧垣拔屋，民廬舍無一完者，土人謂之

"鐵颶"。臨俗霜降後，從無颶風之患，故以為災。（康熙《臨高縣志》卷一《災祥》）

十月

初五日，午時，大西南風，潮没沿岸，淹死無算。（康熙《崇明縣志》卷七《祲祥》）

六日，異風大作，太湖水湧丈餘，簡村千家盡溺。（乾隆《震澤縣志》卷二七《災祥》）

六日，異風大作，太湖水湧丈餘，吳江簡村千家盡溺。（康熙《蘇州府志》卷二《祥異》）

初七日，時子夜怪風發，湖波怒捲注（橫塘）鎮。明旦，震澤之民觀湖西南涸，土現，行者扶杖過之。普福橋南水騰一丈，色異黑，禾方刈，盡漂，然再宿即平。吳江有簡村，是夕數百戶俱盡，老幼相抱而死，漂尸百里。（崇禎《橫谿録》卷五《水患》）

十一月

積雪閉户。（乾隆《隆平縣志》卷九《災祥》）

二十二日，大風數日，江流涸如帶。（康熙《靖江縣志》卷五《祲祥》）

江流涸。（道光《江陰縣志》卷八《祥異》）

癸未，雷。乙酉，大昏霧，著草木皆冰。（光緒《泰興縣志》卷末《述異》）

乙酉，天大昏霧，草木皆成冰。考之前史，名曰"木冰"。（康熙《如皋縣志》卷一六《藝文》）

十二月

十四日，大雪，至二十七日止。（光緒《嘉興府志》卷三五《祥異》；光緒《嘉善縣志》卷三四《祥眚》）

大雪，深積三尺。（光緒《江東志》卷一《祥異》）

十四日，大雪，連二晝夜，積三尺餘。（崇禎《吳縣志》卷一一《祥異》）

十四日，大雪，至念七日止。（崇禎《嘉興縣纂修啟禎兩朝實錄·祥異》）

是年

宣城大水。是年春，太平縣有巨星橫飛，蕭蕭有聲，自歙界至西鄉，忽作霹靂而没。（嘉慶《寧國府志》卷一《祥異附》）

夏，大水隄決，七月又颶。（宣統《高要縣志》卷二五《紀事》）

夏，霪雨損麥。冬，大雪，人畜多凍死。（康熙《內鄉縣志》卷一一《災祥》）

夏，大水。（光緒《桐鄉縣志》卷二〇《祥異》）

夏，旱。（康熙《貴池縣志略》卷二《祥異》；乾隆《杞縣志》卷二《祥異》）

大水颶風。（嘉慶《三水縣志》卷一三《災祥》）

旱。（順治《通城縣志》卷九《災異》；康熙《辰州府志》卷一《災祥》；咸豐《興甯縣志》卷一二《災祥》；光緒《射洪縣志》卷一七《祥異》）

大水，漂没民房甚眾。（乾隆《柳州縣志》卷一《機祥》；光緒《馬平縣志》卷一《機祥》）

旱，大蝗。（順治《虞城縣志》卷八《災祥》；光緒《虞城縣志》卷一〇《災祥》）

大水，擊郭北琵琶洲斷焉，城市行舟，民多漂没。（民國《慈利縣志》卷一八《事紀》）

太湖溢入吳江簡村，漂溺千餘家。（光緒《蘇州府志》卷一四三《祥異》）

贛榆、沭陽雨雹，損禾稼。（嘉慶《海州直隸州志》卷三一《祥異》）

蝗。（康熙《滕縣志》卷三《灾異》；康熙《贊皇縣志》卷九《祥異》；光緒《豐縣志》卷一六《災祥》）

河決沛縣。（同治《徐州府志》卷五下《祥異》；民國《沛縣志》卷二《沿革紀事表》）

蘇松大水，免起存額賦有差。（光緒《常昭合志稿》卷一二《蠲賑》）

河漲大水，蟹傷禾，蠲免錢粮。（光緒《安東縣志》卷五《民賦下》）

水災，蠲免起存額賦有差。（光緒《太倉直隸州志》卷一九《蠲賑》；民國《太倉州志》卷二六《祥異》）

大水。（康熙《南海縣志》卷三《災祥》；康熙《安鄉縣志》卷二《災祥》；康熙《衡水縣志》卷六《事紀》；乾隆《冀州志》卷一八《機祥》；乾隆《寧國府志》卷三《祥異》；道光《涇縣續志·蠲賑》；光緒《上海縣志劄記》卷一；民國《柳城縣志》卷一《災異》；民國《福山縣志稿》卷八《災祥》）

清河溢，大水。（康熙《濱州志》卷八《紀事》；咸豐《濱州志》卷五《祥異》）

淫雨害稼。（民國《齊東縣志》卷一《災祥》）

霪雨，湮没禾稼。（道光《長清縣志》卷一六《祥異》）

大水，漂没民居。（康熙《益都縣志》卷一〇《祥異》）

大風拔木，太湖水溢。（同治《長興縣志》卷九《災祥》）

秋，大水。（康熙《新城縣志》卷一〇《災祥》；民國《續修廣饒縣志》卷二六《通紀》）

大饑……秋，大旱。（光緒《丹陽縣志》卷三〇《祥異》）

秋，大旱，生異蟲，狀如蟬，食禾根，禾盡死。（光緒《丹徒縣志》卷五八《祥異》）

秋，大風拔木，蟲食禾。歲，大饑。（光緒《無錫金匱縣志》卷三一《祥異》）

秋，烈風迅雷，雨雹大如碗，屋瓦皆碎，人禽死者甚多。（民國《成安縣志》卷一五《故事》）

冬，大雨雪，百鳥皆凍死。（民國《全椒縣志》卷一六《祥異》）

春，恒雨。（順治《潁州志》卷一《郡紀》；乾隆《霍邱縣志》卷一二《雜記》）

春，雨壞城。（乾隆《海豐縣志》卷一《輿圖》）

春夏俱旱。（乾隆《瑞安縣志》卷一〇《雜志》）

夏，西〔雨〕潦驟漲，城中水深三尺。（光緒《嘉善縣志》卷一九《宦業》）

夏，積雨傷禾。（乾隆《曲阜縣志》卷三〇《通編》）

夏，大水，山中漂溺甚多，大清河溢。（崇禎《歷乘》卷一三《災祥》）

夏，旱。秋，禾全無，是歲大饑。（雍正《嶧陽縣志》卷一《災祥》）

夏，蝗，截麥穗滿地。（順治《徐州志》卷八《災祥》）

夏，大旱。（光緒《永川縣志》卷一〇《災異》）

風水大作，屋瓦如飛，山崩石泐。（同治《鄞縣志》卷六九《祥異》）

大旱。（康熙《滁州志》卷三《祥異》；道光《鄰水縣志》卷一《祥異》；光緒《榮昌縣志》卷一九《祥異》；光緒《井研志》卷四一《紀年》；光緒《增修灌縣志》卷一四《祥異》；民國《漢源縣志》卷一《祥異》；民國《重修四川通志金堂採訪錄》卷一一《五行》）

江水暴漲，溢岸，一日始消。（光緒《遂寧縣志》卷六《雜記》；民國《潼南縣志》卷六《祥異》）

四川大旱。（《明史·五行志》，第485頁）

大水，漂没民房甚衆。（乾隆《柳州府馬平縣志》卷一《機祥》）

楊彭村大雨，地裂尺餘，深不可測。旋大雨，地復合。（乾隆《橫州志》卷二《薔祥》）

大雨雹。斗米銀一錢八分。（民國《大埔縣志》卷三八《大事》）

大水，颶風。（康熙《番禺縣志》卷一四《事紀》；乾隆《新修廣州府志》卷五九《機祥》）

大雨，海水溢，毀壞廬舍。（光緒《廣州府志》卷七九《前事》）

大水，城皆崩。（康熙《岳州府志》卷二《祥異》）

田鼠害稼。（乾隆《黃州府志》卷二〇《祥異》）

自夏徂秋，霪雨不止。（康熙《新建縣志》卷二《災祥》）

蝗，大旱。（康熙《永城縣志》卷八《災異》；康熙《夏邑縣志》卷一〇《災異》）

大水，衝崩龍津、鳳翔二橋。米每斗一錢七分。（康熙《清流縣志》卷一〇《祥異》）

大水，平地數丈。（道光《寧都直隸州志》卷二七《祥異》）

旱荒。（同治《瀘溪縣志》卷一一《休咎》）

大水，免本年起存額賦有差。（嘉慶《太平縣志》卷一《蠲賑》）

水，蝗。（乾隆《鳳陽縣志》卷一五《紀事》）

水傷禾稼。（崇禎《泰州志》卷七《災祥》）

江水涸。農畝蟯蠓為災，細如蟻，黑色，聚於稺穗之上，不嚙而黃隕。其來自七八月者，全傷，或已實而傷者，米色如紙灰，弱不任舂，柴亦枯瘁，燎之無力，人以為奇荒。（光緒《常昭合志稿》卷四七《祥異》）

江水涸，民入江取器物，時太湖水暴漲。（康熙《常熟縣志》卷一《祥異》）

蘇、松、常大水，免本年起存額賦有差。（光緒《常昭合志稿》卷三《蠲賑》）

雷雪交作。（順治《高淳縣志》卷一《邑紀》）

大水，淹没西南鄉。（嘉慶《平陰縣志》卷四《災祥》）

黃塵蔽天，白日冥。（順治《平陰縣志》卷八《災祥》）

大水泛溢，城門圮，東南郭外民舍漂没殆盡。（道光《章邱縣志》卷一《災祥》）

晝晴雷鳴。（民國《萊蕪縣志》卷三《災異》）

大水，大清河溢。（乾隆《蒲臺縣志》卷四《災異》）

孝婦河大漲，范河尤急，稅務司街民居漂没無算。（乾隆《博山縣志》卷四《災祥》）

山東州縣二十有八，積雨傷禾。（《明史·五行志》，第 475 頁）

大水，没東南關，居民絕煙火者五十餘家。（康熙《寧遠縣志》卷三《災祥》）

五色氣見於黿山之麓，自未至申而散。夏，大雨雹，大者如拳。（乾隆《伏羌縣志》卷一四《祥異》）

河清。（順治《綏德州志》卷一《災祥》）

大水，水關崩衝。（嘉慶《續修潼關廳志》卷下《藝文》）

蝗食麥穗。（乾隆《順德府志》卷一六《祥異》）

飛蝗蔽天，春麥秋禾殆盡。（光緒《容城縣志》卷八《災祥》）

秋，大水，淹稼。（康熙《臨淄縣志》卷七《災祥》）

秋，大雷，火光遍地，於縣西雷家坡有震死人民。（順治《靈臺志》卷四《災異》）

秋，大旱。（光緒《金壇縣志》卷一五《祥異》）

大饑。秋，大旱，生異蟲，狀如蟬，食禾根，禾盡死。（乾隆《鎮江府志》卷四三《祥異》）

秋，大風拔木，有蟲食禾。歲大饑。（乾隆《無錫縣志》卷四〇《祥異》）

黃平、興隆蝗。冬，霜不殺草。（嘉慶《黃平州志》卷一二《祥異》）

思宗崇禎年間

（一六二八至一六四四）

崇禎元年（戊辰，一六二八）

正月

乙丑朔，上御皇極殿，天下官來朝。永年縣大風雨，晝晦。（《崇禎實錄》卷一，第 1 頁）

朔，大雷雨。（道光《桐城續修縣志》卷二三《祥異》）

朔，日食，風霾。（光緒《上虞縣志》卷三八《祥異》）

朔，雪雷。（乾隆《望江縣志》卷三《災異》）

朔，大雪，聞雷。（民國《宿松縣志》卷五三《祥異》）

朔，大雷雨。（康熙《安慶府志》卷六《祥異》；民國《太湖縣志》卷四〇《祥異》）

望，日雷。（光緒《丹徒縣志》卷五八《祥異》）

不雨，至於夏五月乃雨。歲大饑。（康熙《新會縣志》卷三《事紀》）

二月

甲辰，蘇、松、常、鎮水災，命折光禄寺白糧一年。（《崇禎實錄》卷一，第 10 頁）

隕霜。是年，豆苧油果俱無，夏四月米價騰貴。（乾隆《建寧縣志》卷一〇《灾異》；民國《建寧縣志》卷二七《災異》）

雨雪。（嘉慶《松江府志》卷八〇《祥異》；光緒《重修華亭縣志》卷二三《祥異》）

夜，大風拔木，雨中聞龍吼數聲。（光緒《東光縣志》卷一一《祥異》）

雨雪，大寒，河魚凍死。（民國《南豐縣志》卷一二《祥異》）

隕霜，米貴。（光緒《邵武府志》卷三〇《祥異》）

春不雨，自二月至四月不雨。知縣雷恒露禱烈日中，久之，為文親祭龍潭，乃雨。早穀收十之二。時米價騰貴，市肆無糶，嗷嗷待哺甚亟。雷公乃馳諭富室，勸令出粟，平糶以濟，小民賴之。（民國《從化县志·災祥》）

三月

辛巳，昧爽，天色如血。春夏，旱，歲大饑。（道光《新會縣志》卷一四《祥異》）

雲成五色，有樓閣之狀，見太湖東南。（康熙《安慶府志》卷六《祥異》）

初四，黃霧四塞。（康熙《陝西通志》卷三〇《祥異》；嘉慶《中部縣志》卷二《祥異》）

大霜。（光緒《縉雲縣志》卷一五《災祥》）

霜殺麥苗，荒蕪徧野，縣治火燬東廊。（嘉慶《義烏縣志》卷一九《祥異》）

隕霜殺麥。（同治《麗水縣志》卷一四《災祥附》）

麗水、遂昌隕霜殺麥，遂昌夏蝗。三月二十三日，縉雲大霜。（雍正《處州府志》卷一六《雜事》）

二十五日，五鼓，全陝天赤如血，巳時漸黃，日始出。（光緒《永壽縣志》卷一〇《述異》；民國《漢南續修郡志》卷二三《祥異》）

二十五日，五鼓，天赤如血，巳時漸黃，日始出。是年，四月至七月不

雨。（乾隆《臨潼縣志》卷九《祥異》）

不雨。秋，未登。（康熙《蒲城志》卷二《祥異》）

二十五日，五鼓，天赤如血，巳時漸黃，日始出。全陝皆然。（乾隆《同官縣志》卷一《祥異》）

隕霜殺麥。夏蝗。（康熙《遂昌縣志》卷一〇《災眚》）

十七日，狂風，巨雹如拳，拔樹破屋。（同治《新淦縣志》卷一〇《祥異》）

大旱。三月至四月穀價石以兩計，知府趙謙初下車，祈禱立應，人稱"隨車雨"。（光緒《惠州府志》卷一七《郡事上》）

颶風。（乾隆《新興縣志》卷六《編年》）

四月

庚子，命正一真人張顯庸禱雨。（《崇禎實錄》卷一，第13頁）

至秋八月，雨暘不時，隕霜殺禾，民饑。（乾隆《白水縣志》卷一《祥異》）

至七月，不雨。（乾隆《臨潼縣志》卷九《祥異》；乾隆《富平縣志》卷一《祥異》；民國《洛川縣志》卷一三《社會》）

陝西自四月至七月，不雨。（雍正《陝西通志》卷四七《祥異》）

大水，壞興文門城二十餘丈。（民國《上杭縣志》卷一《大事》）

五月

己巳，諭刑部曰："天時亢旱，一切用法，務先平允。"（《崇禎實錄》卷一，第20頁）

丁亥，諭，時苦旱，乏水草。援兵漸集乃退，冀北道副使李貞寧借帑金千八百有奇，勞左衛城守軍，後坐是削籍。是月，西安府城夜墜火數十，大如碾，次如斗。時出入民舍，民各禳之，不為害，七月止。（《崇禎實錄》卷一，第22～23頁）

洪水。五月中旬，驟雨崇朝，水自東北來，浩瀚異常，蕩廢萬元橋，東

南一帶田塘俱損。（康熙《長樂縣志》卷七《災祥》）

洪水。（光緒《惠州府志》卷一七《郡事上》）

六月

雨雹。（民國《遷安縣志》卷五《記事篇》）

六日，大雨雹。（民國《肥鄉縣志》卷三八《災祥》）

十三日，大風雨雹，晝晦。（康熙《衢州府志》卷三〇《五行》）

十三日，大雨雹，晝晦。（雍正《常山縣志》卷一二《拾遺》）

始雨。（光緒《大城縣志》卷一〇《五行》；民國《文安縣志》卷終《志餘》）

春，大旱，至六月二十一日，始雨。（光緒《保定府志》卷四〇《祥異》）

七月

壬戌，太白晝見。（《崇禎實録》卷一，第 31 頁）

壬午，海寧蕭山大風雨，海溢，溺人畜亡無筭，傷稼。（《崇禎實録》卷一，第 32 頁）

地震，大風害稼。（乾隆《銅陵縣志》卷一三《祥異》）

雨雹。（民國《南皮縣志》卷一四《故實》）

大旱。（同治《江夏縣志》卷八《祥異》）

癸酉，大風至。（光緒《通州直隸州志》卷末《祥異》）

初九日，大風拔木，儒學署右古松柏折數十株。（光緒《興國州志》卷三一《祥異》）

十九日，上饒洪水滔汜〔氾〕，古木盡拔，田廬人畜漂没，禾稼傷。（同治《廣信府志》卷一《星野》）

大水，拔木，傷禾稼。（同治《興安縣志》卷一六《祥異》）

大水，損禾稼。（同治《江西新城縣志》卷一《機祥》）

十九，大水，田雨，人畜淹没。（同治《廣豐縣志》卷一〇《祥異》）

壬午，杭、嘉、紹三府海嘯，壞民居數萬間，溺數萬人。（光緒《嘉興

府志》卷三五《祥異》）

二十三日，大風拔木。（同治《湖州府志》卷四四《祥異》；光緒《石門縣志》卷一一《祥異》）

二十三日，颶風潮溢，溺人無算。（民國《崇明縣志》卷一七《災異》）

颶風霪雨，居民被溺者，不可勝計。（光緒《嘉善縣志》卷三四《祥眚》）

二十三日，颶風大作，拔木發屋，海潮大進，塘堤盡潰，自夏蓋山至瀝海所，淹死者以萬計。（光緒《上虞縣志》卷三八《祥異》）

二十三日，大風拔木，海潮溢，自海甯入，一夕水漲三尺，河流盡鹹，田涸不敢灌。（光緒《桐鄉縣志》卷二〇《祥異》）

大風雨，城中水溢，摧毀民居房屋，文廟正殿圮。有彗星，芒長丈許，每夜半則見。（光緒《鎮海縣志》卷三七《祥異》）

二十三日，大風海溢，壞獨山等處民舍數百廛。湖水成鹵，夜有浮光若星。（光緒《平湖縣志》卷二五《祥異》）

壬午，杭州府海嘯，壞民居數萬餘間，溺數萬人。秋，海溢，衝海寧平野二十餘里，人畜廬舍漂溺無算，大風壞屋，傾鎮海樓，圮石坊一十七座。（乾隆《杭州府志》卷五六《祥異》）

壬午，杭州府海嘯，壞民居數萬餘間，溺數萬人，海甯尤甚。撫臣上其事，秋糧折半。（乾隆《杭州府志》卷五六《祥異》）

二十三日，海溢，鹹潮入城，塘盡圮，四門弔橋大水衝塌。（光緒《海鹽縣志》卷一三《祥異考》）

二十三日，海溢，漂没廬舍人畜無算。（光緒《餘姚縣志》卷七《祥異》）

二十四日，大水漂没田舍。（光緒《分水縣志》卷一〇《祥祲》）

海嘯，颶風大作，海水溢流，傍海居民多被溺死。（光緒《慈谿縣志》卷五五《祥異》）

大風拔木發屋，海大溢。（乾隆《紹興府志》卷八〇《祥異》）

大風雨。（民國《鎮海縣志》卷四三《祥異》）

二十三日，潮決，深入平野二十里。（乾隆《海寧州志》卷一六《灾祥》）

二十三日午後，大風飄瓦，吹倒石坊，雨三日，海水大溢。（康熙《會稽縣志》卷八《災祥》）

廿三日，潮決，衝平野二十餘里，漂溺人畜廬舍無算，撫臣上其事，秋糧折半。（康熙《海寧縣志》卷一二上《祥異》）

二十三日，午後大風雨，海水大溢，街市行舟，沿海居民溺死者以萬計。（嘉慶《山陰縣志》卷二五《禨祥》）

海溢。七月廿三，驟雨烈風海嘯，沿江一帶廬屋居民漂没幾盡。（康熙《仁和縣志》卷二五《祥異》）

水。七月二十三日，大風拔木。（光緒《烏程縣志》卷二七《祥異》）

浙江海嘯。（乾隆《寧志餘聞》卷八《災祥》）

連雨，念三日，颶風大作，拔樹倒屋。酉刻，海水驟溢。（康熙《蕭山縣志》卷九《災祥》）

宣化縣大水，浸城丈餘，近河民舍漂蕩殆盡。（嘉慶《廣西通志》卷二〇四《前事》）

大水。（乾隆《諸暨縣志》卷七《祥異》）

海嘯，颶風大作，海水溢流，傍海居民多被淪死。己巳年，米價騰貴。（雍正《慈谿縣志》卷一二《紀異》）

朔，風烈傷禾。（崇禎《廣昌縣志·災異》）

烈風傷禾。（乾隆《直隸易州志》卷一《祥異》）

大雨雹。（雍正《邱縣志》卷七《災祥》；乾隆《東昌府志》卷三《總紀》）

二十四日，絳村雨如碗豆，手摸之如粉。（雍正《藍田縣志》卷四《紀事》）

二十五日，大風狂雨，連日夕不息。有從浙中來云：龍鬭海沸，潮水涌沸，沿海一帶如海鹽塘地，平地水深十餘丈，漂没淹死無算。（崇禎《外岡

志》卷二《祥異》）

海寧海嘯，濤頭駕屋拔樹，瀕海居民淹死無算，邑東西之被災者，凡四千餘家。（崇禎《寧志備考》卷四《祥異》）

大風雨，拔木，圮石坊。（同治《鄞縣志》卷六九《祥異》）

隕霜，林木房舍結成刀兵狀，江湖魚多凍死。（乾隆《望江縣志》卷三《災異》）

桐城、望江隕霜，林木房舍結成刀兵狀，江湖魚多凍死。（康熙《安慶府志》卷六《祥異》，第141頁）

大潦，穀不登。（嘉慶《東流縣志》卷一五《五行》）

不雨。（康熙《固始縣志》卷一一《災祥》）

八月

壬子，山西陽和衛地震，浹日不止。（《崇禎實錄》卷一，第34頁）

安化雨黑豆如薑，在縣治內，久之皆不見。冬，大冷異常，池魚凍死。（乾隆《長沙府志》卷三七《災祥》）

大風至八月辛卯止，沿江田地半坍于江。（光緒《通州直隸州志》卷末《祥異》）

春夏，大旱。八月始雨。（民國《永和縣志》卷一四《祥異》）

夏，旱，八月始雨，民饑。（康熙《隰州志》卷二一《祥異》）

隕霜。（乾隆《直隸易州志》卷一《祥異》；光緒《大城縣志》卷一〇《五行》）

飛霜。（民國《文安縣志》卷終《志餘》）

隕霜殺稼。（崇禎《廣昌縣志・災異》）

恒雨，霜殺稼。（雍正《陝西通志》卷四七《祥異》；乾隆《富平縣志》卷一《祥異》；光緒《永壽縣志》卷一〇《述異》）

恒雨，霜傷稼。（民國《洛川縣志》卷一三《社會》）

大風拔木。（嘉慶《無爲州志》卷三四《磯祥》）

隕澗佛堂內杏樹重花。（乾隆《濟源縣志》卷一《祥異》）

雨黑蟲如蠶，在縣治內，久之皆不見。冬月，大冷異常，池魚凍死。（同治《安化縣志》卷三四《五行》）

九月

丁卯，夜，京師地震。（《崇禎實錄》卷一，第34頁）

壬午（疑當作"申"），大雷電。（《崇禎實錄》卷一，第36頁）

自重陽後酷熱，下旬尤甚。二十九日午，喝不可言。是夜，無風自寒。明日，魚浮蔽江，盡凍僵者。（道光《新淦縣志》卷一〇《祥異》；民國《南昌縣志》卷五五《祥異》）

地震。（康熙《儀徵縣志》卷七《祥異》）

十一日，地震。（崇禎《山陰縣志》卷五《災祥》）

二十九日，暴寒，湖魚多被凍僵。（同治《都昌縣志》卷一六《祥異》）

十月

初八，夜，震雷，大雨雹，木幹盡折。（同治《江西新城縣志》卷一《機祥》）

嚴寒，江湖魚多凍死。（道光《桐城續修縣志》卷二三《祥異》）

十八日，江魚池魚皆凍死。（康熙《湖口縣志》卷八《祥異》；同治《德化縣志》卷五三《祥異》）

十八日，江魚凍死。（同治《湖口縣志》卷一〇《祥異》）

江魚、池魚皆凍死。（乾隆《彭澤縣志》卷一五《祥異》；同治《九江府志》卷五三《祥異》）

大風。（雍正《密雲縣志》卷一《災祥》）

不雨。（康熙《固始縣志》卷一一《災祥》）

三十日，群龍鬭空中，江河魚鱉盡死。十月，內外樹介。（乾隆《重修蒲圻縣志》卷一四《紀異》）

驟雪，魚皆凍死。（嘉慶《常德府志》卷一七《災祥》）

大雨雪，冰結不解，魚鳥多凍死。（嘉慶《沅江縣志》卷二二《祥異》）

下淩，湖河魚凍死，撈魚者亦凍死，淩重，樹木倒仆。（康熙《安陸府志》卷一《郡紀》）

十一月

隕霜冰，林木房舍閒皆結成刀兵花鳥狀，如是者四日。（道光《桐城續修縣志》卷二三《祥異》）

乙酉，大昏霧，草木皆成冰。（嘉慶《如皋縣志》卷二三《祥祲》）

癸未，雷電。乙酉，天大昏霧，著草木皆冰。（光緒《通州直隸州志》卷末《祥異》）

大雪，民凍餓。知縣陳所學單騎入各村，查貧丁數千名，捐俸百餘金，糶米設廠九處，煮賑。隨有義民程宗周、王發連、白純、靳文科等捐米助之。至次年二月止，計存活數千人。（崇禎《隆平縣志》卷八《災異》）

陝西木冰，樹枝盡折。其後大河以北，歲有此異。（《明史·五行志》，第 478 頁）

十二月

草木華。膚施自春徂夏及秋俱無雨，禾盡枯，歲大饑。（嘉慶《延安府志》卷六《大事表》）

二十九日，天雨泥。（康熙《嶧縣志》卷二《災祥》）

是年

春，大旱，穀貴。（康熙《陽春縣志》卷一五《祥異》；光緒《高明縣志》卷一五《前事》）

春，大旱。（康熙《增城縣志》卷三《事紀》；道光《肇慶府志》卷二二《事紀》；同治《番禺縣志》卷二一《前事》；宣統《南海縣志》卷二《前事補》）

春，大震電，燕子巖崩。秋，旱。（光緒《桃源縣志》卷一二

《災祥》）

春末至秋，大旱。（康熙《儋州志》卷二《祥異》）

春夏，旱，中伏始雨。（崇禎《廣昌縣志·災異》）

春夏，風，旱。秋，霜殺稼。（崇禎《山陰縣志》卷五《災祥》）

夏，旱，赤地千里。（民國《青縣志》卷一三《祥異》）

安塞縣，夏，旱，狂風大作，槁苗因風拔盡。秋無獲，民刈蓬蒿而食。（嘉慶《延安府志》卷六《大事表》）

三伏無雨。冬，大雪，牛羊多死。（康熙《鄠縣志》卷八《災異》；民國《盩厔縣志》卷八《祥異》）

夏，旱。（乾隆《直隸易州志》卷一《祥異》；乾隆《行唐縣新志》卷一六《事紀》；光緒《蔚州志》卷一八《大事記》）

夏，旱。秋，隕霜殺禾。（康熙《西寧縣志》卷一《災祥》；康熙《龍門縣志》卷二《災祥》；乾隆《宣化縣志》卷五《災祥》；乾隆《萬全縣志》卷一《災祥》；同治《西寧縣新志》卷一《災祥》；民國《陽原縣志》卷一六《前事》）

夏，大旱。（順治《真定縣志》卷四《災祥》；康熙《保安州志》卷二《災祥》；光緒《懷來縣志》卷四《災祥》）

夏，大水。秋，大旱。（乾隆《江夏縣志》卷一五《祥異》）

夏，池州大水，稼不登。（乾隆《池州府志》卷二〇《祥異》）

夏，酷炎，人熱死者甚眾。（崇禎《永年縣志》卷二《災祥》）

歲大旱，斗米銀三四錢，關中盜蜂起。（乾隆《郃陽縣全志》卷三《人物》）

又旱。（同治《營山縣志》卷二七《雜類》）

雨雹傷禾。（康熙《河內縣志》卷一《災祥》；雍正《山西通志》卷一六三《祥異》）

大水入城，大雨兼旬，濱陽門外水浸城內。（嘉慶《巴陵縣志》卷二九《事紀》）

大水。（乾隆《漢陽府志》卷三《五行》；同治《漢川縣志》卷一四

《祥祲》；光緒《清源鄉志》卷一六《祥異》；民國《麻城縣志前編》卷一五《災異》）

旱荒，鄉民皆采竹米充饑。（康熙《羅源縣志》卷一〇《雜記》）

水。（乾隆《无为州志》卷二《灾祥》；同治《湖州府志》卷四四《祥異》）

旱。（崇禎《內邱縣志》卷六《變紀》；康熙《湖廣鄖陽府志》卷二《祥異》；乾隆《靜寧州志》卷八《祥異》；咸豐《興甯縣志》卷一二《災祥》；光緒《階州直隸州續志》卷一九《祥異》；民國《新纂康縣縣志》卷一八《祥異》）

旱，斗米銀数錢。（康熙《文縣志》卷七《災變》）

大旱。（康熙《靖邊縣志·災異》；民國《滄縣志》卷一六《大事年表》；民國《萬載縣志》卷一《祥異》）

大旱，蝗。大風拔樹，晝晦。（民國《廣宗縣志》卷一《大事記》）

保定府大旱。（康熙《畿輔通志》卷一《祥異》）

秋前二日，雨。斗米錢百六十文。（崇禎《隆平縣志》卷八《災異》）

秋，旱。（乾隆《太平縣志》卷八《祥異》；民國《平民縣志》卷四《災祥》）

秋，大旱。（乾隆《蒲州府志》卷二三《事紀》）

秋，四閱月無雨，湖池俱涸。（嘉慶《常德府志》卷一七《災祥》）

冬，大寒，池魚皆凍死。（乾隆《湘陰縣志》卷一六《祥異》）

冬，大雨冰雪，異常。（康熙《介休縣志》卷一《災異》）

春，大旱，穀貴，多虎患。（宣統《高要縣志》卷二五《紀事》）

春，大旱，至六月二十一日始雨。（光緒《定興縣志》卷一九《災祥》）

春，大旱。夏，大水，高山崩裂，如深谷，説者謂山帶淚痕。（光緒《平和縣志》卷一二《災祥》）

自春徂夏及秋，無雨，苗盡枯。（道光《安定縣志》卷一《災祥》）

大旱，自春徂秋，禾苗不能播種。（雍正《朔州志》卷二《祥異》）

夏，大水。（光緒《江夏縣志》卷八《祥異》）

夏，大雨水，圩沒始盡。（乾隆《銅陵縣志》卷一三《祥異》）

夏，旱。秋，霜。（乾隆《蔚縣志》卷二九《祥異》；乾隆《廣靈縣志》卷一《災祥》）

夏，蝗，截麥穗滿地。（嘉慶《蕭縣志》卷一八《祥異》）

畿輔大旱，赤地千里。（民國《南皮縣志》卷一四《故實》）

大風雨，晝晦。（光緒《永年縣志》卷一九《祥異》）

大旱，赤地千里。（民國《景縣志》卷一四《故實》）

蝗。（光緒《豐縣志》卷一六《災祥》）

雨雹，大雪，雪中聞雷。（光緒《通州直隸州志》卷末《祥異》）

兩浙大水，海溢，漂溺無算。（康熙《浙江通志》卷二《祥異附》）

大水，塌橋口決。（光緒《安東縣志》卷五《民賦下》）

旱，斗米千錢。（光緒《延慶州志》卷一二《祥異》）

大風異常。（同治《長興縣志》卷九《災祥》）

冬，大冷異常，池魚凍死。（同治《安化縣志》卷三四《五行》）

有彗長丈，每夜半則見。（乾隆《鄞縣志》卷二六《祥異》）

大風拔木壞屋，傾鎮海樓，圮石坊一十七座。（乾隆《杭州府志》卷五六《祥異》）

元年、二年，連旱，斗米一百六十錢。（道光《內邱縣志》卷三《常紀》）

元年、四年秋，大水。（民國《福山縣志稿》卷八《災祥》）

崇禎二年（己巳，一六二九）

正月

大風捲土，麥田盡埋，亢旱不雨，人心震駭。（光緒《蠡縣志》卷八《災祥》）

四日，復有龍見。（康熙《嘉定縣志》卷三《祥異》）

至三月，霪雨。大有年。（順治《南海九江鄉志·災祥》）

雹雨，至三月乃止。有年。（民國《龍山鄉志》卷二《災祥》）

至三月，霪雨，有年。（宣統《南海縣志》卷二《前事補》）

二月

地震有聲，自西北來。（光緒《豐縣志》卷一六《災祥》）

地震有聲。（民國《遷安縣志》卷五《記事篇》；民國《盧龍縣志》卷二三《史事》）

風霾晝晦。（康熙《臨城縣志》卷八《機祥》）

十九日，狂風忽起，壞屋折木，連朝不息。（康熙《桃源鄉志》卷八《紀異》）

三月

初三日夜，暴風雷，桂王寢殿震圮。（乾隆《衡州府志》卷二九《祥異》）

三日，雷雨壞桂王寢殿，宮人有死者。（同治《衡陽縣志》卷二《事紀第二》）

四月，雨數十日。（民國《續修醴泉縣志稿》卷一四《祥異》）

初七日，風霾晝晦。（順治《湯陰縣志》卷九《雜志》）

大雷雨，推倒山半壁，壅注溪口，積成大溪。（道光《澂江府志》卷一六《祲異》）

四月

甲午，固原盜侵犯耀州，督糧道參政洪承疇令官兵鄉勇萬餘人，分十二營圍賊於雲陽，幾覆之。乘夜雷雨，潰圍走淳化入神道嶺，追斬二百餘級。（《崇禎實錄》卷二，第50頁）

己卯，聞喜等縣大風。（《國榷》卷九〇，第5481頁）

益陽天忽昏黑，雷雨大作，落黑穀，其光如漆，剖之，中如草子。（乾

隆《長沙府志》卷三七《災祥》）

大水決郭家嘴，平地水深七尺。秋沛霖雨，大水。（同治《徐州府志》卷五下《祥異》）

二十二日，雨雹大如拳、如石，甚有大如斗。（乾隆《句容縣志》卷末《祥異》）

霖雨二十日，大小麥盡秕。冬，又大雪。（民國《盩厔縣志》卷八《祥異》）

不雨，至於七月。（康熙《延綏鎮志》卷五《紀事》；嘉慶《延安府志》卷六《大事表》）

至七月，不雨。（乾隆《綏德州直隸州志》卷一《歲徵》；光緒《綏德直隸州志》卷三《祥異》）

地震。閏四月，又震。十二月，又震，歲大祲。（同治《湖州府志》卷四四《祥異》；民國《德清縣新志》卷一三《雜志》）

二十九日子時，地震。閏四月十二日亥時，地震。十二月十四日巳時，地震，歲大祲。（乾隆《吳江縣志》卷四〇《災變》；乾隆《震澤縣志》卷二七《災祥》）

晝晦，雨雹大如掌，小如雞卵，入地深尺餘。（同治《永順府志》卷一二《雜記》）

霖雨。（康熙《鄂縣志》卷八《災異》）

霖雨二十日，大小麥盡秕。冬，又大雪。（乾隆《重修盩厔縣志》卷一三《祥異》）

天忽昏黑，雷雨大作，落黑穀，其光如漆，剖之，中如草子。（康熙《長沙府志》卷八《祥異》）

異龍湖白日龍升，鬚爪鱗甲俱露，黑雲如困，大數圍，中有白氣，長百丈，逾三時乃止。（乾隆《石屏州志》卷一《祥異》）

閏四月

二十四日，大風，儒學鴟吻吹落。（民國《聞喜縣志》卷二四《舊聞》）

巳〔己〕未，地震。（民國《遷安縣志》卷五《記事篇》）

大水，決郭家嘴，灌石狗湖，平地深七尺，由下洪漸入黄河。（順治《徐州志》卷八《災祥》）

五月

乙酉朔，日食。上以欽天監分刻不合，責禮部。禮部請查例脩改，允之。（《崇禎實録》卷二，第 51~52 頁）

乙酉，宣府、山海關及鎮安堡大雨雹。（《國榷》卷九〇，第 5484 頁）

旱。（同治《江西新城縣志》卷一《禨祥》）

蝗。（同治《欒城縣志》卷三《祥異》）

雨雪。（光緒《岢嵐州志》卷一〇《祥異》）

三日，大風拔木。（光緒《溧水縣志》卷一《庶徵》）

十二日，白虹現西南方。（乾隆《崇明縣志》卷一三《祲祥》）

大水，屯内水深四尺，鄉中民房多倒壞。（民國《開平縣志》卷一九《前事》）

至八月大水七次，六月初三、八月初一海潮溢，民多溺死。（康熙《嘉定縣志》卷三《祥異》）

六月

庚戌，上憂旱，御平臺諭："百官脩省，自齋宿文華殿祈禱，命成國公朱純臣告南郊，駙馬都尉侯拱宸告北郊，尚書畢自嚴告社稷壇，何如寵告山川壇，林欲楫告雷雨等壇；諭錦衣衛指揮使于日升、劉僑緝盜。諭給事都御史獻直言。又令中外諸臣清獄安民，開倉賑飢。"（《崇禎實録》卷二，第 55 頁）

丁卯，大雨，許百官還邸舍。（《崇禎實録》卷二，第 55 頁）

雨，復旱。（乾隆《隆平縣志》卷九《災祥》）

初三日西南風作大潮，七月又大潮，八月又大潮，海几三嘯，禾没無遺。（乾隆《崇明縣志》卷一三《祲祥》）

十一日，大風拔木。（乾隆《雞澤縣志》卷一八《災祥》）

丁亥，颶風，海溢，壞田廬。（光緒《通州直隸州志》卷末《祥異》）

二十三日，晴，晝聲震如雷。（道光《膠州志》卷三五《祥異》）

丁亥巳時，颶風大作，駕海潮壞田廬，溺死二十九人。（弘光《州乘資》卷一《機祥》）

海復溢，水浸民居。（崇禎《寧志備考》卷四《祥異》）

大雨雹，日中忽大風起，雨冰雹如鵝鴨卵，着地移時乃消，草木禾稼盡損。（康熙《滁州志》卷三《祥異》）

七月

二十日，雨血。（康熙《僊遊縣志》卷七《祥異》；乾隆《莆田縣志》卷三四《祥異》）

二十三日，疾風暴雨，狂怒愈烈，泊野摧山，洪濤煽湧。數百年來之怪異事，長老所未曾見聞者也。（康熙《桃源鄉志》卷八《紀異》）

八月

海復溢。（乾隆《紹興府志》卷八〇《祥異》）

九日，大雨，水壞田禾，民饑。（康熙《會稽縣志》卷八《災祥》）

初九日，大水，較元年增五寸許。（嘉慶《山陰縣志》卷二五《機祥》）

大旱，立秋後六日雨。後復旱，斗米錢百六十文。冬月，仍置薄粥施，共施穀三百餘石湊賑，饑民獲甦。（崇禎《隆平縣志》卷八《災異》）

漢溢，全境水。通城七十二院、朱麻十三院皆淹。民豐於魚，饑不為災。（光緒《沔陽州志》卷一《祥異》）

九月

至十一月，不雨。（康熙《靖江縣志》卷五《祲祥》；光緒《靖江縣志》卷八《祲祥》）

不雨，至十一月。（道光《江陰縣志》卷八《祥異》）

大水。（光緒《邵武府志》卷三〇《祥異》）

十月

二十四，夜，大風拔木拆屋覆舟。（同治《湖口縣志》卷一〇《祥異》；同治《德化縣志》卷五三《祥異》）

三十日，大雷雨。（道光《桐城續修縣志》卷二三《祥異》）

大雷。（康熙《商丘縣志》卷三《災祥》）

夜，大風拔木拆屋覆舟。（同治《九江府志》卷五三《祥異》）

大雷電，雨雹，每霹靂先有厲聲如琅璫，人或以為龍鳴。（道光《滕縣志》卷五《灾祥》）

十一月

天鼓鳴如雷。（乾隆《靜寧州志》卷八《祥異》）

署中有杏冬華，經雪不落，邑人作《瑞杏圖》以美之。（道光《安陸縣志》卷一四《祥異》）

十二月

二十三日西時，地震，自北而南，瓦墜屋□。（乾隆《句容縣志》卷末《祥異》）

是年

春，雨，木冰，大旱，盜起。（光緒《孝感縣志》卷七《災祥》）

春，旱，大饑。（乾隆《涇州志》卷下《祥異》）

春，旱，二麥不登。秋，大旱，民多饑殍。（光緒《興國縣志》卷三一《祥異》）

大旱，米薪不給，民多逃竄。（嘉慶《備修天長縣志稿》卷九下《災異》）

多雨。（乾隆《歸善縣志》卷一八《雜記》；光緒《惠州府志》卷一七《郡事上》）

大水。是年，革里甲雜派，從蒼梧知縣梁子璠之請。（光緒《藤縣志》卷二一《雜記》）

大旱。（乾隆《隆平縣志》卷九《災祥》；道光《蒲圻縣志》卷一《災異并附》；咸豐《保安縣志》卷七《災祥》；光緒《江夏縣志》卷八《祥異》；民國《麻城縣志前編》卷一五《災異》）

旱，蝗。（康熙《內鄉縣志》卷一一《災祥》）

江陵雨。（光緒《荊州府志》卷七六《災異》）

黃河大決，沒睢寧城。是年，豐地震，徐大雨傷麥。（同治《徐州府志》卷五下《祥異》）

大水。（雍正《安東縣志》卷一五《祥異》；乾隆《青浦縣志》卷三八《祥異》；嘉慶《平陰縣志》卷四《災祥》；嘉慶《松江府志》卷八〇《祥異》；嘉慶《舒城縣志》卷三《祥異》；光緒《青浦縣志》卷二九《祥異》；民國《文安縣志》卷終《志餘》）

大水破城，沒及女墻，民居官舍漂流一空。（康熙《睢寧縣舊志》卷九《災祥》）

大水，蠲免錢粮。（光緒《安東縣志》卷五《民賦下》）

大水，饑。（光緒《川沙廳志》卷一四《祥異》；民國《南匯縣續志》卷二二《祥異》）

水荒。（民國《萬載縣志》卷一《祥異》）

大饑，人相食，鎮城有狼。（乾隆《宣化府志》卷三《災祥附》）

冰雹傷禾，連歲災祲，難以為生。（民國《永和縣志》卷一四《祥異》）

是歲亦旱，至秋薄收。（雍正《朔州志》卷二《祥異》）

旱。（康熙《當陽縣志》卷五《祥異》；康熙《靖邊縣志·災異》；乾隆《鳳陽縣志》卷一五《紀事》；道光《安定縣志》卷一《災祥》）

大旱，饑。（康熙《京山縣志》卷一《祥異》；光緒《永壽縣志》卷一〇

《述異》）

京山大旱，饑。（康熙《安陸府志》卷一《郡紀》）

米脂大旱。（康熙《陝西通志》卷三〇《祥異》；雍正《陝西通志》卷四七《祥異》）

秋沛霖雨，大水。（民國《沛縣志》卷二《沿革紀事表》）

秋，旱，穀石七錢。（乾隆《僊遊縣志》卷五二《祥異》）

冬，大雪，深五尺餘。（康熙《鄭州志》卷一《災祥》；民國《鄭縣志》卷一《祥異》）

春雨，木冰。大旱，盜起。是年，白鼠遍邑，人笐而鬻之，或曰自漢口後湖來也。（康熙《孝感縣志》卷一四《祥異》）

春，無雨，二麥不登。秋，旱更甚，民多饑殍。（康熙《興國州志》卷下《祥異》）

春，雨冰。（同治《瀏陽縣志》卷一四《祥異》）

春，旱。（民國《重修靈臺縣志》卷三《災異》）

春，旱。秋，大水。冬，無雪。（乾隆《沛縣志》卷一《水旱祥異》）

春夏之交，雨數十日，斗米價三錢，道殣相望，邑西郭氏及余家施席掩骸不可計。（崇禎《醴泉縣志》卷四《災祥》）

春夏，水，自秋至冬旱。（嘉慶《重刊宜興縣舊志》卷末《祥異》）

春夏，旱。（乾隆《潮州府志》卷一一《災祥》；嘉慶《潮陽縣志》卷一二《紀事》；光緒《潮陽縣志》卷一三《灾祥》）

夏，旱。（康熙《儀徵縣志》卷七《祥異》）

夏，大旱。（乾隆《曲阜縣志》卷三〇《通編》）

夏，大旱，饑。（康熙《永壽縣志》卷六《災祥》）

夏，大水。秋，大旱。穀登場價四錢，荒甚。（康熙《漢陽府志》卷一一《災祥》）

北衙大水，居民溺死者數十人。（光緒《鶴慶州志》卷二《祥異》）

大旱。詔免明年田租十之二。（道光《肇慶府志》卷二二《事紀》）

邑遭水災。（雍正《東莞縣志》卷三《城池》）

雨人面豆，眉目口鼻皆具。（光緒《荆州府志》卷七六《災異》）

漢水溢。（乾隆《天門縣志》卷七《祥異》）

旱，大饑。（康熙《應山縣志》卷二《兵荒》）

大水，麥秋未獲一粒。（順治《蕭縣志》卷五《災祥》）

紹興大風雨，海溢。（康熙《浙江通志》卷二《祥異附》）

黃河溢，大水自七山來，田禾皆没于水，民乏食，以牛易粟。（民國《沛縣志》卷四《河防》）

大雨，二麥盡渰。（順治《徐州志》卷八《災祥》）

平、涇、鞏、慶等處大旱。饑，人死甚眾。（光緒《甘肅新通志》卷二《祥異》）

飛蝗從東南來，天日為黯，觸人面目，揮之不去，禾苗立盡。歲大饑，米斗五錢。（乾隆《同官縣志》卷一《祥異》）

旱，疫。（順治《扶風縣志》卷一《災祥》）

初，黃風大作，後雨灰，如草木餘燼。（康熙《武功縣續志·雜志》）

大旱，民饑。（乾隆《太平縣志》卷八《祥異》）

大旱，民饑，死亡殆盡。（道光《河曲縣志》卷三《祥異》）

旱，斗米一百六十錢。（崇禎《内邱縣志》卷六《變紀》）

秋，大旱。（民國《宿松縣志》卷五三《祥異》）

秋，旱。（民國《懷集縣志》卷八《縣事》）

秋，大水。（康熙《壽光縣志》卷一《總紀》；嘉慶《昌樂縣志》卷一《總紀》；同治《漢川縣志》卷一四《祥祲》；民國《濰縣志稿》卷二《通紀》；民國《壽光縣志》卷一五《大事記》）

秋，洪濤洶湧，衝没城陴，民舍官衙蕩然無一存者。（康熙《睢寧縣舊志》卷二《城池》）

秋，全省蝗，大饑。（乾隆《甘肅通志》卷二四《祥異》）

冬，嚴寒。（崇禎《泰州志》卷七《災祥》）

二年、三年大旱，寇起。（順治《綏德州志》卷一《災祥》）

崇禎三年（庚午，一六三〇）

正月

辛巳朔，京師大風霾，晝晦。（《崇禎實錄》卷三，第 77 頁）

元旦，四方塵，晦。（崇禎《永年縣志》卷二《災祥》）

朔，大風霾，晝晦。（康熙《棲霞縣志》卷七《祥異》）

二十六日，雷電，大雪。夏，久雨。（康熙《蘇州府志》卷二《祥異》）

二月

天雨雹，大如鵝卵，物觸之，無不斃者。（光緒《會同縣志》卷一四《災異》）

大雨雹。（乾隆《鎮江府志》卷四三《祥異》；光緒《丹徒縣志》卷五八《祥異》；光緒《丹陽縣志》卷三〇《祥異》）

二十日，大雪。（康熙《永康縣志》卷一五《祥異》）

大雪雷。雪未止而雷，異也。（康熙《廣濟縣志》卷二《災祥》）

三月

黑氣晝暝，踰夜乃息。（民國《大名縣志》卷二六《祥異》）

黃風晝晦。夏，雨雹傷禾，大者如拳，屋瓦碎，鳥雀死遍野。（光緒《虞城縣志》卷一〇《災祥》）

又大雨雹，傷麥及人，破屋折樹，鳥獸死。（光緒《丹徒縣志》卷五八《祥異》）

大雨雹。（乾隆《樂陵縣志》卷三《祥異》；光緒《惠民縣志》卷一七《災祥》；光緒《霑化縣志》卷一四《祥異》；民國《無棣縣志》卷一六《祥異》）

風霾晝晦。(乾隆《滿城縣志》卷八《災祥》)

黑氣晝冥,終夜乃息。(康熙《元城縣志》卷一《年紀》;康熙《清豐縣志》卷二《編年》)

朔,大雷雹。(光緒《烏程縣志》卷二七《祥異》)

初九日,大風晝晦。(崇禎《歷乘》卷一三《災祥》)

九日,大雨雹。(崇禎《武定州志》卷一一《災祥》)

十六,夜,大雨,味鹹苦,麥沾即死,復大雨乃蘇。(乾隆《崇明縣志》卷一三《禊祥》)

風霾晝晦,逾夜乃息。(光緒《內黃縣志》卷八《事實》)

黑風晝冥。(光緒《開州志》卷一《祥異》)

黑氣晝冥,終夜乃息。(康熙《長垣縣志》卷二《災異》)

三月、四月,又大雨雹,傷麥及人,破屋折樹,鳥獸死。(乾隆《鎮江府志》卷四三《祥異》)

四月

乙卯,上齋居文華殿禳旱,諭百官修省。(《崇禎實錄》卷三,第86頁)

甲戌,是月,鳳陽大雨水,太白晝見,熒惑復入鬼宿。(《崇禎實錄》卷三,第90頁)

二日,縉雲大霜。(雍正《處州府志》卷一六《雜事》)

初五日,午刻,日生黑暈,晝晦。(光緒《潮陽縣志》卷一三《灾祥》)

鳳陽大雨水。(《國榷》卷九一,第5531頁)

大雨十日。(咸豐《順德縣志》卷三一《前事畧》)

地震,有聲如雷。(嘉慶《海州直隸州志》卷三一《祥異》)

大霜。(光緒《縉雲縣志》卷一五《災祥》)

常樂堡蝦蟇成隊,北行出邊外,廣數丈,長不可竟。大旱。(康熙《延綏鎮志》卷五《紀事》)

不雨,自四月至秋八月,飛蝗蔽天。大饑,父子相食。(民國《重修隆

德縣志》卷四《祥異》）

二十七日，雨雹。（光緒《溧水縣志》卷一《庶徵》）

二十七日，星隕大陂田中，化為石，大如盌。是月，又雷擊譙樓。（民國《明溪縣志》卷一二《大事》）

大雨雹，地震，有聲如雷。（光緒《贛榆縣志》卷一七《祥異》）

雷擊譙樓柱。（康熙《歸化縣志》卷一〇《災祥》）

五月

壬辰，蕪湖東門外雨毛，方里許，其毛成叢，如腐物上所生者。（康熙《太平府志》卷三《祥異》）

初三日，雨雹，自午至未，大者如盤，平地積深尺餘。（民國《萊蕪縣志》卷三《災異》）

大雨七晝夜，壞廬舍，歲大饑。（道光《新會縣志》卷一四《祥異》）

大雨水。二十六日大雨如注，至六月初四日方止，城外民居多被淹沒。（道光《陽江縣志》卷八《編年》）

大雨。（民國《大名縣志》卷二六《祥異》）

大雨雹。（光緒《永年縣志》卷一九《祥異》）

旱。分巡道楊嗣昌過鞏，代民禱雨，果得甘霖，鞏人立石記之。（民國《鞏縣志》卷五《大事紀》）

大雨，禾菜盡傷。（道光《江陰縣志》卷八《祥異》）

天雨雹。（民國《茌平縣志》卷一一《天災》）

雨雹。（嘉慶《東昌府志》卷三《五行》；民國《莘縣志》卷一二《機異》）

大風雹，屋瓦掀飛。（乾隆《滿城縣志》卷八《災祥》）

二十三日，永年、肥鄉、邯鄲、雞澤大雨雹。（光緒《廣平府志》卷三三《災異》）

大旱，二十三日大雨雹。（民國《肥鄉縣志》卷三八《災祥》）

雨雹，巨者如碗，傷禾稼，鳥獸死者無算。颶風拔樹。城高積冰一堆，

三日方消。(順治《徐州志》卷八《災祥》)

羅浮山崩凡五十四處。海豐霪雨，山多崩。(光緒《惠州府志》卷一七《郡事上》)

大風雹拔木，空中如蓋，州衙屋瓦盡掀。(康熙《開州志》卷四《災祥》)

大雨水，南城角崩，壓死二人。(康熙《增城縣志》卷三《事紀》)

大水，羅浮山崩凡五十二處，山麓石下屯村徐氏書屋五間，礱石磄榻，乘風飛散，不知其處。是年，災異頻見，盜賊充斥，瘟疫流行。(乾隆《博羅縣志》卷一三《詞翰》)

颶發，暴雨如注，城內外垣垛崩塌百一十七丈。(光緒《饒平縣志》卷一三《災祥》)

大雨數日，山溪潦漲，水自西門入城，壞官民廬舍無算，此百年所未有也。(光緒《高明縣志》卷一五《前事》)

大水漫城。(光緒《新寧縣志》卷一三《事紀略》)

不雨，至於是月(六月)，二麥已耗，早場弗登。秋苗在野，枯莖索索，無復霑榮。黃病之棗，青烘之柿，亦將自零。(乾隆《鞏縣志》卷一八《藝文》)

夏五、六月，雨經旬，各方水漲或四五尺許，壞垣屋聲相接。(康熙《南海縣志》卷三《災祥》)

六月

大雨雹，禾稼盡損。(民國《全椒縣志》卷一六《祥異》)

大雨潦，潰城決堤。(宣統《高要縣志》卷二五《紀事》)

大水，溺人畜，傷禾稼。(民國《石城縣志》卷一〇《紀述》)

黑風拔木。(光緒《永年縣志》卷一九《祥異》)

水。大雨雹，傷禾稼。(乾隆《杞縣志》卷二《祥異》)

大水。(康熙《恩平縣志》卷一《事紀》；道光《肇慶府志》卷二二《事紀》)

大旱。（道光《永州府志》卷一七《事紀畧》；光緒《零陵縣志》卷一二《祥異》）

大雨，先師廟殿角有蟄龍出，天矯飛去。（順治《招遠縣志》卷一《災祥》）

有大水，由陸川歷江而下，沿江鄉村被浸，間有傷溺人畜，沙吞禾稼。（康熙《石城縣志》卷三《祥異》）

大風拔木。（光緒《廣平府志》卷三三《災異》）

暴風拔木，震動天地。（民國《肥鄉縣志》卷三八《災祥》）

十一日，大風拔木。（順治《雞澤縣志》卷一〇《災祥》）

至八月潮溢，民饑。（乾隆《崇明縣志》卷一三《禨祥》）

旱魃爲殃，猛虎咥人，爲邑□□。（康熙《永明縣志》卷一四《災異》）

六月、八月潮數溢。（民國《崇明縣志》卷一七《災異》）

七月

辛巳，大雨竟日。（《崇禎實録》卷三，第 96 頁）

癸未，謝時雨，上宿文華殿。（《國榷》卷九一，第 5541 頁）

沔陽地震。九月，又震，傾屋傷人。（康熙《安陸府志》卷一《郡紀》）

二日，始雨。（道光《内邱縣志》卷三《常紀》）

七日至十五日，霖雨害禾稼。（康熙《朝城縣志》卷一〇《災祥》）

朔，大雨，低田盡没。冬，高田水浸稼，生芽。太倉颶風，棉穀并脱。（康熙《蘇州府志》卷二《祥異》）

十五日，龍溪、南靖大雨如注，翌日洪水至，漂流廬舍甚多。（康熙《漳州府志》卷三三《災祥》）

十五日，大雨如注，翼日洪水，至漂流廬舍甚多。（乾隆《龍溪縣志》卷二〇《祥異》）

十五日，大雨注□□，三日洪水至，漂流廬舍甚多。（同治《南靖縣志·災祥》）

十七日，烈風，大雷雨壞屋及舟，傷人甚眾。秋，大水，全境皆淹。（光緒《沔陽州志》卷一《祥異》）

二十八日丑時，大雨後河流汎漲，凡井地、廟宇、橋樑、官舍、器物俱沒，溺死男女婦千餘，填埋井口。（民國《鹽豐縣志》卷一二《祥異》）

七月、八月海復溢，塘盡圮，與內河通。（崇禎《寧志備考》卷四《祥異》）

八月

二十五日，潮沒田廬。冬，日中虹見，日傍有兩日。（光緒《通州直隸州志》卷末《祥異》）

霪雨，苗不實。（光緒《靖江縣志》卷八《祲祥》）

大雨，苗不實。（道光《江陰縣志》卷八《祥異》）

大水。（道光《內邱縣志》卷三《常紀》）

二十八日，颶風作，潮淹田穀生芽。（民國《崇明縣志》卷二七《災異》）

潮溢。（光緒《泰興縣志》卷末《述異》）

九月

辛丑，京師大雷雨電。（《崇禎實錄》卷三，第100頁）

復雷霆。（光緒《丹徒縣志》卷五八《祥異》）

河決西洋廟口，及十七鋪口，邑大水。（嘉慶《蕭縣志》卷一八《祥異》）

大雷電。（道光《滕縣志》卷五《灾祥》）

復雷霆。（乾隆《鎮江府志》卷四三《祥異》）

十二月

己巳，時關中大旱，延安四郊皆盜。（《崇禎實錄》卷三，第102頁）

戊辰，雷。（乾隆《婁縣志》卷一五《祥異》；嘉慶《松江府志》卷八〇《祥異》；光緒《青浦縣志》卷二九《祥異》；光緒《重修華亭縣志》卷

二三《祥異》）

戊午，地震有聲如雷，大疫。（民國《遷安縣志》卷五《記事篇》）

戊午，地震如雷，大疫。（民國《盧龍縣志》卷二三《史事》）

是年

春，有黑風自北來，遍地皆錢文，大者如盤盂，小者如棗栗，行人衣巾皆有之，三日猶見其跡。（民國《郟縣志》卷一〇《災異》）

春，不雨，麥萎。（光緒《靖江縣志》卷八《祲祥》）

春，不雨，無麥。（道光《江陰縣志》卷八《祥異》）

春，恒霾。冬，增賦。（光緒《臨朐縣志》卷一〇《大事表》）

春，懷集大雹。秋，旱。冬，慶遠大雪。（嘉慶《廣西通志》卷二〇四《前事》）

庚午，大雨水，自春竟夏。（嘉慶《三水縣志》卷一三《災祥》）

夏，大水，漂流人家房屋田地無數。（光緒《平和縣志》卷一二《災祥》）

夏，烈風雨雹。秋，霖雨，田禾盡没。冬，無雪。（民國《沛縣志》卷二《沿革紀事表》）

大水。（乾隆《平原縣志》卷九《災祥》；乾隆《永福縣志》卷一〇《災祥》；光緒《續修故城縣志》卷一《紀事》；光緒《大城縣志》卷一〇《五行》；民國《德縣志》卷二《紀事》；民國《故城縣志》卷一《紀事》；民國《增修膠志》卷五三《祥異》）

水。（民國《永泰縣志》卷二《大事》）

復旱，溪河淺涸，可徒涉。（嘉慶《潮陽縣志》卷一二《紀事》；光緒《潮陽縣志》卷一三《災祥》）

雷震文廟，落鴟尾。（光緒《四會縣志》編一〇《災祥》）

大雨水，冰雹傷禾殆盡。（民國《邯鄲縣志》卷一《大事》）

大旱。（順治《綏德州志》卷一《災祥》；光緒《壽張縣志》卷一〇《雜事》；光緒《鄆城縣志》卷九《災祥》；光緒《東安縣志》卷二《事紀》）

雨雹，巨者如盌，傷禾鳥獸，死者無算。（同治《徐州府志》卷五下《祥異》）

河決蘇家嘴。（民國《阜寧縣新志》卷首《大事記》）

河決吳良玉口。（光緒《安東縣志》卷五《民賦下》）

蝗，害稼。（民國《壽光縣志》卷一五《大事記》）

益都春恒霾，日無光。夏蝗害稼。（康熙《益都縣志》卷一〇《祥異》）

又旱饑，人相食。（嘉慶《延安府志》卷六《大事表》）

大雨水。（道光《宣威州志》卷五《祥異》；同治《番禺縣志》卷二一《前事》）

蝗。（康熙《昌邑縣志》卷一《祥異》；乾隆《昌邑縣志》卷七《祥異》）

春，旱。（康熙《武進縣志》卷三《災祥》）

春，不雨。（崇禎《興寧縣志》卷六《災異》）

春夏，大水。（道光《滕縣志》卷五《灾祥》）

夏，雨雹傷稼。（乾隆《直隸易州志》卷一《祥異》）

夏，大雨雹，大水。（乾隆《曲阜縣志》卷三〇《通編》）

夏，大雨連旬，山崩地潰，禾稻淹没。穀價高騰，民多饑死。（康熙《龍門縣志》卷九《災祥》）

夏，地震，房屋多折。（同治《漢川縣志》卷一四《祥祲》）

夏，冰雹。（康熙《儀徵縣志》卷七《祥異》）

夏，大水，雨雹傷禾稼。（道光《尉氏縣志》卷一《祥異附》）

夏，決南堤侵城，後歲以為常。（同治《曲周縣志》卷四《河渠》）

白井大雨水，溢壞官民廬舍，漂没人口千餘，填埋井口。（民國《姚安縣志》卷一二《氣候》）

多雨，山多崩。（康熙《惠州府志》卷五《郡事》）

大旱，溪河淺涸成陸路。（乾隆《潮州府志》卷一一《災祥》）

梧桐山崩，洪水至邑，城傾圮。（雍正《東莞縣志》卷一〇《祥異》）

旱，至七月下旬雨如注，苗復青茂。是歲，大熟。（嘉慶《臨武縣志》卷四五《祥異》）

縣東有蛟患，山水橫決，大傷禾稼。（同治《瀏陽縣志》卷一四《祥異》）

復旱，有虎噬人，獲之。（康熙《當陽縣志》卷五《祥異》）

庚午、辛未、壬申大旱，野無青草，十室九空。於是，有斗米千錢者，有采蕨根木葉充饑者，有夫棄其妻、父棄其子者。（乾隆《河南府志》卷七八《藝文》）

雨雹，大風拔起樹木。（康熙《淅川縣志》卷八《災祥》）

旱。（乾隆《羅山縣志》卷八《災異》；乾隆《固安縣志》卷一《災祥》）

赤風畫晦。民間訛傳天將雨火，城市禁煙，寒食者兩日。（乾隆《陳州府志》卷三〇《雜志》）

大雹傷稼。（光緒《永城縣志》卷一五《災異》；民國《夏邑縣志》卷九《災異》）

河決康家寨，由縣北，漂没田廬。（康熙《陳留縣志》卷三八《災祥》）

米價大湧，斗米索直二錢。饑民載道，至食木葉，可一歲乃平。（乾隆《海澄縣志》卷一八《災祥》）

金雞橋，在一都九日山下。崇禎三年大水，觸墩將圮，知縣李九華重修。（康熙《南安縣志》卷三《橋樑》）

歲首嚴寒，風沙坌集。（康熙《吳江縣志》卷四二《別録》）

大熟。是年雨暘時若，黍穀交登，夏熱不灼肌，冬寒不裂膚，民無疫癘。（乾隆《海虞別乘・災祥》）

十四鋪口決，單邑環城大水。（康熙《單縣志》卷一《祥異》）

蝗害稼。（嘉慶《昌樂縣志》卷一《總紀》）

以水暴發，（天寧寺橋）遂毁，行人稱苦。（民國《漢南續修郡志》卷二七《藝文》）

大旱，夏秋無收。（康熙《米脂縣志》卷一《災祥》）

洛病于水之鄰城也，洪令修重堤于南門之外。崇禎庚午水決，亭祠并地

俱没。後水循故道，今又決，暢令修堰，復蠶桑之舉。（康熙《雒南縣志》卷二《水堤》）

秦連歲旱。（光緒《三原縣新志》卷九《祥異》）

蝗蝻為災，疫。（康熙《沁水縣志》卷一〇《藝文》）

大旱，民饑，死亡甚多。（道光《河曲縣志》卷三《祥異》）

霖雨。（民國《交河縣志》卷一〇《祥異》）

雨雹害稼。（崇禎《廣昌縣志·災異》）

復旱。秋，大饑，斗米銀二錢。（雍正《揭陽縣志》卷四《祥異》）

秋，旱，穀每石價七錢。（乾隆《儋遊縣志》卷五二《祥異》）

冬，大雪。次年大熟，石穀值不滿百錢。（道光《慶遠府志》卷二〇《祥祲》）

冬，日中虹見，日滂有雨日。（光緒《通州直隸州志》卷末《祥異》）

崇禎四年（辛未，一六三一）

正月

乙亥朔，上不御殿，是日風霾。（《崇禎實錄》卷四，第105頁）

迎春日，降瑞雪。（光緒《長汀縣志》卷三二《祥異》）

二十四日子刻，大風。（康熙《新城縣志》卷一〇《災祥》；嘉慶《長山縣志》卷四《災祥》）

日色如血，光照人物皆赤。（道光《新會縣志》卷一四《祥異》）

元旦，風霾竟日。（崇禎《永年縣志》卷二《災祥》）

二十六日夜，雷電交作，雪下漫天，至曉始霽。（崇禎《吳縣志》卷一一《祥異》）

日赤如血。（乾隆《沁州志》卷九《災異》）

二十七，日赤如血。（乾隆《武鄉縣志》卷二《災祥》）

朔，黑霧蔽天。（道光《臨邑縣志》卷一六《紀祥》）

二月

白虹貫日。（光緒《霑化縣志》卷一四《祥異》）

三月

壬午，京師大風霾。（《崇禎實錄》卷四，第114頁）

雨土石。初四日晚，天忽暗，雨土泥石。（乾隆《武鄉縣志》卷二《災祥》）

清明日，怪風拔木撒屋。（民國《續修醴泉縣志稿》卷一四《祥異》）

太微垣有星大如月，磨盪不定，又有飛星自南而北，長一二丈，若爆，分為東西，長四五尺，數時乃滅。（光緒《嘉興府志》卷三五《祥異》）

太微垣有星大如月，摩盪不定，又有飛星自南而北，長一二丈，若爆，分為東西，長四五尺，數時乃滅。（光緒《嘉善縣志》卷三四《祥眚》）

太微垣有星如月，磨盪數時，又有飛星自南而北，長一二丈。（康熙《桐鄉縣志》卷二《災祥》）

初四日晚，天忽黑暗，雨土泥石。（乾隆《沁州志》卷九《災異》）

三、四月，大旱。（宣統《南海縣志》卷二《前事補》）

四月

庚戌，遣大臣祭郊壇禳旱，諭臣工脩省。（《崇禎實錄》卷四，第117頁）

辛酉，上念旱，釋前工部尚書張鳳翔、左副都御史易應昌、御史李長春、給事中杜齊芳、都督李如楨。（《崇禎實錄》卷四，第118頁）

十四日，海滄降赤雨。（乾隆《海澄縣志》卷一八《災祥》）

十五日，淫雨連日不止。（光緒《樂清縣志》卷一三《災祥》）

大水，民居傾圮，知縣王明選發倉賑之。（民國《陽山縣志》卷一五《事記》）

二十一日夜，雨冰。（道光《蒲圻縣志》卷一《災異》）

州城南火燒民居數百家。（民國《銅山縣志》卷四《紀事表》）

二十二日申時，大雨雹，有重至數斤者，著人則傷，屋瓦盡壞，二麥俱損，酉時方止。（乾隆《句容縣志》卷末《祥異》）

大風雹，壞城垣數處。（同治《宿遷縣志》卷三《紀事沿革表》）

旱。（崇禎《廣昌縣志·災異》；乾隆《豐潤縣志·災祥》；乾隆《直隸易州志》卷一《祥異》）

大雨雹盈尺，損麥禾。（乾隆《饒陽縣志》卷下《事紀》）

淫雨傷禾。人相食。地震，從西而東南。（順治《扶風縣志》卷一《災祥》）

雨災，壞屋覆舟，死者無算。（民國《湖北通志》卷七五《災異》）

大水。（同治《連州志》卷八《祥異》）

四月、七月，地震。（同治《衡陽縣志》卷二《事紀》）

五月

己丑，微雨。（《崇禎實錄》卷四，第121頁）

庚寅，雨……時榆林連旱四年，延安飢民甚眾，西安大旱，練國事更請發帑賑濟。不報。（《崇禎實錄》卷四，第121~122頁）

丁酉，延綏、榆林大雨。（《崇禎實錄》卷四，第124頁）

壬寅，大同、襄垣等縣雨雹，大如臥牛、如犬石，小如拳，斃人畜甚眾。（《崇禎實錄》卷四，第125頁）

隕雹。（光緒《虞城縣志》卷一〇《災祥》）

州境雨雹，大如雞卵，屋瓦皆裂，鳥獸死傷甚眾。（同治《徐州府志》卷五下《祥異》；民國《銅山縣志》卷四《紀事表》）

淫雨四十餘日。（光緒《通州直隸州志》卷末《祥異》）

霪雨風甚。（乾隆《豐潤縣志·災祥》）

雨雹，大如鵝卵，南北各二十里，東西各十里，樹木摧折，大傷禾稼，擊死牛羊無數。（乾隆《沁州志》卷九《災異》）

淫雨四十餘日。（弘光《州乘資》卷一《機祥》）

天雨黑粟。（民國《連城縣志》卷三《大事》）

甲申十一日夜，怪風起西北，大雷電，拔木。（康熙《鹿邑縣志》卷八《災祥》）

龍見，大水驟至，室廬漂没，春風橋居民有溺死者。（康熙《廣濟縣志》卷二《灾祥》）

五、六月，久雨，無三日晴。（崇禎《吴縣志》卷一一《祥異》）

雨至秋七月。（光緒《泰興縣志》卷末《述異》）

六月

丁未，山東、徐州大水。（《崇禎實録》卷四，第 126 頁）

庚戌，未刻，臨潁縣雷雨，忽王家莊風霾，壞民居，壓死三人，即至杜家莊，傾楼扳木，室廬器用盡失，飄散無跡，壓死五人。風霾漸至鞏家莊，長五十餘丈，廣十五丈，磚瓦磁器翔空落地亡恙，鉄器皆碎。（《崇禎實録》卷四，第 126 頁）

丙辰，淮安、揚、徐、濟寧大雨水，壞民居田稼。（《崇禎實録》卷四，第 126 頁）

大水，城郭田地圮壞，人多溳没。（康熙《天柱縣志》下卷《災異》）

丙申，大雨雹。（《明史·五行志》，第 433 頁）

初七日午時，天氣晴明，城西南角樓崩，木石如雨，飛去數百里許，中梁見存濟南府歷城縣邨落中。（光緒《撫寧縣志》卷三《前事》）

繁城鎮杜監生莊大風雨，龍見拔木，樓房數間一時撼倒，人畜死傷者甚眾。旬日，架屋落成，梁柱仍盡傾折。（民國《許昌縣志》卷一九《祥異》）

江陵自六月大雨不止，至七月初一日巳時晝晦。（光緒《荆州府志》卷七六《災異》）

二十一日，東湖水鬭。（民國《南昌縣志》卷五五《祥異》）

二十一日，大雨一晝夜，江水入城，東北二市水漲五尺餘，撑舟以渡，

鄉村推去牛隻，衝壞田產不計其數。（雍正《靈川縣志》卷四《祥異》）

二十三日，洪州司水發，猛然汛漲。（光緒《會同縣志》卷一四《災異》）

蕭大雷雨，颮風捲演武廳，梁〔樑〕棟落山東境上。（同治《徐州府志》卷五下《祥異》）

迅雷異飈，大雨暴至，演武廳被風吹去，不知所在。後邑人至山東境，見人家屋樑上有“蕭縣演武廳”五字。（嘉慶《蕭縣志》卷一八《祥異》）

益陽、寧鄉、湘鄉，地震，大聲自北來。（乾隆《長沙府志》卷三七《災祥》）

又大水。（乾隆《平原縣志》卷九《災祥》）

大蝗。冬，大寒，雪深五六尺，樹多凍死。（光緒《榆社縣志》卷一〇《災祥》）

春夏大旱。六月入伏三日，雨始下，民始種。至秋九月無霜，禾收。（雍正《應州志》卷九《災祥》）

大水。（乾隆《曲阜縣志》卷三〇《通編》；同治《潁上縣志》卷一二《祥異》；民國《山東通志》卷一〇《通紀》）

淮黃交漲，霪雨連綿，平地水深一丈五尺。此從古未有之災，百姓舟居草食，漂流沉溺不知其幾。（康熙《興化縣志》卷一三《藝文》）

州大水，城郭田地傾圮，人多淹死，江水逆流城內，大石漂激。（康熙《靖州志》卷五《災異》）

大水，城郭田地圮壞，人多淹死，江水逆流。（嘉慶《通道縣志》卷一〇《災異》）

大雨，水漲。（乾隆《興安縣志》卷一〇《祥異》）

二十日，夜，忽一雷雨倍常，溪岸蛟出，（桂林）橋盡没于洪濤中。（咸豐《簡州志》卷十三中《藝文》）

七月

大風，穀秕，木棉壞。（民國《太倉州志》卷二六《祥異》）

啟明星伏，數月不見。（道光《新會縣志》卷一四《祥異》）

宜都地震有聲。十月，復震。（光緒《荊州府志》卷七六《災異》）

半夜長沙各處地震有聲。七月，闔郡地大震有聲。十月初八，又地震。（乾隆《長沙府志》卷三七《災祥》）

初一日，大雨傾倒，低田盡淹。水至冬底未退，高鄉稼亦浸墮生芽，收穫全無。（崇禎《吳縣志》卷一一《祥異》）

地震。（同治《九江府志》卷五三《祥異》；同治《隨州志》卷一七《祥異》）

十一日丑時，地大震有聲。十月初八日，昧爽，地大震。（同治《瀏陽縣志》卷一四《祥異》）

十七日夜，府城地震，吼聲如雷，日三四次，塌壓居民無數，露處者月餘，各處土裂，湧黑泉高二三丈，田池復陷，水涸連三歲不止。（嘉慶《常德府志》卷一七《災祥》）

十七日，地震。（嘉慶《無為州志》卷三四《機祥》；同治《都昌縣志》卷一六《祥異》；同治《德化縣志》卷五三《祥異》；民國《南昌縣志》卷五五《祥異》）

十七日夜，地微震。十月二十八日夜，地復震，瓦屋皆搖。（光緒《會同縣志》卷一四《災異》）

二十日，啟明星伏，數月不見。（康熙《增城縣志》卷三《事紀》；宣統《南海縣志》卷二《前事補》）

夜，地震。（嘉慶《通道縣志》卷一〇《災異》）

十八日，丑時，地震。（同治《湖口縣志》卷一〇《祥異》）

十八日，寅時，地震。（道光《蒲圻縣志》卷一《災異并附》）

雨霑足，五穀皆熟。（乾隆《任邱縣志》卷一〇《五行》）

十八日，午後，有虹自東貫西。（乾隆《崇明縣志》卷一三《祲祥》）

大水，衝決湖堤。民大饑，冬有道殣相望。（崇禎《泰州志》卷七《災祥》）

霪雨傾盆，淮黃交潰，興化、鹽城水深二丈。村落盡沒，老弱溺死，少

壯逃避，百里無煙，啼號不絕。撫按疏題，量減新增遼餉三分之一。（光緒《鹽城縣志》卷一七《祥異》）

旱。冬疫，明年夏乃止。（乾隆《新興縣志》卷六《編年》）

大饑。秋七月，大旱，三河壩水淺可徒涉。（乾隆《潮州府志》卷一一《災祥》）

淋雨七十日。冬，大雪三尺，人畜多凍死。（康熙《鄖州志》卷七《災祥》）

八月

庚申，（吳）甡上言："延慶地亘數千里，土瘠民窮，連歲旱荒，盜賊蜂起。"（《崇禎實錄》卷四，第132頁）

大雨，河溢。（同治《徐州府志》卷五下《祥異》）

二十七日，大風拔木，牆垣皆頹。（同治《德化縣志》卷五三《祥異》）

大風拔木，牆垣皆頹。（同治《九江府志》卷五三《祥異》）

淫雨月餘，潦塌東城半壁，民舍傾圮〔圮〕無算。（嘉慶《介休縣志》卷一《兵祥》）

又大霜。（光緒《縉雲縣志》卷一五《災祥》）

龍從永嘉江中起，循郡城，南度松臺山，飛石拔木，壞城垣及民居數十處。（光緒《永嘉縣志》卷三六《祥異》）

二十四日，又大霜。（雍正《處州府志》卷一六《雜事》）

二十八日，颶風大潮，倒塌圩岸，田穀生芽。至初五日，風止，潮方退。（乾隆《崇明縣志》卷一三《祲祥》）

（大風）飛石拔木，壞城垣及民居數十處。（乾隆《溫州府志》卷二九《祥異》）

大風拔木，牆垣皆頹。（同治《瑞昌縣志》卷一〇《祥異》）

二十七日，大風拔木飄瓦，牆垣皆頹。（嘉慶《湖口縣志》卷一七《祥異》）

九月

旱。（宣統《高要縣志》卷二五《紀事》）

豐縣河決西洋廟。（同治《徐州府志》卷五下《祥異》）

河決西洋廟口及十七鋪口，邑大水。（光緒《豐縣志》卷一六《災祥》）

夜，天鼓鳴。（同治《九江府志》卷五三《祥異》）

十六日，天鼓鳴。（同治《都昌縣志》卷一六《祥異》；同治《德化縣志》卷五三《祥異》；民國《南昌縣志》卷五五《祥異》）

鍾祥大水。（康熙《安陸府志》卷一《郡紀》）

河決荆隆口，水漲城南。凡八月，平地丈餘，尸流遍野。是年冬，大雪，凍死人畜無算。（光緒《曹縣志》卷一八《災祥》）

河決陽武，溢延津。（康熙《延津縣志》卷七《災祥》）

大水。（同治《漢川縣志》卷一四《祥祲》；同治《鍾祥縣志》卷一七《祥異》）

沔陽大水決堤，漢河水漲，二百餘垸堤盡潰。（民國《湖北通志》卷七五《災異》）

十月

癸亥，夜，大風。（《國榷》卷九一，第5574頁）

大雪五日夜，平地深六尺許，人畜凍死不可勝計。（康熙《新鄭縣志》卷四《祥異》）

戊午，地震，聲如巨雷，一夜六次。（民國《遷安縣志》卷五《記事篇》）

地震。（同治《饒州府志》卷三一《祥異》）

夜，地震。（同治《九江府志》卷五三《祥異》）

十二日丑時，復震。（道光《蒲圻縣志》卷一《災異》）

十六日，地復震。（民國《南昌縣志》卷五五《祥異》）

十六日，又地震。（同治《都昌縣志》卷一六《祥異》）

十六，夜，地震。（同治《湖口縣志》卷一〇《祥異》）

十六日，地震。（同治《瑞昌縣志》卷一〇《祥異》；同治《德化縣志》卷五三《祥異》）

十九日，雨寒甚，樹木凝冰，成刀鎗形。（乾隆《沁州志》卷九《災異》）

二十日，天鼓鳴。（光緒《平湖縣志》卷二五《祥異》）

十一月

丙子，延安、慶陽大雪。（《國榷》卷九一，第 5575 頁）

初六日，霧，十一日止，民多凍死。（咸豐《平山縣志》卷一《災祥》）

二十四日，甚寒，有微雪，早見三龍掛天。二十五日，寒倍，三龍復見。（民國《太倉州志》卷二六《祥異》）

安定大雪十四晝夜。（嘉慶《延安府志》卷六《大事表》）

雪深七尺。（道光《安定縣志》卷一《災祥》）

賊乘冰堅渡河，犯運城。（民國《鄉寧縣志》卷八《大事記》）

大雪，至明年正月雪不止，深丈餘，人畜死者過半。（康熙《延綏鎮志》卷五《紀事》）

大雪，至明年正月不止，深丈餘，人畜死者過半。（民國《橫山縣志》卷二《紀事》）

大雨雪，明年正月止。（康熙《靖邊縣志·災異》）

二十四日，甚寒，有微雪，蚤見三龍掛天。二十五日，寒倍，三龍復見。（崇禎《太倉州志》卷一五《災祥》）

十二月

庚寅，密雲大雪五日，凍斃人畜。（《國榷》卷九一，第 5580 頁）

遂昌大雨雹。（雍正《處州府志》卷一六《雜事》）

冰合一月，廣長數百里。（光緒《鹽城縣志》卷一七《祥異》）

大雨雹。（康熙《遂昌縣志》卷一〇《災眚》）

冬至，夜，天鼓鳴。（嘉慶《中部縣志》卷二《祥異》）

是年

春，旱。秋，大雨。夏秋之際，淫雨連旬。至是黄河決，新洋廟水大，至堤幾潰。（民國《沛縣志》卷二《沿革紀事表》）

春夏，大旱。（乾隆《任邱縣志》卷一〇《五行》；嘉慶《延安府志》卷六《大事表》；道光《安定縣志》卷一《災祥》）

夏，大霖雨，四旬乃止。（光緒《南樂縣志》卷七《祥異》）

夏，雨五六尺，隄決南北共三百餘丈，南門吊橋閘崩，城市行舟，人多溺死。（嘉慶《高郵州志》卷一二《雜類》）

夏，大霖雨，四旬乃止。冬，大雪，四旬始止。（民國《大名縣志》卷二六《祥異》）

翁源饑。夏，英德大水。（同治《韶州府志》卷一一《祥異》）

夏，霪雨數十晝夜，堤岸決，田廬盡没。（道光《重修寶應縣志》卷九《災祥》）

夏，大旱。秋，大水。（民國《續修廣饒縣志》卷二六《通紀》）

大雨，淮漲，城市水深數尺，五年同。（康熙《五河縣志》卷一《祥異》；光緒《五河縣志》卷一九《祥異》）

大水，蘆包水逆漲七日，穀貴。（嘉慶《三水縣志》卷一三《災祥》）

大水。（嘉慶《重刊宜興縣舊志》卷末《祥異》；同治《湖州府志》卷四四《祥異》；光緒《歸安縣志》卷二七《祥異》；民國《景縣志》卷一四《故實》；民國《清遠縣志》卷二《紀年》；民國《文安縣志》卷終《志餘》）

河道總督朱光祚以淮黄驟漲，高寶、江儀等縣大水泛溢，疏陳障濬。（道光《續增高郵州志·河渠》）

海潮迅發，毀鹽場廬舍。（民國《阜寧縣新志》卷首《大事記》）

興化大水。（雍正《揚州府志》卷三《祥異》）

決東門等口十餘處。（光緒《安東縣志》卷五《民賦下》）

大水，没地無算。（光緒《臨朐縣志》卷一〇《大事表》）

大旱，歲飢。（康熙《文水縣志》卷一《祥異》）

大雪兩月，深丈餘。（民國《寶雞縣志》卷一六《祥異》）

大旱。（民國《商南縣志》卷一一《祥異》）

地震。（嘉慶《巴陵縣志》卷二九《事紀》；同治《宜昌府志》卷一《祥異》）

秋，大旱。（康熙《鄠縣志》卷八《災異》）

夏秋，大水。（光緒《洋縣志》卷一《紀事沿革表》）

秋，大荒。冬，連雪兩月，樹盡枯，人畜死亡無算。（乾隆《延長縣志》卷一《災祥》）

秋，旱，粟貴。（乾隆《重修盩厔縣志》卷一二《祥異》；民國《盩厔縣志》卷八《祥異》）

秋，大水。（乾隆《烏青鎮志》卷一《祥異》；光緒《桐鄉縣志》卷二〇《祥異》）

冬，大雪，日夜不止，凡三日，深八九尺。（光緒《綏德直隸州志》卷三《祥異》）

冬，大雪，色黑，深丈餘。（嘉慶《延安府志》卷六《大事表》）

冬，雪深六尺。（康熙《涇陽縣志》卷一《祥異》；宣統《涇陽縣志》卷二《祥異》）

冬，大雪兩月，深丈餘。（康熙《陝西通志》卷三〇《祥異》；嘉慶《中部縣志》卷二《祥異》）

冬，雨着草樹，悉凍結成鎗戟形。（民國《全椒縣志》卷一六《祥異》）

春，大雪十七日。（同治《瀏陽縣志》卷一四《祥異》）

春，霜殺麥。（康熙《淅川縣志》卷八《災祥》）

春，旱。（乾隆《許州志》卷一〇《祥異》）

春，水。夏，蝗，歲荒民散。（雍正《安東縣志》卷一〇《人物》）

春夏，大旱。秋七月，雨霑足，五穀皆熟。（康熙《河間縣志》卷一一

《祥異》）

夏，旱。（崇禎《泰州志》卷七《災祥》）

夏，霖雨四十日。（康熙《南樂縣志》卷九《紀年》）

夏，霪雨數十晝夜，堤決，田廬盡没于水，泗州漲尤甚。巡按御史饒京有開周橋保祖陵之疏。（康熙《寶應縣志》卷三《災祥》）

夏，大水。（道光《英德縣志》卷一五《災異》）

夏，旱。秋，大水，決湖堤。民饑，冬，道殣相望。（嘉慶《東臺縣志》卷七《祥異》）

夏，旱……大雨雹。秋，大水。（康熙《樂安縣志》卷上《紀年》）

夏，大旱。而炫建壇郊外，率吏民步禱。俄雲霧四合，有龍見於龍華，夭矯天際，雨随大至，四境霑足。明年春，麥秀兩岐。（乾隆《上海縣志》卷八《宦跡》）

黄平、興隆蝗。（嘉慶《黄平州志》卷一二《祥異》）

大水，衝没民田。（光緒《平越直隸州志》卷一《祥異》）

旱，三月不雨，家有預備，民不為饑。（乾隆《潼川府志》卷一二《雜記》；民國《潼南縣志》卷六《祥異》）

旱，三月不雨，家有預備，民不為饑。（光緒《遂寧縣志》卷六《雜記》）

蝗大災，人相食。（道光《黄安縣志》卷八《行善》）

水壞民舍，魚入於市。疫大作，民死者半。（康熙《真陽縣志》卷八《災祥》）

河南開封府屬邑，一日忽烈風驟作，村人上舍杜生住房百棟、古木千章俱被摧拔，卷揚至半空，家中什器無一存留者，飄飛數刻許墜地。凡銅鐵器片片顛碎，瓦缶等類易毁之物乃宛然不壞。又近村龔氏家亦復如是。杜家死女婦七人，龔死二人，亦女婦。夫風至拔木揭屋異矣，傷斃數命尤異矣。（《鄖署雜鈔》卷一二）

大水害稼。（民國《孟縣志》卷一〇《祥異》）

河決原武胡村鋪口，衝陽武任家村，浸幾入城。（乾隆《陽武縣志》卷

三《建置》)

大水，民舍多傾壞。流寇始入縣境，踞西山。(乾隆《濟源縣志》卷一《祥異》)

旱。(同治《袁州府志》卷一《祥異》)

旱，大饑。(同治《東鄉縣志》卷九《祥異》)

大水入城。(雍正《懷遠縣志》卷八《災異》)

黃淮交漲，海口壅塞。河決蘇家嘴，寬一百六十五丈，中深一丈二三尺，興化、鹽城一帶村落盡没。(民國《阜寧縣新志》卷九《水工》)

大水，湮没川下三坊。(乾隆《盱眙縣志》卷一四《蓄祥》)

建義等口決，興化盡沉水底，高、寶、泰舊土一望巨浸。故四年至七年無不苦水，八年苦旱，九年又苦水，十年又苦旱。(雍正《泰州志》卷九《奏疏》)

大水。是冬，民見春初所下穀種結實水中，爭取食。(咸豐《重修興化縣志》卷一《祥異》)

颶風，穀秕，棉花壞。四鄉奸佃謀盡匿租，中夜呼應，燒田主房廬，冬盡乃息。(崇禎《太倉州志》卷一五《災祥》)

大水，河決荊隆口，漂没萬家。(道光《滕縣志》卷五《灾祥》)

柳河口決。(康熙《單縣志》卷一《祥異》)

二龍戰於沂河，河水泛溢，漂没數千家。(康熙《沂水縣志》卷五《祥異》)

大水，沂水、蒙陰災。(乾隆《沂州府志》卷一五《記事》)

大水，諸河決，民田没為沙場。民以遠徙者眾。(康熙《寧海州志》卷一《災祥》)

大風傷稼。(康熙《棲霞縣志》卷七《祥異》)

(慶陽縣)冬，大雪，民饑，盜賊益熾。(《明史·莊烈帝紀》，第314頁)

陝北連歲飢旱，盜賊紛起。(民國《橫山縣志》卷二《紀事》)

旱。斗米三錢，饑民搶劫。(乾隆《直隸商州志》卷一四《災祥》)

旱。民大饑，群相搶劫。（嘉慶《山陽縣志》卷一一《祥異》）

旱，蝗。斗米七錢，民餓死者無算。（乾隆《同官縣志》卷一《祥異》）

連年旱。西安大旱。（乾隆《三原縣志》卷九《祥異》）

旱蝗相繼，米麥每斗價至八錢，乳豕價逾一兩，雞鶩之類價俱二三錢不等。時寇亂後，繼以荒歉，人遭二百餘年未有之變，故至于此。（康熙《河津縣志》卷八《祥異》）

蝗蝝為災，疫繼之。（康熙《沁水縣志》卷一〇《藝文》）

壺關雨雹，靜樂、岢嵐、河曲、潞安、介休、臨縣、陵川、太平、臨汾、靈石、汾西、臨晉、猗氏、大同、武鄉、太谷、定襄、祁縣、五臺、遼、朔、吉、隰州蝗，賑濟有差……交城、徐溝、潞城蝗不食稼。太谷桃李秋花。（光緒《山西通志》卷八六《大事紀》）

大雪三日夜，平地丈餘。（順治《威縣續志·祥異》）

大風拔木。（民國《南和縣志》卷一《災祥》）

大澇。五年，又澇。（康熙《景州志》卷四《災變》）

大雨，澇。（民國《滄縣志》卷一六《大事年表》）

縣境大雨異常，高下盡潦。（光緒《東光縣志》卷一一《祥異》）

夏秋，霪雨。（乾隆《碭山縣志》卷一《祥異》）

秋，余始蒞長邑，適霪雨連綿，洪水暴發，一望汪洋無際，鵲巢倏為蛙舍。（同治《天長縣纂輯志稿·救生堤記》）

淮水秋漲，由北堤入城，官民廬舍圮，人多流散。（康熙《泗州通志》卷三《祥異》）

季秋，大水。（崇禎《嘉興縣纂修啟禎兩朝實錄·災傷》）

秋，大水，平地深三尺，禾苗盡壞，垣屋塌損。（康熙《漢南郡志》卷二《災祥》）

冬，大雪四十日，人死過半。（順治《綏德州志》卷一《災祥》）

冬，大雪，深八九尺，日夜不止凡三日。（乾隆《綏德州直隸州志》卷一《歲徵》）

冬，大雪月餘。（康熙《開州志》卷四《災祥》）

冬，大雪五日夜，澗谷皆平。（嘉慶《密縣志》卷一五《祥異》）

自四年迄五年，咸春夏大旱，秋霖雨，冬大雪，積成荒災，疫病流行。（蕭）學禮加意賑撫，兼備醫藥，所全活甚眾。因雨潦泛溢，洪水嚙城，雉堞陴櫓皆就傾圮。（民國《禹縣志》卷一八《官師》）

四年、五年，復連決荊隆口，直趨張秋，至六年始堵塞。時封城尚無恙。（順治《封邱縣志》卷一《山川》）

四年、六年，黃淮交潰決蘇家嘴新堤，頻年大水。（光緒《淮安府志》卷四〇《雜記》）

四、五、六年，黃淮交潰決蘇家嘴新堤等口，連年大水。（乾隆《山陽縣志》卷一八《祥祲》）

崇禎五年（壬申，一六三二）

正月

己亥朔，大風霾。（《崇禎實錄》卷五，第145頁）

癸亥，威縣紅風晝晦。（《國榷》卷九二，第5584頁）

朔，黃塵四塞。（光緒《永年縣志》卷一九《祥異》）

朔，雷。（乾隆《杞縣志》卷二《祥異》；嘉慶《蕭縣志》卷一八《祥異》；道光《尉氏縣志》卷一《祥異附》）

大雷雨。秋，蝗，蕭、豐諸邑大水，人饑。（同治《徐州府志》卷五下《祥異》）

元旦，雪深四五尺。（光緒《無錫金匱縣志》卷三一《祥異》）

徐州大雷雨。秋，蝗飛越城渡河，禾稼木葉盡，或入人室中，嚙毀衣物。（民國《銅山縣志》卷四《紀事表》）

元，夜，大雷雨。秋，大水，人饑。（光緒《豐縣志》卷一六《災祥》）

朔，大風霾。（康熙《棲霞縣志》卷七《祥異》）

十二日，積雪數尺，風吹天暗，日色慘白無光。（康熙《黃縣志》卷七

《災異》）

　　大風濤。（康熙《儀徵縣志》卷七《祥異》）

　　水。（康熙《永康縣志》卷一〇《祥異》）

　　初二日，杜鵑鳴。（嘉慶《湖口縣志》卷一七《祥異》）

　　元日，雷。（光緒《永城縣志》卷一五《災異》；民國《夏邑縣志》卷九《災異》）

二月

　　木冰。（乾隆《汀州府志》卷四五《祥異》；光緒《長汀縣志》卷三二《祥異》）

　　大風晝晦。（乾隆《杞縣志》卷二《祥異》）

　　自七月起，無雨，火災四起……遂昌旱，自七月至次年二月不雨，蔬不熟，病疫。（雍正《處州府志》卷一六《雜事》）

　　不雨，疫癘大作……十二月二十五日，天雨黑麥。（乾隆《廣信府志》卷一《祥異》）

　　大風晝晦。（道光《尉氏縣志》卷一《祥異附》）

　　大風晝晦。夏，大雨水，平地行舟，水幾沒堤。（民國《夏邑縣志》卷九《災異》）

　　大風晝晦。夏，大雨水。（光緒《永城縣志》卷一五《災異》）

三月

　　初一日夕，紅砂風障天如夜，麥盡傷。（乾隆《邱縣志》卷七《災祥》）

　　大雨雹，麥無粒收。（乾隆《福州府志》卷七四《祥異》）

　　二十一日子時地震，二十日大水，南城基圮〔圯〕，壽寧橋崩，人寓橋上不能脱者以百計。（康熙《寧化縣志》卷七《灾異》）

　　清明，颶風，自北而南，晝晦，屋瓦皆飛，自午至酉方息。（乾隆《西和縣志》卷四《紀異》）

　　清明日，大雹，時行人多凍死道中。（康熙《增城縣志》卷三《事紀》）

十二日，大風黑氣。（崇禎《歷乘》卷一三《災祥》）

清明後大雪，平地二尺許，寒異常，時杏花盛開，木果無實。（光緒《曹縣志》卷一八《災祥》）

夜半，有蛟自湖出，江水湧十丈，壞在港官民船五百餘艘。（嘉慶《東流縣志》卷一五《五行》）

麥將熟，大雨雹如拳，從連江縣治過甫盛山，幾半邑，麥無粒收。（乾隆《長樂縣志》卷一〇《祥異》）

二十日，大水。（康熙《清流縣志》卷一〇《祥異》）

三十日，大水，城傾橋圮，人溺死者甚多。（崇禎《寧化縣志》卷七《祥異》）

二十一日，寧化地震。二十二日，大水，南城基圮，壽寧橋崩。（乾隆《汀州府志》卷四五《祥異》）

四月

丁酉，夜，江寧地震。（《崇禎實錄》卷五，第155頁）

十六日午後，大風自西北來，拔樹發屋，雨雹如雞卵，遍野麥束〔束〕如蓬飛東南，御河、老君堂、趙橋填塞幾滿。是歲，種麥者多無麥，不種麥者有麥。（民國《景縣志》卷一四《故實》）

雨血，自五灶港迤西北去。是年，大荒，米騰貴，民饑。（嘉慶《松江府志》卷八〇《祥異》）

雨血，自五灶港迤西北去。是年，旱，大荒，米價貴，民饑。（光緒《南匯縣志》卷二二《祥異》）

雨血，自五灶港宋家橋迤西北去。是年，旱，大荒，米價貴，民饑。（光緒《南匯縣志》卷二二《祥異》）

春，大水。夏四月，雪，大寒。（嘉慶《商城縣志》卷一四《災祥》）

五月

大雨水，城內東西南三門水深四尺，三日方止。（雍正《惠來縣志》卷

一二《災祥》）

霪雨，至於八月，河溢，傾房舍，民饑。（民國《項城縣志》卷三一《祥異》）

大霖雨，汝水溢，漂廬舍，害禾稼，人多溺死。（咸豐《郟縣志》卷一〇《災異》）

湍、刁兩河泛溢，水侵外城，民多溺死。是年冬，大雪，深者及丈，樹多凍死。（乾隆《鄧州志》卷二四《祥異》）

霪雨，至八月止，河水泛溢。（民國《商水縣志》卷二四《雜事》）

旱，五月至九月不雨，民大疫。（同治《江西新城縣志》卷一《機祥》）

天雨雹。（民國《茌平縣志》卷一一《天災》）

雨雹。（嘉慶《東昌府志》卷三《五行》；民國《莘縣志》卷一二《機異》）

山水暴漲，壞田舍無算。（民國《潛山縣志》卷二九《祥異》）

大雨，水盡淹禾，人多死。（順治《郟縣志》卷一《災祥》）

大雨水，城內東西南三門水深四尺，三日方止。（雍正《惠來縣志》卷一二《災祥》）

夏，大旱。秋，民多疫。（咸豐《興義府志》卷四四《紀年》）

大水，淹沒民居甚多。（崇禎《興寧縣志》卷六《災異》）

自五月不雨，河底皆龜裂。六月望午後，忽大風拔木，屋瓦亂飛，驟雨如注。（崇禎《外岡志》卷二《祥異》）

不雨，至六月廿四。（崇禎《江陰縣志》卷二《災祥》）

至七月，不雨。（光緒《平湖縣志》卷二五《祥異》）

六月

壬申，河決孟津口，橫浸數百里。（《崇禎實錄》卷五，第156頁）

春，旱。六月初二日始雨，至八月中晴，民房塌盡，平地成河，水流百日。（康熙《沂州府志》卷一《災異》）

春，旱。六月初一日始雨，至八月中晴，平地成河，水流百日不止。（康熙《滋陽縣志》卷二《災異》）

春，旱，至六月初一日始雨。（康熙《鄒縣志》卷三《災亂》）

臨高颶風，海水漲溢。（道光《瓊州府志》卷四二《事紀》）

大水，壞民居無算。（光緒《吳川縣志》卷一〇《事略》）

二日，雨雹。六月二十五日，龍風拆屋拔木，水饑。（同治《湖州府志》卷四四《祥異》）

初六日，大雨水漲，漂溺東河下神溝廬舍數百區，男女多溺死者。（民國《翼城縣志》卷一四《祥異》）

初八日至十七日止，淋雨，大浸連山。六月二十一日至七月二十三日不雨，二十四日乃雨。（康熙《安溪縣志》卷一二《災異》）

初八日至十七日淋雨，大浸連山。六月二十一日至七月二十三日不雨，二十四日乃雨。（康熙《南安縣志》卷二〇《雜志》）

自初九霖雨，至十七水溢縣署頭門，壞城垣民舍，傷禾稼人畜甚多。（民國《石城縣志》卷一〇《紀述》）

十九日，大水。先是霖雨十數日，後大雨如注一晝夜，至十九日黃昏水出，平地深二丈餘，漂没人口牲畜廬舍無算。水自東西北三門湧入，西門更甚，十字街東西水相隔僅四十步，城内乘筏往來。較萬曆四十年壬子大水更甚。（順治《襄城縣志》卷七《災祥》）

黃河水決，没田禾。（民國《中牟縣志・祥異》）

大水成災。水不知來自何方，須臾，已深一丈，鄉民爭趨高崗避之，而高崗之水亦深於窪地。城西一望五十里，皆洪濤也。（民國《西華縣續志》卷一《大事記》）

二十日，大水。先是，霖雨十數日，後大雨如注者一晝夜，至二十日卯時，黃水自北來，平地深二丈餘，漂没房屋人口頭畜無算。西門水將進城，州守董殺黑狗祭之，投儀門牌於水中，水勢漸消。是歲秋冬，人多瘧疾傷寒，死者甚眾。（民國《許昌縣志》卷一九《祥異》）

天甚寒，人多衣綿者。是年，大旱。（乾隆《鎮江府志》卷四三

《祥異》）

二十日，黑虹見。（光緒《平湖縣志》卷二五《祥異》）

二十日，大水，自西北來，沙河兩岸水高丈許，傷人漂房，水面漂梁〔樑〕檁、器皿、人畜無數。（乾隆《陳州府志》卷三〇《雜志》）

大水。是月二十四日，水自西北來，沙河兩岸水高丈許，漂没房屋，人畜死者無算。（民國《淮陽縣志》卷八《災異》）

餘干、德興地震。（同治《饒州府志》卷三一《祥異》）

晝，地震。（同治《萬年縣志》卷一二《災異》）

冰雹。（道光《泌陽縣志》卷三《災祥》）

雨，旬日不止，後復大雨三晝夜，河水泛漲，城垣民舍，傾圮幾盡。（康熙《新鄭縣志》卷四《祥異》）

水，河決孟津口，漫溢至杞，東入睢州。（乾隆《杞縣志》卷二《祥異》）

江漢水漲。（同治《鄖陽府志》卷八《祥異》）

甚寒，人多衣棉者。是年，大旱。（光緒《丹徒縣志》卷五八《祥異》）

二十五日，大風雨，傾屋拔木。（光緒《無錫金匱縣志》卷三一《祥異》）

辛巳，大風，拔州城南張武定公祠中樹，樹幾三百年，壞民間廬舍無算。（光緒《通州直隸州志》卷末《祥異》）

大水，田苗盡没。（康熙《雄乘》卷中《祥異》）

黃河浸溢，興工未幾，伏秋水發，復決建義蘇家嘴、新溝等處，直瀉鹽城。高寶漕堤亦潰，興、鹽為壑。海潮復逆衝范公堤，軍民商竈死者無算，流殍載道。（光緒《鹽城縣志》卷一七《祥異》）

大水。（雍正《平陽府志》卷三四《祥異》）

遼東大水。（《清史稿·太宗本紀》，第40頁）

河決曹家口，黑夜水至，溏死人畜無數，潰太行堤凡三處，柳河一鎮全陷，居人無及逃者。（光緒《曹縣志》卷一八《災祥》）

天甚寒，人多衣棉。是年，大旱。（光緒《丹陽縣志》卷三〇《祥異》）

旱，六月祈雨，閉南門一月。（嘉慶《重刊宜興縣舊志》卷末《祥異》）

夏，旱。六月望日，大風拔木。（崇禎《泰州志》卷七《災祥》；嘉慶《東臺縣志》卷七《祥異》）

辛巳，大風，拔張武定公祠中樹，樹幾三百年，并壞廬舍無算。（弘光《州乘資》卷一《機祥》）

山陽蘇家嘴大潰，鹽城、興化、寶應、高郵無不被害。（民國《寶應縣志》卷五《水旱》）

二十二日，暴雨徹夜，黃河泛溢，平地水深二丈，岡阜潭没，其中有聲如銅鼓不絕，傳曰"龍鳴"。（道光《尉氏縣志》卷一《祥異附》）

大雨如注，經旬不止，河水泛漲，平地浪高丈餘，漁舟遊樹梢之上，直抵城門，半月不退。城半傾，四鄉房屋禾黍盡為污泥，人畜潭死大半。知縣柴懋掄繪圖作歌，立請蠲賑，遺黎得蘇。（順治《沈丘縣志》卷一三《災祥》）

大水，不知來自何方，須臾之頃，深可一丈。鄉民爭趨高岡避之，而高岡之水又時或深於窪下，城西一望五十里皆洪濤也。（乾隆《陳州府志》卷三〇《雜志》）

河決孟津口，橫溢數百里。六月廿二日水至鄢陵，漂没衝激，城不没者數版。（順治《鄢陵縣志》卷九《祥異》）

大雨，河水暴漲，禾稼漂没，民皆巢居。是歲，大饑。（康熙《長葛縣志》卷一《災祥》）

二十二日，洪水泛漲，湮没廬舍無數。是冬，大饑，土寇竊發。（民國《重修臨潁縣志》卷一三《災祥》）

雨冰雹，大如碗，小如卵。（乾隆《唐縣志》卷一《災祥》）

二十五日，湍河水□四十餘日，沿河廬舍盡湮，平地水深數尺。（康熙《內鄉縣志》卷一一《災祥》）

大水，壞民居無算。六月十五日雨，至二十夜大潦，船至吳川縣署照牆，淹死禾苗人畜，棺流滿河。先是，辛未五六月，海邊出蛇滿岸，每竅一頭，大如臂，長數尺。古云：海道失經，龍蛇走陸。意水災先兆於此。（光緒《高州府志》卷四八《事紀》）

二十八日，颶風大作，牛馬立不安足，海漲，沒廬舍，傷禾稼。（民國《臨高縣志》卷三《災祥》）

春，旱。六月雨，至八月。（民國《禹縣志》卷二《大事記》）

六、七月連雨，白波如山，人至巢居。（雍正《通許縣志》卷一一《祲祥》）

大雨，六月至七月四十餘日方止，房垣盡頹毀。（乾隆《湯陰縣志》卷一〇《雜志》）

雨，至八月，城覆於隍。（乾隆《禹州志》卷一三《災祥》）

大水，湮沒村落，頹毀城垣十之五。次年癸酉夏，大疫。（康熙《汝州全志》卷七《祥異》）

雨，自六月至於秋九月，禾稼大傷。（光緒《臨朐縣志》卷一〇《大事表》）

七月

十四，大水，水及縣之儀門。（道光《遂溪縣志》卷二《紀事》）

颶風。（民國《石城縣志》卷一〇《紀述》）

暴雨三晝夜，田禾盡沒。（道光《重修博興縣志》卷一三《祥異》）

大雨四十日，敗屋，水決鹽池。（民國《解縣志》卷一三《舊聞考》）

大雨三旬，害稼敗屋，水決鹽池。（乾隆《解州安邑縣運城志》卷一一《祥異》）

無雨，火災四起。（同治《麗水縣志》卷一四《災祥附》）

十七日夜半，長沙地大震，瀏陽如之。十月十四日，又震。（乾隆《長沙府志》卷三七《災祥》）

十七日夜半，長、衡二屬地大震，屋搖動，有聲如濤，訛言地將沈，民大恐。冬十月二十四日，地震三次。（同治《瀏陽縣志》卷一四《祥異》）

前江十都地潮，水曲割竟，通夏蓋湖，鹹水直注餘姚。（光緒《上虞縣志》卷三八《祥異》）

大水。時霪雨兩月，洪濤驟入城門，郊村溺死者甚眾。（乾隆《潁州府志》卷一〇《祥異》）

十四日，遂溪縣大水，及縣之儀門。（康熙《雷州府志》卷一《沿革》）

羅次旱，七月方雨。（康熙《雲南府志》卷二五《祥異》）

七、八月，霪雨四十日，秋無禾。（民國《芮城縣志》卷一四《祥異考》）

七月至八月，霪雨四十餘日，平地深三尺，城垣圮損大半，民房官舍倒壞無數，田苗盡傷，甚之山崩地裂。黃河水漲，東至胡村，西至辛莊，浸溢南城，不没者數版。十月，草木復芽，桃李開花。（康熙《垣曲縣志》卷一二《災荒》）

自七月起無雨，火災四起。（崇禎《處州府志》卷一八《災眚》）

遂昌大旱，自七月不雨至次年二月。（康熙《浙江通志》卷二《祥異附》）

旱。自七月至次年二月不雨，蔬不熟，多病疫。（康熙《遂昌縣志》卷一〇《災眚》）

八月

丙寅朔，天壽山大雨，水衝損慶陵寶頂。（《崇禎實錄》卷五，第157頁）

風雨拔樹。（光緒《蠡縣志》卷八《災祥》）

霪雨，大水，平地操舟。（康熙《汝陽縣志》卷五《機祥》）

大風拔木。（同治《鄖陽府志》卷八《祥異》；同治《房縣志》卷六《事紀》）

峽江大水。（同治《宜昌府志》卷一《祥異》；同治《續修東湖縣志》卷二《天文》）

河溢，宿遷被災，命撫按議賑恤。（同治《宿遷縣志》卷三《紀事沿革表》）

又大雨雹。（民國《茌平縣志》卷一一《天災》）

雨雹，大水滔天，傷禾甚多。（民國《莘縣志》卷一二《機異》）

又雨雹。（嘉慶《東昌府志》卷三《五行》）

大水。（嘉慶《巴陵縣志》卷二九《事紀》）

大雨雹，寒，有凍死者。（康熙《永平府志》卷三《災祥》）

癸未，直隸巡按饒京疏報黃河漫漲，泗州、虹縣、宿遷、桃源、沭陽、贛榆、山陽、清河、邳州、睢寧、鹽城、安東、海州、盱眙、臨淮、高郵、興化、寶應諸州縣盡為淹沒。（光緒《盱眙縣志稿》卷一四《祥祲》）

淮再決，漂禾稼。（崇禎《泰州志》卷七《災祥》）

旱。八月大水至十月。松樹枯，竹盡開花死。（康熙《岳州府志》卷二《祥異》）

杭、嘉、湖三府自八月至十月，七旬不雨。（光緒《嘉興府志》卷三五《祥異》）

自八月至十月七旬不雨。（乾隆《杭州府志》卷五六《祥異》）

至十月七旬不雨。二十七日，埃霧四塞，日赤無光。（光緒《嘉善縣志》卷三四《祥眚》）

九月

壬申，西安縣雨穀，其粒長於常稻。（《崇禎實錄》卷五，第159頁）

順天二十七縣霪雨害稼。十二月癸酉，命順天府祈雪。（《明史·五行志》，第475頁）

雨黑子，如粟。（乾隆《長沙府志》卷三七《災祥》；乾隆《湘陰縣志》卷一六《祥異》）

丙子，秋，蝗食禾。（光緒《交城縣志》卷一《祥異》）

衡州雨黑水。（乾隆《清泉縣志》卷三五《事紀》）

旱。（康熙《高要縣志》卷一《事紀》）

十月

二十五日，天雨黑麥。（同治《廣信府志》卷一《星野》）

天雨黑水。（乾隆《南安府大庾縣志》卷一《祥異》；同治《南安府志》卷二九《祥異》）

二十七日，埃霧四塞，日赤無光。（光緒《嘉興府志》卷三五《祥異》）

大水。（同治《鍾祥縣志》卷一七《祥異》）

十一月

雷。（同治《隨州志》卷一七《祥異》）

十四日酉刻，有黑氣如虹，自坤達艮，長竟天，數刻始盡。（同治《嘉興府志》卷三五《祥異》）

十二月

戊辰，御史吳甡言："河決浸及祖陵，命責河道尚書朱光祚勘聞，即督守臣脩築。"明年以運河淺阻，削一級，尋罷。（《崇禎實錄》卷五，第160頁）

天雨穀，黑色，遍地，可食，人多拾之至數斗。（民國《分宜縣志》卷一六《祥異》）

初二日，雨黑穀，可食，有拾至數斗者。（民國《萬載縣志》卷一《祥異》）

二、三、八日并大雪。自元年以後無雪，歲每不登，人皆稱瑞。（崇禎《吳縣志》卷一一《祥異》）

余住西湖。大雪三日，湖中人鳥聲俱絕。是日，更定矣，余拏一小舟，擁毳衣爐火，獨往湖心亭看雪。霧淞沆碭，天與雲、與山、與水，上下一白。湖上影子，惟長堤一痕、湖心亭一點，與余舟一芥。舟中人兩三粒而已〔已〕。（《陶庵夢憶》卷三）

天雨穀，黑色，遍地，可食，人多拾之至數斗者。（康熙《宜春縣志》

卷一《災祥》）

襄陽地震。（同治《宜城縣志》卷一〇《祥異》）

地震。（道光《龍巖州志》卷二〇《雜記》）

除夜，雷雨電雹，七里鋪地方有龍自樹中出。（崇禎《鄆城縣志》卷七《災祥》）

是年

春，旱。（嘉慶《延安府志》卷六《大事表》）

春，旱。夏，地震。（道光《安定縣志》卷一《災祥》）

春，旱，至六月初一日始雨。（康熙《鄒縣志》卷三《災亂》）

夏，大水。（康熙《惠州府志》卷五《郡事》；乾隆《潮州府志》卷一一《災祥》；嘉慶《三水縣志》卷一三《災祥》）

夏，大雨傷禾，平地水深一二尺。（順治《虞城縣志》卷八《災祥》；光緒《虞城縣志》卷一〇《災祥》）

夏，旱。（嘉慶《巴陵縣志》卷二九《事紀》）

夏，地震。（嘉慶《延安府志》卷六《大事表》）

大水。（康熙《澂江府志》卷一六《災祥》；道光《章邱縣志》卷一《祥異》；同治《潁上縣志》卷一二《祥異》；同治《葉縣志》卷七《宦志》；光緒《蠡縣志》卷八《災祥》；光緒《壽張縣志》卷一〇《雜事》；民國《鄆城縣記》第五《大事篇》；民國《文安縣志》卷終《志餘》；民國《太和縣志》卷一二《災祥》）

霖雨四十餘日，損屋害稼，道路成巨浸。（乾隆《蒲州府志》卷二三《事紀》）

大風雨拔木。（光緒《保定府志》卷四〇《祥異》）

大水為災。（民國《安次縣志》卷一《地理》）

順天二十七縣霪雨害稼。（民國《順義縣志》卷一六《雜事記》）

又水。（民國《景縣志》卷一四《故實》）

地震，大風拔樹。（乾隆《竹山縣志》卷二五《紀異》）

襄屬漢水溢，平地高二尺，傷稼。（同治《宜城縣志》卷一〇
《祥異》）

旱，大饑，米穀騰貴。（同治《上海縣志》卷三〇《祥異》；光緒《川
沙廳志》卷一四《祥異》）

北水大漲，上下河田盡淹。（嘉慶《高郵州志》卷一二《雜類》）

弋陽兩月不雨，疫癘大作。（同治《廣信府志》卷一《星野》）

大旱。（光緒《上虞縣志》卷三八《祥異》；民國《萬載縣志》卷一
《祥異》）

恒雨，傷稼。（康熙《益都縣志》卷一〇《祥異》）

雨黑豆。（同治《長興縣志》卷九《災祥》；光緒《歸安縣志》卷二七
《祥異》；民國《德清縣新志》卷一三《雜志》）

大水，傷禾。（光緒《洋縣志》卷一《紀事沿革表》）

雨黑豆。自八月至十月，七旬不雨。（同治《湖州府志》卷四四
《祥異》）

旱，歲饑。（光緒《桐鄉縣志》卷二〇《祥異》）

房竹地震。（康熙《湖廣鄖陽縣志》卷二《祥異》）

竹谿地震，牆屋多傾，竹山亦地震。（同治《鄖陽府志》卷八《祥異》）

夏秋，大旱。（光緒《海鹽縣志》卷一三《祥異考》）

淫雨，自夏至秋，平地行舟。（康熙《商丘縣志》卷三《災祥》）

秋，陝州霪雨四十日，靁雨二晝夜，民屋傾壞大半，黃河漲溢，至上河
頭街河神廟没。（民國《陝縣志》卷一《大事紀》）

秋，霪雨。（乾隆《曲阜縣志》卷三〇《通編》；民國《確山縣志》卷
二〇《大事記》）

秋，漢水溢，傷稼。（光緒《光化縣志》卷八《祥異》）

秋，淫雨害稼，兩月不止。（同治《陽城縣志》卷一八《兵祥》）

秋，霪雨四十餘日。（民國《平民縣志》卷四《災祥》）

秋，有蝗。蕭、豐諸邑大水，人饑。（嘉慶《蕭縣志》卷一八
《祥異》）

秋，復決東門等口，衝塌廬墓無算，蠲免錢粮。（光緒《安東縣志》卷五《民賦下》）

秋，地震。（民國《分宜縣志》卷一六《祥異》）

冬，降雪一十三日，深丈許。（民國《永和縣志》卷一四《祥異》）

冬，天雨粟。（光緒《遂昌縣志》卷一二《災祥》）

春，方幸水已盡涸，農事可興，又多方招撫流移。七月十五日以後穀已將成，北河潰，數日内水深一丈六尺，災更甚於去年。（康熙《興化縣志》卷一三《藝文》）

春，大水。（順治《潁州志》卷一《郡紀》；嘉慶《息縣志》卷八《災異》；光緒《亳州志》卷一九《祥異》）

夏，安南大旱。秋，疫。（咸豐《興義府志》卷四四《紀年》）

夏，博羅、興寗大水。（光緒《惠州府志》卷一七《郡事上》）

夏，大水，傷禾。（乾隆《重修鎮平縣志》卷六《藝文》）

夏，大風雨，城傾倒五十餘丈，并馬路城腳。（嘉慶《潮陽縣志》卷三《城池》）

夏，縣大旱。松樹皆枯，竹盡開花死。（乾隆《平江縣志》卷二四《事紀》）

夏，淫雨六十日夜，陵谷變遷，屋垌傾圮。（嘉慶《密縣志》卷一五《祥異》）

夏，雨黑米，味如炒麻。大饑。（民國《南豐縣志》卷一二《祥異》）

颶風，（城隍廟）圮為平地。（光緒《澄邁縣志》卷二《壇廟》）

天鳴地震。（嘉慶《沅江縣志》卷二二《祥異》）

雨黑水。（嘉慶《安仁縣志》卷一三《災異》；嘉慶《臨武縣志》卷四五《祥異》）

因城北消溪連旬暴漲，決便河堤，嚙城甃，東北郭外悉為澤國。（民國《南漳縣志》卷一三《職官》）

大水，漂溺室廬畜産殆盡。（乾隆《漢陽縣志》卷四《祥異》）

大水泛溢，漂没室廬畜物殆盡。（同治《漢川縣志》卷一四《祥祲》）

霪雨，無禾。（道光《寶豐縣志》卷一六《災異》）

霪雨彌月，西北山水暴溢，北有黃流泛濫，并注于葛，瀕河廬舍漂没，居民葬于魚腹者不知凡幾。此葛邑之一大變遷也。洎河自此北徙，南逼城濠，直流東下。（康熙《長葛縣志》卷一《河防》）

大霖雨，城垣盡圮。（嘉慶《魯山縣志》卷二六《大事記》）

有龍降於城西七里村，陸行拔樹，移時始起。是年，大水。（順治《鄢城縣志》卷八《祥異》）

河決孟津口，大水橫溢，浸及城闉。邑令新任，乘船進東門。（乾隆《陳州府志》卷三〇《祥異》）

因河淹没田禾，發帑金賑濟。（康熙《延津縣志》卷七《賑荒》）

黃河水決，自中牟來，泛濫滔天，城門民舍俱圮，田禾湮没殆盡。（乾隆《洧川縣志》卷七《祥異》）

旱災。（康熙《休寧縣志》卷三《郵政》）

大雨，淮漲，城市水深數尺。（康熙《五河縣志》卷一《祥異》）

旱。（道光《巢縣志》卷一七《祥異》；光緒《合肥縣志·祥異》）

雨黑豆……饑。（光緒《烏程縣志》卷二七《祥異》）

河溢，宿、桃等縣被患。（民國《泗陽縣志》卷九《河渠》）

以旱災蠲逋賦十萬餘兩。（康熙《江南通志》卷二三《蠲卹》）

秦大饑。韓城令左懋第自五年冬來，會無雪，春雨遲，遂無麥。夏又雨少，秋霜早，殺穀無禾。六年冬，又無雪，麥子不入地。七年春，又不雨，韓大饑。自十有一月至於六月，民嗷嗷不能哺者萬計，僅餬口者千計，食充腹者百計。（乾隆《韓城縣志》卷一二《藝文》）

大雨兩旬。（民國《肥鄉縣志》卷三八《災祥》）

旱，蝗飛掩日，橫占十餘里，樹葉禾稼俱盡。（民國《交河縣志》卷一〇《祥異》）

夏秋，大旱，稼歉收，米貴。至冬河涸，舟楫不通，井泉俱竭，販夫擔河水貿錢供爨。（崇禎《吳縣志》卷一一《祥異》）

秋，漢水大溢，傷稼，平地高二尺，樊城行舡。冬饑，鄉人屑榆而食。

（順治《襄陽府志》卷一九《災祥》）

秋，霆雨傷稼。（光緒《鹿邑縣志》卷六下《民賦》）

秋，陝州霆雨四十日，霆雨二晝夜，民屋傾壞大半，黃河漲溢，上河村河神廟没。（光緒《陝州直隷州志》卷一《祥異》）

秋，霆雨彌月。冬，大雪，以風，溝壑皆平。（乾隆《濟源縣志》卷一《祥異》）

秋，淫雨殺稼。（乾隆《陽武縣志》卷一二《災祥》）

秋，霆雨彌月，壞民屋舍。雨雹害稼，傷人。（民國《孟縣志》卷一〇《祥異》）

秋，大雨，大水傷禾。（光緒《柘城縣志》卷一〇《災祥》）

秋，旱。（光緒《溧水縣志》卷一《庶徵》）

秋，大水。（康熙《嶧縣志》卷二《災祥》；乾隆《新泰縣志》卷七《災祥》）

秋，大風。（順治《饒陽縣後志》卷五《事紀》）

秋，霆雨兩月不止，害稼。（順治《陽城縣志》卷七《祥異》）

秋，雨，城頹十之四五，知州楊殿元補築。（崇禎《乾州志》卷上《城池》）

蒲州、芮城、安邑、垣曲、陽城雨害稼。（雍正《山西通志》卷一六三《祥異》）

秋，大水，有蝗，人饑。（乾隆《碭山縣志》卷一《祥異》）

冬，雨，木冰。（雍正《建平縣志》卷三《祥異》）

冬，邑張明弼家小樓屋瓦濃霜，皆成花卉草木之狀。（民國《金壇縣志》卷一二《祥異》）

崇禎六年（癸酉，一六三三）

正月

甲午（疑當作"癸巳"）朔，大風霾，日生兩珥。（《崇禎實録》卷六，

第 163 頁）

庚子，運舟出天津海口，颶風盡覆。（《崇禎實錄》卷六，第 164 頁）

辛亥，京師大雪，深二尺餘。（《國榷》卷九二，第 5602 頁）

壬戌，大風霾。（《國榷》卷九二，第 5603 頁）

龍巖、漳平大雨雪。（道光《龍巖州志》卷二〇《雜記》）

十五日元夕，人方鼓吹歌唱，忽狂飆大作，風氣怒號，州治西北城一帶，城垛半有吹頹傾者，飄城樓瓦如葉。（光緒《道州志》卷一二《祥異》）

道州大風摧城。（道光《永州府志》卷一七《事紀畧》）

壬寅至丁未，大風。丁未酉時，雨雹。戊申卯時，雨雹。己未未時，雨雹。（弘光《州乘資》卷一《機祥》）

二月

戊子，山海關永平大雨水，壞城郭、田舍、人畜亡筭。（《崇禎實錄》卷六，第 165 頁）

十二日，大風拔木。（咸豐《順德縣志》卷三一《前事畧》）

戊子，山海關永平大雨，水壞城郭田舍人畜亡算。（民國《盧龍縣志》卷二三《史事》）

雨沙。（乾隆《婁縣志》卷一五《祥異》；嘉慶《松江府志》卷八〇《祥異》；光緒《重修華亭縣志》卷二三《祥異》；光緒《川沙廳志》卷一四《祥異》）

七日，雨雹。（康熙《蘇州府志》卷二《祥異》；乾隆《吳江縣志》卷四〇《災變》；乾隆《震澤縣志》卷二七《災祥》）

雨雹。（同治《贛縣志》卷五三《祥異》；光緒《烏程縣志》卷二七《祥異》）

七日，旱天雨雹，三春俱旱。（崇禎《吳縣志》卷一一《祥異》）

辛卯至五月丁未，大旱，河皆龜坼，民饑。（弘光《州乘資》卷一《機祥》）

十三日，大風拔木。（宣統《南海縣志》卷二《前事補》）

三月

辛卯，大風拔木。（崇禎《嘉興縣纂修啟禎兩朝實録·祥異》）

末旬，旱，至九月十三日方雨。（康熙《新淦縣志》卷五《歲眚》）

不雨，播種違時。（嘉慶《沅江縣志》卷二二《祥異》）

四月

黑風晝晦。（民國《故城縣志》卷一《紀事》）

大水。（乾隆《潮州府志》卷一一《災祥》；民國《萬載縣志》卷一《祥異》）

黑風晝晦，飄刈麥無存。（民國《德縣志》卷二《紀事》）

初五，平越晝晦三日。（光緒《平越直隸州志》卷一《祥異》）

初九日，驟風猛雨，内有雪雹如珠。（乾隆《漵浦縣志》卷九《祥異》）

初十日，颶風四起，城内火災數百家。（康熙《瀏陽縣志》卷九《災異》）

十六日未時，黑風晝晦，村村刈麥飄颺，無存者。（康熙《德州志》卷一〇《紀事》）

夏庄鎮週近三十裡大冰雹，二麦春禾一空。（康熙《郯城縣志》卷九《災祥》）

丁亥至五月癸巳，大風。（弘光《州乘資》卷一《機祥》）

五月

壬子，時又大雨。（《崇禎實録》卷六，第 174 頁）

颶又作，潮溢。（民國《崇明縣志》卷一七《災異》）

初五、六兩日，有青色虹十數自東至西，其長竟天。是月，颶風不息，海潮泛濫。（乾隆《崇明縣志》卷一三《祲祥》）

大雨雹，如雞子，樹枝委折，屋瓦皆碎。（光緒《六安州志》卷五五《祥異》）

雨雹如杵，毀房折木。（康熙《開州志》卷四《災祥》）

大水，漂蕩民房百餘間。（乾隆《嘉應州志》卷一二《災祥》）

至九月，一百一十日不雨，大旱，米價騰甚。（康熙《都昌縣志》卷一〇《災祥》）

六月

甲申，河南大旱，密縣民婦生旱魃，澆之，乃雨。（《崇禎實錄》卷六，第 176 頁）

河北水溢，潞没田舍，歲除夜雷電，雨。（民國《大名縣志》卷二六《祥異》）

二十五日，大風雨，江漲，淹死人畜，漂没盧舍，不可勝計，歲大祲。（光緒《靖江縣志》卷八《祲祥》）

二十五日，大雨雹，壞民盧。（民國《崇明縣志》卷一七《災異》）

大雨，水深尺餘，低田淹没，民居傾塌，溝渠充滿。（民國《南宮縣志》卷二五《雜志》）

二十五日，怪風大雨，城中石牌坊塌倒甚多。（光緒《崑新兩縣續修合志》卷五一《祥異》）

二十五日，大風雨，拔木毀屋。（光緒《無錫金匱縣志》卷三一《祥異》）

二十五日寅時，起烈風，至午愈烈，怪雨傾注，水驟盈丈，壞盧舍。（乾隆《震澤縣志》卷二七《災祥》）

二十五日，烈風猛雨，圩岸衝坍，飄溺人畜田禾，瀕江尤甚。（道光《江陰縣志》卷八《祥異》）

二十五日，龍見，風大作，發屋拔木。（光緒《嘉興府志》卷三五《祥異》）

二十五日，大風，發屋拔木。（光緒《桐鄉縣志》卷二〇《祥異》）

二十五日，大風雨，江漲，淹死人畜，漂没廬舍，不可勝計，歲大祲。（光緒《靖江縣志》卷八《祲祥》）

颶風，雨如注。旬日，民廬倒坍，外洋防海戰船漂没破壞八九，巡兵沈溺不計其數。自元年以來，無歲不遭颶風之變，是歲尤烈，咸云孽龍為祟。（光緒《鎮海縣志》卷三七《祥異》）

二十五日，大風拔木，學宫圮，石坊倒者十有三，居舍咸毀。（光緒《平湖縣志》卷二五《祥異》）

二十五日，有白龍鬬，怒風怪雨，垣摧屋壓，合抱之木，斷如拉朽。是年，棉花每斤價五分，從來所無。（崇禎《外岡志》卷二《祥異》）

颶風不息，二十四日稍止，二十五日又大風雨雹，民房損壞。（乾隆《崇明縣志》卷一三《祲祥》）

二十五日寅初，起烈風，至午愈烈，怪雨傾注，水驟盈丈。行橋樑者吹入水溺死；繫舟者與岸相擊，分寸裂；城垛崩陷，石坊墜折，公署、學宫、寺院坍塌，民居大壞，壓死者甚眾。至旦日辰而息，諸山大木盡拔。（康熙《蘇州府志》卷二《祥異》）

二十五日五更，起狂風怪雨，至午風愈烈，雨愈傾，喬木盡拔，學宫、寺院皆頹裂，坊杆墜折，倒屋圮垣無算，城垛亦崩陷，瑞光塔頂墜毀。秋，又旱，高鄉歉收穫。（崇禎《吳縣志》卷一一《祥異》）

二十五日，早起大風雨，至半夜止，水湧二尺有半，數年中所未經之變也。（乾隆《海虞別乘·災祥》）

二十五日寅時，起烈風，至午愈烈，怪雨傾注，水驟盈丈，壞廬舍，周忠毅石坊亦倒。（乾隆《吳江縣志》卷四〇《災變》）

風災，是月二十五日驟雨傾注，屋瓦蓬飛，壓覆死傷者無算，樓崩，鐘陷入地五寸。（康熙《武進縣志》卷三《災祥》）

水。六月二十五日，大風雨，江水橫溢，溺死者無算。（崇禎《泰州志》卷七《災祥》）

二十五日，大風雨，江漲，淹死人畜，漂没屋舍不可勝計。（咸豐《靖江縣志稿》卷二《祲祥》）

二十三日，決塌橋等口。（雍正《安東縣志》卷一五《祥異》）

二十三日，大風雨，海溢，壞獨山石塘，內河水醎不能食。（道光《乍浦備志》卷一〇《祥異》）

大風雨，拔木傷稼。（光緒《贛榆縣志》卷一七《祥異》）

二十五日，龍見，風大作，發屋拔木，石碑坊表飛去數武，覆舟無數。蟲傷稼。（康熙《秀水縣志》卷七《祥異》）

二十五日，大風拔木，學宮圮，石坊倒者十有三，居舍咸毀。（光緒《平湖縣志》卷一〇《災祥》）

二十五日，龍風，折屋拔木。（光緒《烏程縣志》卷二十《祥異》）

颶風，雨如注旬日，民廬倒坍。外洋防海戰船漂沒破壞八九，巡兵沈溺不計其數。自元年以來，無歲不遭颶風之變，是歲尤烈，咸云蟄龍為祟。（光緒《鎮海縣志》卷三七《祥異》）

三十，夜，大街錢宅失火……灾及利涉橋，乃以舟渡，旋造浮橋。纔兩月，又為水壞。（康熙《泰寧縣志》卷三《祥異》）

大風拔木。（民國《寧鄉縣志·故事編》）

庚辰至七月壬辰，大風。（弘光《州乘資》卷一《機祥》）

至秋九月，大旱。（民國《萬載縣志》卷一《祥異》）

七月

辛卯朔，大風拔木。（《崇禎實錄》卷六，第 176 頁）

丙午，大風雨傷禾稼，壞廬舍。（乾隆《婁縣志》卷一五《祥異》；嘉慶《松江府志》卷八〇《祥異》）

丙午，大風雨，傷禾稼，壞廬舍。（光緒《重修華亭縣志》卷二三《祥異》）

二十四日，颶風，飛沙走石拔木，壞民居。（光緒《嘉善縣志》卷三四《祥眚》）

初二日申時，雷擊水南宮，三柱皆裂。（道光《新修羅源縣志》卷二九《祥異》）

二十一日，啟明星隱伏，數日不見。（道光《高要縣志》卷一〇《前事》）

大旱。秋七月，大風拔木。（雍正《邱縣志》卷七《災祥》）

大風拔木。（乾隆《東昌府志》卷三《總紀》）

大風雨傷禾稼，壞廬舍。（光緒《川沙廳志》卷一四《祥異》）

二十五日，夜，有白虹貫天，至二十七日没。（乾隆《崇明縣志》卷一三《褆祥》）

平樂、梧州、南寧、思恩大水。宣化縣水灌入城，漂流近河民舍。（雍正《廣西通志》卷三《機祥》）

大水。（嘉慶《永安州志》卷四《祥異》；光緒《平樂縣志》卷九《災異》；宣統《南寧府志》卷三九《祥異》；民國《昭平縣志》卷七《祥異》）

八月

辛巳，湖廣大旱。（《國榷》卷九二，第 5616 頁）

一日三潮。（民國《南匯縣續志》卷二二《祥異》）

州西北大風，甘露河水盡括至連家橋，吹鄉人張姓車牛起半空，移時方落。（光緒《菏澤縣志》卷一八《雜記》）

初九，大雨烈風，舟覆，溺死者無數。每日午時天響，凡兩月。（嘉慶《沅江縣志》卷二二《祥異》）

十五、六兩日，颶風，潮湧，沿海居民盡溺，田禾無遺。（康熙《崇明縣志》卷七《褆祥》）

秋，大旱。秋八月，生青蟲，結稻如展被，田中牽連作片。（光緒《金壇縣志》卷一五《祥異》）

隕霜。歲大歉。（康熙《遂昌縣志》卷一〇《災眚》）

不雨，知縣王至章竭誠禱于龍潭，大雨隨注。時不雨一月，民情危懼，值知縣王至章有事棘闈，比撤棘還邑，乃露禱郊壇，復親詣龍潭祭告，雨遂如注，竟獲有秋。（崇禎《從化縣志》卷八《災祥》）

湄潭蝦蟆數萬匝城外，一日夜忽散。（乾隆《貴州通志》卷一

《祥異》)

至七年四月，不雨，大饑。(民國《臨縣志》卷三《大事譜》)

至明年四月不雨，大饑，民相食。(康熙《汾陽縣志》卷七《災祥》)

九月

辛卯，申時，有四天馬，白色，後隨小駒一，銀褐色，由橫山騰空，自東北向西南，越丹陽湖，往甯國去。丁未，大風異常，飄瓦折樹，人不能立。先是，旱兩月，禾乾死。至初九雨浹旬，晚禾薄有存者。至是，盡爲風所隕，無遺粒，農夫束手對泣，歲大饑。(康熙《太平府志》卷二《祥異》)

地震。(光緒《蠡縣志》卷八《災祥》；光緒《保定府志》卷四〇《祥異》)

旱。(道光《肇慶府志》卷二二《事紀》；道光《高要縣志》卷一〇《前事》)

十八日，風，復作如前。(光緒《無錫金匱縣志》卷三一《祥異》)

二十八日，風災，田禾若掃。(道光《江陰縣志》卷八《祥異》)

大雪。(乾隆《新泰縣志》卷七《災祥》)

十月

甲子，登州雨雹。(《崇禎實錄》卷六，第 179 頁)

天降青紅氣一股，自西南，霪雨彌月。(民國《陝縣志》卷一《大事紀》)

十三日，夜，地震。十二月十五日，又震。(光緒《階州直隸州續志》卷一九《祥異》)

黃河結堅冰如石，丁卯（初八日）流賊渡河。黃河，水最悍者也，自龍門而下，其流湍激，雖嚴冬不能結。是歲自冬歷春，冰堅如石。流賊二十餘支，乘冰竟渡，若不知有黃河者。(《豫變紀略》卷二)

天降青紅氣一股，自西南。霪雨彌月。(順治《閿鄉縣志》卷一《星野》)

黄河堅結冰如石。流賊自晉渡河，擾新安北境。（民國《新安縣志》卷一《大事記》）

積雪，自十月至次年正月，行路斷絕，凍綏死者無算。（嘉慶《番郡璨録》卷二《祥異》）

十一月

甲辰，洮州衛地震。（《崇禎實録》卷六，184 頁）

地震，城堞皆崩，房屋傾頹，壓斃居民王孟講等三十餘人。（乾隆《西和縣志》卷四《紀異》）

十二月

丁亥，大風雪雷電。（《國榷》卷九二，第 5623 頁）

晦，大雷電。（光緒《永年縣志》卷一九《祥異》）

二十八日，晡，天復響。（嘉慶《沅江縣志》卷二二《祥異》）

除夕，雷電雨雹。（光緒《壽張縣志》卷一〇《雜事》；光緒《開州志》卷一《祥異》）

除夜，雷電暴雨。（乾隆《東明縣志》卷七《灾祥》）

歲除夜，雷電，雨雹。（康熙《元城縣志》卷一《年紀》）

除日，大雷電，風雪。（康熙《永年縣志》卷一八《灾祥》）

三十日夜，西北雷電交作，去城二十里，雨雹三尺許。（雍正《邱縣志》卷七《灾祥》；乾隆《東昌府志》卷三《總紀》）

除夕，大風掣電，雷震聲烈異常。（民國《肥鄉縣志》卷三八《灾祥》）

除夜，雷雨電雹。（光緒《鄆城縣志》卷九《灾祥》）

河冰結。（道光《輝縣志》卷一五《藝文》）

除日，初昏時，大雨雷電交作。（乾隆《湯陰縣志》卷一〇《雜志》）

晦，黑雲彌漫，雷電交作，大雨如注，移時才方霽。（道光《鄢陵縣志》一四《祥異》）

黄河冰堅，賊擾鄉寧，無食，夜踏冰由船窩（疑賞作“竊”）渡。七年

二月，賊乃踏冰由老鴉坡渡河道。（乾隆《同州府志》卷一七《藝文》）

是年

春，雨雹。夏四月，大水。秋，旱。（乾隆《潮州府志》卷一一《災祥》）

春，饑，人食榆皮石面。夏，大風冰雹，拔樹飛屋，城中石坊廬舍倒壞。（順治《襄陽府志》卷一九《災祥》）

春，旱甚，民艱於食。（乾隆《解州芮城縣志》卷一一《祥異》）

春，旱。（康熙《蘇州府志》卷二《祥異》）

春，芮城、平陸、遼、沁、絳大饑，發帑賑濟。秋，臨縣、壺關、臨汾、太平、蒲縣、臨晉、安邑、汾西、永和、蒲、隰大旱，民饑。（雍正《山西通志》卷一六三《祥異》）

春夏，大水。秋，大風。歲荒。（民國《龍門縣志》卷一七《縣事》）

夏，麥未登。秋，大旱。（光緒《永濟縣志》卷二三《事紀》）

夏，大旱。（嘉慶《密縣志》卷一五《祥異》；光緒《月浦志》卷一〇《祥異》）

夏，霪雨彌月。（乾隆《新泰縣志》卷七《災祥》）

夏，旱。秋，無禾。冬，大饑，民食樹皮俱盡，搗石爲麫食之，頭面發腫死。（雍正《鳳翔縣志》卷一〇《災異》）

夏，大旱，清理獄囚，上步禱南郊，回鑾，大雨，畿內霑足。（《崇禎遺録》）

夏，旱。秋，城北門壞。（嘉慶《巴陵縣志》卷二九《事紀》）

夏，大風冰雹，飄磚拔屋。（順治《襄陽府志》卷一九《災祥》）

夏，旱。（康熙《開封府志》卷三九《祥異》）

夏，雨黑粟。（康熙《豐城縣志》卷一《邑志》）

日出没，恒多赤氣，非煙非霧，經久不解。（光緒《柘城縣志》卷一〇《災祥》）

大水，湮没城垣。次年，遷城。（康熙《雲南通志》卷二八《災祥》）

旱魃為虐，自春徂夏，芽甲不暢，幾失有秋之望，人情洶洶。（民國《長壽縣志》卷一五《文徵》）

大水灌城，漂沒田廬。（乾隆《橫州志》卷二《菑祥》）

大水。（康熙《鎮平縣志》卷下《災祥》；乾隆《新鄉縣志》卷二八《祥異》；乾隆《潮州府志》卷一一《災祥》；嘉慶《澄海縣志》卷五《災祥》；嘉慶《高郵州志》卷一二《雜類》；道光《西鄉縣志》卷四《祥異》；光緒《城固縣志》卷二《災異》；光緒《定遠廳志》卷二四《五行》；民國《漢南續修郡志》卷二三《祥異》）

平茶山所，水漲奔，民居漂沒，溺死者眾。（嘉慶《通道縣志》卷一〇《災異》）

旱。（康熙《新喻縣志》卷六《歲眚》；康熙《費縣志》卷九《災異》；乾隆《平定州志》卷五《機祥》；同治《峽江縣志》卷一〇《祥異》；同治《臨江府志》卷一五《祥異》）

霪雨兩月，民無完壁，平地湧泉。（康熙《嵩縣志》卷一〇《災祥》）

蝗。（民國《重修臨潁縣志》卷一三《災祥》；民國《鄢城縣志》卷五《大事篇》）

雨雹傷稼。（道光《河內縣志》卷一一《祥異》）

大水，潃沒田禾。（乾隆《汲縣志》卷一《祥異》）

大旱。（康熙《郿州志》卷七《災祥》；乾隆《太平縣志》卷八《祥異》；乾隆《濟源縣志》卷一《祥異》；乾隆《德安縣志》卷一四《祥祲》；乾隆《東昌府志》卷三《總紀》；乾隆《蒲縣志》卷九《祥異》）

水災，力請蠲賑，全活其眾。（民國《懷寧縣志》卷一四《名宦》）

旱，饑。（康熙《朝邑縣後志》卷八《災祥》；民國《新昌縣志》卷一八《災異》）

旱災。（雍正《開化縣志》卷八《藝文》）

水，民饑。（康熙《歸安縣志》卷六《災祥》；光緒《歸安縣志》卷二七《祥異》）

黃淮交潰，連年大水。（乾隆《山陽縣志》卷一八《祥祲》）

大旱，河皆龜坼。（光緒《泰興縣志》卷末《述異》）

揚州、通州大旱。（康熙《揚州府志》卷三《祥異》）

海溢，潰漲缺橫涇塘，淹没沿河田禾百千頃。（乾隆《華亭縣志》卷三《海塘》）

樂安雨黑粟，如蕎麥，可食。（民國《樂安縣志》卷一三《雜志》）

境内有蝗。（民國《安塞縣志》卷一〇《祥異》）

安塞縣境内有蝗。（嘉慶《延安府志》卷六《大事表》）

大旱，斗米千錢，人相食。（康熙《陝西通志》卷三〇《祥異》）

春，韓癸酉旱，甲戌大旱，乙亥又旱。（民國《韓城縣續志》卷四《文徵》）

旱，饑，餓殍遍塗。（乾隆《咸陽縣志》卷二一《祥異》）

陝西旱，饑，餓殍遍野。（雍正《武功縣後志》卷三《祥異》）

西安旱，饑，餓莩遍塗。（康熙《陝西通志》卷三〇《祥異》）

白沙河決，南堤徙而南，石壓民田，永難開墾。（乾隆《解州夏縣志》卷一一《祥異》）

通濟橋，邑西四里陵下村，明天啟間建。崇禎六年，為澗水所衝。（乾隆《翼城縣志》卷五《關津附》）

高平、陽城、沁水夏大疫。冬，無雪。（雍正《澤州府志》卷五〇《祥異》）

張可舉，鞏縣歲貢，崇禎六年知新安，端謹仁厚。初下車，邑被水患，可舉相度地勢，築堤捍禦，禾稼無傷。（光緒《保定府志》卷四八《職官》）

秋，旱，穀未登，斗米三錢。（康熙《平陸縣志》卷八《雜記》）

秋，大旱。（雍正《臨汾縣志》卷五《祥異》；乾隆《解州安邑縣運城志》卷一一《祥異》）

霆雨，城頹數十處。（同治《河南府志》卷五《城池》）

冬，樹冰成甲胄，越旬始解。（民國《高淳縣志》卷一二《祥異》）

冬，又無雪，麥子不入地。（乾隆《韓城縣志》卷一二《藝文》）

冬，旱。（順治《饒陽縣後志》卷五《事紀》）

春，大旱，斗米銀六錢，民多餓死，發帑賑濟。（民國《芮城縣志》卷一四《祥異考》）

冬，無雪。（同治《陽城縣志》卷一八《兵祥》）

夏，麥不登。秋，大旱。（民國《臨晉縣志》卷一四《舊聞記》）

復大水。（民國《太和縣志》卷一二《災祥》）

秋，大水。（光緒《藤縣志》卷二一《雜記》）

河決，水入城，數日始落。（民國《中牟縣志·祥異》）

夏，大水，田廬漂没殆盡。（民國《鄭縣志》卷一《祥異》）

夏，無麥。秋，蒲州、臨晉大旱。（乾隆《蒲州府志》卷二三《事紀》）

夏，麥未登。秋，大旱。（民國《平民縣志》卷四《災祥》）

大旱。冬，異雪彌旬，大疫。（民國《禹縣志》卷二《大事記》）

霪雨兩月，平地湧泉，民屋多圮。（乾隆《嵩縣志》卷六《祥異附》）

大旱，饑。（嘉慶《如皋縣志》卷二三《祥祲》）

大旱，河皆龜坼，民饑。（光緒《通州直隸州志》卷末《祥異》）

駱馬湖溢，阻運。（同治《宿遷縣志》卷三《紀事沿革表》）

夏，河決，塌橋口。（光緒《安東縣志》卷五《民賦下》）

都昌縣自五月至九月，百十日不雨。（同治《南康府志》卷二三《祥異》）

秋，旱，穀未登。（乾隆《平陸縣志》卷一一《祥異》）

夏旱，秋無禾，大饑，民食樹皮。（乾隆《鳳翔府志》卷一二《祥異》）

海嘯，暴風發屋，民廬半圮。（光緒《慈谿縣志》卷五五《祥異》）

地震。（康熙《汾陽縣志》卷七《災祥》）

地震，江湧如沸。（光緒《江夏縣志》卷八《祥異》）

六年、七年，蝗群飛，遠望如山，禾稼樹木俱盡，入人室，嚼其衣服。（順治《徐州志》卷八《災祥》）

六、七年，大旱，民間食草飯砂，人相食，慘不堪言，莫甚於此。（康熙《永和縣志》卷二二《祥異》；民國《永和縣志》卷一四《祥異》）

六、七兩年，大旱，斗米價銀七錢，蒲人先食草根木皮，其後咸食人肉，死者枕藉于路。有曹留住自食其父，聲聞遠近。(康熙《蒲縣新志》卷七《災祥》)

六、七兩年並旱，斗米價銀伍錢，人民食草根木皮，死者枕藉于路，且有食人之肉者。郡人李時進自食其子。(康熙《隰州志》卷二一《祥異》)

六年癸酉、七年甲戌、八年乙亥，俱大旱，赤地千里，斗粟一兩二錢，民饑死者十之九，人相食，父母子女夫妻相食者有之。狼食人，三五成群，晝遊城市，往往於稠眾中攫人食之。(康熙《靖邊縣志·災異》)

六、七年間，頻年荒旱，至十四年而極，真所謂野無青草，市絕粒米，亘古未有之大厄也。(康熙《絳州志》卷四《藝文》)

六年、七年秋，皆霪雨，永涸湖接河水，彌漫州之北鄉，秋禾盡沒。(康熙《宿州志》卷一〇《祥異附》)

(六年以來) 水旱頻仍，城垣倒壞，土地荒墟，死亡枕藉。秋雨傷稼。(康熙《淅川縣志》卷八《災祥》)

崇禎七年（甲戌，一六三四）

正月

大雪三晝夜，深一二尺。(同治《韶州府志》卷一一《祥異》)

大雪。(康熙《長樂縣志》卷七《災祥》；咸豐《興甯縣志》卷一二《災祥》；民國《仁化縣志》卷五《災異》)

雪，凡三晝夜，是歲稔。(同治《樂昌縣志》卷一二《災祥》)

朔，雷電。(乾隆《杞縣志》卷二《祥異》；道光《尉氏縣志》卷一《祥異附》)

初一，夜，先雨後雪，有雷聲，人甚異之。是年，雨暘時若，蔬粟俱熟，可稱大有。入秋，飛蝗忽生，各邑皆受其災，歷獨無之。(崇禎《歷

乘》卷一三《災祥》）

初一夜子時，烈風迅雷，疾電大雨。（康熙《東平州志》卷六《災祥》）

初一日，大雷電。（康熙《睢州志》卷七《祥異》）

元日，大雷電。冬，沙雞至。（光緒《虞城縣志》卷一〇《災祥》）

朔，雷，雨雪。夏，大旱，蝗蝻生。（嘉慶《昌樂縣志》卷一《總紀》；民國《濰縣志稿》卷二《通紀》）

朔，雷，雨雪。（康熙《續安丘縣志》卷一《總紀》）

元日，雷。（光緒《新修菏澤縣志》卷一八《雜記》）

元日，大雷電。（光緒《虞城縣志》卷一〇《災祥》）

朔，雷，雨雪。秋，大水。（康熙《杞紀》卷五《繫年》）

戊子，雷震，雨雹。（光緒《泰興縣志》卷末《述異》；光緒《通州直隸州志》卷末《祥異》）

戊子朔，夜，東平雷雨大作。（民國《東平縣志》卷一六《災祲》）

朔，先雨後雪，霹靂大作。（嘉慶《長山縣志》卷四《災祥》）

朔之五更，益都震電，暴雨如盛夏，飛蟲皆出，已而大雪。夏，蝗蝻害稼。（康熙《益都縣志》卷一〇《祥異》）

朔，震雷，暴雨如盛夏，飛蟲皆出，已而大雪。（光緒《臨朐縣志》卷一〇《大事表》）

大雪五夜，無燈。（乾隆《杭州府志》卷五六《祥異》）

初二日，雨雪起，隨雨隨消，至二月十五日止。（康熙《永康縣志》卷一五《祥異》）

初八日，大雪三晝夜，城中深一二尺，嶺外所罕睹者。是歲，大有。（光緒《曲江縣志》卷三《祥異》）

初八日，大雪三晝夜，城中深一二尺，嶺外所罕睹者。（光緒《曲江縣志》卷三《祥異》）

二十八日，地震，屋宇搖動。（道光《桐城續修縣志》卷二三《祥異》）

地震，屋宇傾動。（康熙《安慶府志》卷六《祥異》）

二十八日，地震。（乾隆《望江縣志》卷三《災異》）

地震，屋宇搖動有聲。（民國《太湖縣志》卷四〇《祥異》）

興甯大雪。雷震，擊死人。長樂大雪。（光緒《惠州府志》卷一七《郡事上》）

大雨雪，四日至十日不止，山谷中有積者。（民國《從化县志·災祥》）

雨雪。（乾隆《潮州府志》卷一一《災祥》）

十五日，日出初時，日下出大刀一口，水中影更真。（道光《忠州直隸州志》卷四《祥異》）

二月

甲申，是月，海豐雨血，山西賊，自宜川渡河，合降丁饑民，蔓延於澄城、郃陽間。（《崇禎實錄》卷七，第 193 頁）

六日，侵晨，黑氣自西而東蔽天，日中雞棲於塒，終日而散。（嘉慶《涇縣志》卷一〇《災祥》）

十一日，常山縣大雷雨，晝晦。（康熙《衢州府志》卷三〇《五行》）

十一日，大雷雨，晝晦。（光緒《常山縣志》卷八《祥異》）

十一日，天雨黑水。（嘉慶《沅江縣志》卷二二《祥異》）

十二日夜，長沙大風，雨黑冰，如指大。後雨黑水。（乾隆《長沙府志》卷三七《災祥》）

二十六日，地震，屋宇傾動有聲。（民國《宿松縣志》卷五三《祥異》）

雨灰，狀若竹葉，如是數日，各邑皆然。（崇禎《醴泉縣志》卷四《災祥》）

月中，雨泥。（康熙《文縣志》卷七《災變》）

夜，紅風竟夕，窗外如燈火。（順治《祥符縣志》卷一《災祥》）

夜，赤風竟夕，窗外如燈火。（道光《尉氏縣志》卷一《祥異附》）

顧王廟雨石炭，災四方各里餘。（乾隆《陽武縣志》卷一二《災祥》）

雨黑豆。（康熙《安陸府志》卷一《郡紀》）

大雨雹，巨者如拳，小者如栗，烈風拔树，迅雷擊人死。（乾隆《澧志舉要》卷一《大事記》）

大雨雹，巨如拳，小如栗，風烈拔樹，疾雷擊人。（康熙《安鄉縣志》卷二《災祥》）

雨泥。（光緒《階州直隸州續志》卷一九《祥異》）

三月

丁亥，時山西自去秋八月至今不雨，大饑，人相食。（《崇禎實錄》卷七，第194~195頁）

朔，日月交食。（乾隆《望江縣志》卷三《災異》）

初一日辰時，日色變綠黃，人對面不相識。（光緒《階州直隸州續志》卷一九《祥異》）

初二辰時，日色忽變綠黃，令人彼此難認，似日食而實非。（康熙《文縣志》卷七《災變》）

地大震。（同治《九江府志》卷五三《祥異》；同治《德化縣志》卷五三《祥異》；同治《湖口縣志》卷一〇《祥異》）

地震。（同治《湖州府志》卷四四《祥異》；同治《都昌縣志》卷一六《祥異》；同治《饒州府志》卷三一《祥異》；光緒《歸安縣志》卷二七《祥異》）

十五日卯時，地震，有聲若雷，從西南起，至東北止。（乾隆《吳江縣志》卷四〇《災變》）

風雨壞西門、北門城樓。（同治《衡陽縣志》卷二《事紀》）

初七日，風霾蔽日，四月初二日如前。（雍正《邱縣志》卷七《災祥》）

十五日，大風雨雹，大小二麥俱傷，永寧鄉十五、十七、八等都為甚。（道光《東陽縣志》卷一二《機祥》）

十五日卯時，地震，有聲若雷，從西南起，至東北止。（乾隆《震澤縣志》卷二七《災祥》）

戊子，黃州晝晦如夜。（《明史·五行志》，第492頁）

十七，夜，風雨暴作，塑嶽、望湖兩城門譙樓傾圮。（乾隆《衡州府志》卷二九《祥異》）

晝晦。（乾隆《蘄水縣志》卷末《祥異》）

二十八日，大熱，下午大風雨雹。（乾隆《湘陰縣志》卷一六《祥異》）

二十八日，大熱，下午大風雨雹，如枳圓，大小不一。頃刻，遍地雹，心一點白如粉，冷浸入骨。（乾隆《長沙府志》卷三七《災祥》）

海豐雨血，大雨雹。興甯雹。（光緒《惠州府志》卷一七《郡事上》）

三月、五月，俱大雷雹。（咸豐《興甯縣志》卷一二《災祥》）

三月、五月，大蝗，秋，黑風自西北來，白晝如夜。（民國《太和縣志》卷一二《災祥》）

四月

壬戌，常州、鎮江雨雹傷稼。（《國榷》卷九三，第5635頁）

大雨雹。（光緒《丹徒縣志》卷五八《祥異》）

七日酉時，大雨雹。（乾隆《吳江縣志》卷四〇《災變》；乾隆《震澤縣志》卷二七《災祥》）

初七日，大雷電，以風，大雨雹，黑雲起東北，大雷電，以風，須臾，雹下如石堆，尺許，有大如升斗者，二麥壞，屋瓦皆碎。（光緒《靖江縣志》卷八《禖祥》）

七日，黑雲起東北，大雷電，以風，雨雹，麥盡。秋，蟲。冬，大風雷，既晴氣煖，二麥舒穗，草木花。（道光《江陰縣志》卷八《祥異》）

大雨雹。（乾隆《鎮江府志》卷四三《祥異》；同治《湖州府志》卷四四《祥異》；光緒《歸安縣志》卷二七《祥異》；光緒《丹陽縣志》卷三〇《祥異》；光緒《烏程縣志》卷二七《祥異》）

崇禎六年……自八月至明年四月不雨，大饑，民相食。（康熙《汾陽縣志》卷七《災祥》）

六年八月至七年四月不雨，大饑。（民國《臨縣志》卷三《大事》）

七日酉時，大雷電，雨雹。秋生蟓蟲，食稻苗。（民國《吳縣志》卷五五《祥異考》）

望日，雨黑黍。（乾隆《望江縣志》卷三《災異》）

望，當晝薄雲翳日，天雨黑子盈市，狀如黍色。邑人沈萬存種之，越歲成樹，高二尺，葉圓細，如枸杞，歷久未見其花實，然亦冬不枯。（民國《太湖縣志》卷四〇《祥異》）

庚午，薄霧翳日，天雨黑子，狀如黍。（康熙《鹿邑縣志》卷八《災祥》）

雨血，大風，寒氣如冬。（康熙《安陸府志》卷一《郡紀》）

大水。（乾隆《潮州府志》卷一一《災祥》）

全蜀雨灰。（同治《德陽縣志》卷四二《災祥》）

五月

辛卯，文縣去歲大旱，入秋早霜，冬無雪，今春不雨，斗米七錢。（《崇禎實録》卷七，第 199 頁）

雨雹，大如鷄子，自塩官至石堡鎮，禾苗皆損。是歲，大饑。（乾隆《西和縣志》卷四《紀異》）

蝗。（乾隆《杞縣志》卷二《祥異》）

大旱。大水，連發七次，歲凶，人食草木。（乾隆《新蔡縣志》卷一〇《雜述》）

旱。（同治《江西新城縣志》卷一《機祥》）

雨雹。（光緒《開州志》卷一《祥異》）

大旱。大水，連發七次。歲凶，人食草木，似萬曆癸巳。（康熙《新蔡縣志》卷一〇《雜述》）

新化大水。（道光《寶慶府志》卷四《大政紀》）

邛、眉諸州縣大水，壞城垣、田舍、人畜無算。（《明史·五行志》，第454頁）

五、六月，賊大至，惟州四面以夏霖水漲，賊不能渡，避洲上者皆獲全。（民國《鐘祥縣志》卷二八《附錄》）

至七月，淫雨不止，城圮。（同治《營山縣志》卷二《城池》）

六月

戊辰，飛蝗蔽天。（《崇禎實錄》卷七，第203頁）

己巳，先是，陳奇瑜圍李自成大部於南山車廂峽，會連雨四十日，賊馬乏芻，且苦濕，死者過半。（《崇禎實錄》卷七，第203頁）

丁卯，邛、眉、茂、峨眉、丹稜、蒲江、蘆山、犍為、青神、大邑、峽江等縣各旱，是日，大雨。至庚午，水溢，壞城垣田舍人畜亡算。（《國榷》卷九三，第5643頁）

甲戌，河決沛縣。（同治《徐州府志》卷五下《祥異》；民國《沛縣志》卷二《沿革紀事表》）

地震，屋礎動搖，臥者多撲於地。（道光《安陸縣志》卷一四《祥異》）

大雨，飛蝗蔽天，食禾稼，至樹葉皆盡。（嘉慶《蕭縣志》卷一八《祥異》）

十四日，蝗自東南來，落地尺餘，住十餘日，五穀食毀大半。（道光《尉氏縣志》卷一《祥異附》）

望，又連潰，海潮洶湧，與內河合，沿海數百千頃禾多淹沒。（乾隆《華亭縣志》卷三《海塘》）

雨沒田禾。秋，麗水、縉雲大水。（雍正《處州府志》卷一六《雜事》）

二十四日，大風雨，西山水暴發，壞僧俗廬舍無算。（民國《杭州府志》卷八四《祥異》）

有鼠成羣，自江北渡入邑境，食田禾。（乾隆《銅陵縣志》卷一三

《祥異》）

地震。（光緒《江夏縣志》卷八《祥異》）

雨没田禾。（康熙《遂昌縣志》卷一〇《災眚》）

有鼠成群自江北渡入邑境食田禾。（乾隆《銅陵縣志》卷一三《祥異》）

田鼠自江北浮渡而南，傷稼。（康熙《貴池縣志略》卷二《祥異》）

雨八十餘日。（乾隆《陽武縣志》卷一二《災祥》）

旱，斗米銀七錢，死亡相枕藉。（順治《閿鄉縣志》卷一《星野》）

旱，斗米七錢，死亡相枕藉。（乾隆《重修直隸陝州志》卷一九《災祥》）

大水，九江堡屬大洋基潰。（宣統《南海縣志》卷二《前事補》）

大水，大洋基潰。（民國《龍山鄉志》卷二《災祥》）

颶風，壞學宮、城堞及官民舍，拔木。越數日復大作，水傷禾稼。（光緒《新寧縣志》卷一三《事紀略》）

七月

丙戌，日食。（《崇禎實錄》卷七，第 204 頁）

庚戌，東平大水，勝縣東關龍起，水潐四五百餘人。（《國榷》卷九三，第 5651 頁）

十三日，地震有聲，自東南來，次日又震，連數日不止。（光緒《階州直隸州續志》卷一九《祥異》）

天裂，映地皆赤。（康熙《安慶府志》卷六《祥異》）

英德大水。是歲，稔。（同治《韶州府志》卷一一《祥異》）

初五日，濰決頹東門。（乾隆《昌邑縣志》卷七《祥異》）

初六日，夜，大雨。次日蟲生，食苗葉幾盡。（光緒《定興縣志》卷一九《災祥》）

初六日，夜，大雨，次日蟲生，食苗幾盡。（光緒《保定府志》卷四〇《祥異》）

城中水滿過膝。（康熙《永康縣志》卷一五《祥異》）

天裂，映地皆赤，須臾復合，西北長虹亘天。（乾隆《望江縣志》卷三《災異》）

初六日，夜，大雨，次日蟲生，食苗幾盡。（民國《新城縣志》卷二二《災禍》）

大水。（康熙《續安丘縣志》卷一《總紀》）

黃河張家口決，秋禾淹没。（道光《城武縣志》卷一三《祥祲》）

二十五日，大雨雹，西鄉杜（疑當作"社"）唐堡、荊科等村南北二十里、東西百里，拔木傾房，禾苗一空，擊死行人甚眾。（民國《肥鄉縣志》卷三八《災祥》）

二十五日，決吳良玉等口。（雍正《安東縣志》卷一五《祥異》）

大雨水，初三夜暴雨如注，平地水深三四尺，牆屋傾圮幾盡，人畜自上流漂没者不可勝數。（乾隆《沛縣志》卷一《水旱祥異》）

大旱。知縣盧躍龍禱之，大雨數日，苗半槁者仍結穗。（民國《上杭縣志》卷一《大事》）

蝗。（光緒《鹿邑縣志》卷六下《民賦》）

大旱。（乾隆《唐縣志》卷一《災祥》）

大水，河水浸城，城内水深三尺，乘舟以行，民舍田土城垣衙牆傾壞無算。（崇禎《廉州府志》卷一《歷年紀》）

八月

有大星從狗國墜入大同兵營。（《崇禎實錄》卷七，第215～216頁）

二十日，西北長虹亘天。（道光《桐城續修縣志》卷二三《祥異》）

大雨，天目山頹。（嘉慶《潚縣志》卷六《建置》）

庚午，居民聞訛言亂逃。夜，大風雨。（光緒《蠡縣志》卷八《災祥》）

豐、蕭河溢，大水。（嘉慶《蕭縣志》卷一八《祥異》）

大水，比天啟七年災傷更慘。（光緒《縉雲縣志》卷一五《災祥》）

縉雲大水，較天啟七年災更甚。（光緒《處州府志》卷二五《祥異》）

大水。（光緒《餘姚縣志》卷七《祥異》）

七日，吳松江一晝三潮。（咸豐《黃渡鎮志》卷一〇《祥異》）

（十二日）申刻，見黃雲朵朵，自西而東，良久忽成五色，最後變為紅霞，生平所未睹也。是冬果有年。（崇禎《壽寧縣志》卷下《祥瑞》）

二十三日，颶風澍雨，晝夜不絕，漂没幾與戊申相似。（崇禎《外岡志》卷二《祥異》）

赤氣亘天。（康熙《鹿邑縣志》卷八《災祥》）

蝗。（民國《重修臨潁縣志》卷一三《災祥》）

吳川三江堤崩。三江佛塔隄崩，北三都一帶田禾淹没。又蝗，收成僅三分之一，民不聊生。自此北三都田大被潦患。（光緒《高州府志》卷四八《事紀》）

二十八日，大水，城幾没。（乾隆《蒼溪縣志》卷三《祥異》）

閏八月

甲午，江西、河南、雲南大旱。（《崇禎實錄》卷七，第217頁）

甲辰，夜，木星犯奎宿。（《崇禎實錄》卷七，第218頁）

丙申，江西、河南、雲南大旱。（《國榷》卷九三，第5661頁）

廿五，夜，大風雨，拔木漂禾稼。（崇禎《泰州志》卷七《災祥》）

二十五日，大風雨，拔木漂禾稼。（嘉慶《東臺縣志》卷七《祥異》）

九月

丁巳，應天地震。（《崇禎實錄》卷七，第218頁）

十八日，大風拔木。（民國《吳縣志》卷五五《祥異考》）

十九日，大雷雨，河水汪洋，險於春潮。（道光《桐城續修縣志》卷二三《祥異》）

地又震，迅雷疾雨，河水泛溢如春潮。（乾隆《望江縣志》卷三《災異》）

大雪。（乾隆《沂州府志》卷一五《記事》；嘉慶《莒州志》卷一五

《記事》）

有大風起，吹落皇城門內匾二字於地，跌碎，僅存木匡在檐下。（康熙《江寧府志》卷二九《災祥》）

十月

地震。（乾隆《龍溪縣志》卷二〇《祥異》）

初十日，地震。（光緒《永壽縣志》卷一〇《述異》）

雨黑黍。（康熙《安慶府志》卷六《祥異》）

十·日，太白經天，幾月餘。（光緒《通州直隸州志》卷末《祥異》）

復雨黑黍。（乾隆《望江縣志》卷三《災異》）

十一月

初七、八，雷雨連朝。（道光《桐城續修縣志》卷二三《祥異》）

二十六日，海甯地震。（乾隆《杭州府志》卷五六《祥異》）

二十九日，大熱。（道光《重修儀徵縣志》卷四六《雜類》；光緒《丹陽縣志》卷三〇《祥異》）

丁亥，未時雷。（弘光《州乘資》卷一《機祥》）

十二月

五日，大雨雪，震雷及雹。（光緒《丹徒縣志》卷五八《祥異》）

雷。（嘉慶《海州直隸州志》卷三一《祥異》）

丁亥，未時，雷。（光緒《通州直隸州志》卷末《祥異》）

丁亥，雷。（光緒《泰興縣志》卷末《述異》）

二十四日夜，空中火光如斗，自西起，落於東南，經過有聲。（嘉慶《介休縣志》卷一《兵祥》）

除夕，雨霰，雷電交作。（順治《威縣續志·祥異》）

丁亥，南都大雷電。（《豫變紀略》卷二）

五日，大雨雪，震雷及雹。（乾隆《鎮江府志》卷四三《祥異》；光緒

《丹陽縣志》卷三〇《祥異》；民國《金壇縣志》卷一二《祥異》）

大雷。（康熙《揚州府志》卷三《祥異》）

河決。十二月八日鳴雷。（康熙《沭陽縣志》卷一《祥異》）

二十五，夜，大雷雨，震電。竹盡生花。（康熙《應山縣志》卷二《兵荒》）

除夕，大雨如注，震電。明日乙亥元旦，雨如故。（康熙《廣濟縣志》卷二《灾祥》）

除夜，大雷電，雨血。（康熙《蘭陽縣志》卷一〇《災祥》）

是年

春，不雨，大饑，人相食。（同治《陽城縣志》卷一八《兵祥》）

春，雪。（同治《江西新城縣志》卷一《機祥》）

夏，流星如雨。（光緒《清源鄉志》卷一六《祥異》）

夏，有流星出參宿間，有聲，紅光如縷，直垂至地，良久方滅。（嘉慶《介休縣志》卷一《兵祥》）

夏，蝗旱。（順治《鄧州志》卷二《郡紀》；乾隆《鄧州志》卷二四《祥異》）

大水衝没田二千六百二十九畝，地四千七百七十七畝。（嘉慶《涇縣志》卷二七《災祥》）

大風拔木徹屋，城樓俱壞。（嘉慶《三水縣志》卷一三《災祥》）

蝱害稼。（光緒《平湖縣志》卷二五《祥異》）

地復震。（同治《漢川縣志》卷一四《祥禩》）

蝗飛蔽天，越城渡河，禾稼、木葉皆盡，或入人室中，嚙毁衣物。（同治《徐州府志》卷五下《祥異》）

處州、餘姚大水。嘉興螟。（康熙《浙江通志》卷二《祥異附》）

大水西潦，凡兩浸州城。（光緒《德慶州志》卷一五《紀事》）

海溢，漂没沿海居民，地生土阜。（康熙《撫寧縣志》卷一《災祥》；光緒《撫寧縣志》卷三《前事》）

河決，沐陽被水。（嘉慶《海州直隷州志》卷三一《祥異》）

南京大風，吹落宮城門扁額。（光緒《金陵通紀》卷一〇下）

大風吹落皇城門内扁二字於地，碎。（道光《上元縣志》卷一《庶徵》）

大水，害稼。（嘉慶《番郡璨録》卷二《祥異》；同治《餘干縣志》卷二〇《祥異》）

大水，害禾稼。（同治《萬年縣志》卷一二《災異》）

旱。大寒日，雷震。（民國《萬載縣志》卷一《祥異》）

中北三路大有年。（康熙《龍門縣志》卷二《災祥》）

大水。（康熙《英德縣志》卷三《祥異》；光緒《懷來縣志》卷四《災祥》）

蝗食禾黍皆盡，歲不登。（民國《壽光縣志》卷一五《大事記》）

大水，淹田禾，漂民舍。（康熙《日照縣志》卷一《紀異》；光緒《日照縣志》卷七《祥異》）

旱。（康熙《岳州府志》卷二《祥異》；康熙《山海關志》卷一《災祥》；乾隆《華陰縣志》卷二一《紀事》；民國《萬泉縣志》卷終《祥異》；民國《綏中縣志》卷一《災祥》）

無雲而雷。（康熙《文水縣志》卷一《祥異》）

大風拔木，歲大饑，粟貴。（民國《蟊屋縣志》卷八《祥異》）

旱饑，民取南鄉山白泥以食，競傳曰"觀音粉"。（光緒《鎮海縣志》卷三七《祥異》）

大水，田廬漂没。（同治《麗水縣志》卷一四《災祥附》）

餘姚大水。（乾隆《紹興府志》卷八〇《祥異》）

麗水大水，田廬漂没。（光緒《處州府志》卷二五《祥異》）

餘干大水，害稼。（同治《饒州府志》卷三一《祥異》）

秋，蝱作。（光緒《嘉善縣志》卷三四《祥眚》）

秋，決吳良玉口。（光緒《安東縣志》卷五《民賦下》）

秋，大水。（嘉慶《莒州志》卷一五《記事》）

秋，全省蝗，大饑。（光緒《永壽縣志》卷一〇《述異》）

春，旱，通縣祈雨，聲不忍聞。（道光《綦江縣志》卷一〇《祥異》）

春，大旱，麥苗盡枯，人至掘其根以食，兼嚙諸樹皮，饑死者相枕籍。（順治《扶風縣志》卷一《災祥》）

春夏，亢旱，二麥盡枯。人民剝樹皮、掘草根啖食充饑，甚之骨肉相食，屍首遍野，餓死流離者大半。（康熙《垣曲縣志》卷一二《災荒》）

夏，江水暴溢，溺死老幼無算。（道光《重修儀徵縣志》卷四六《雜類》）

夏，大旱。（康熙《朝邑縣後志》卷八《藝文》）

夏，大水，害稼。（同治《樂平縣志》卷一〇《祥異》）

夏，盤江河岸狂風大作，塵霧途迷，行人盡阻。（雍正《安南縣志》卷一《災祥》）

旱，升米六卉。（乾隆《石屏州志》卷一《祥異》）

旱，榮梨山禱雨，豎碑。（民國《榮縣志》卷一五《事紀》）

西潦，雨浸州城。（乾隆《德慶州志》卷二《紀事》）

蝗。（順治《新修豐縣志》卷九《災祥》；康熙《續修陳州志》卷四《災異》；同治《隨州志》卷一七《祥異》；光緒《豐縣志》卷一六《災祥》）

大雨，山水驟發，賊多漂溺死。（光緒《續修敘永廳縣合志》卷二八《忠義》）

大水，東西潰決。（順治《監利縣志》卷一《沿革》）

大旱。（康熙《解州全志》卷九《災祥》）

天雨黑子，形如五穀。（順治《黃梅縣志》卷三《災異》）

蝗蟲。（順治《通城縣志》卷九《災異》）

大旱，歲饑。（民國《新安縣志》卷一五《祥異》）

大旱，赤地千里，人相食。（民國《澠池縣志》卷一九《祥異》）

又大水。（道光《淮寧縣志》卷四《溝渠》）

蝗飛蔽天。（嘉慶《密縣志》卷一五《祥異》；咸豐《保安縣志》卷七《災祥》）

日出色如火，怪風屢作，覿面莫識，鐵器皆有火光。（康熙《新鄭縣志》卷四《祥異》）

大蝗。（民國《重修蒙城縣志》卷一二《祥異》）

十都前□村湖水大割，通夏蓋湖，直注餘姚。（嘉慶《上虞縣志》卷一四《祥異》）

通濟橋，崇禎七年復壞于水。（道光《金華縣志》卷三《建置》）

旱，饑。民取南山白泥以食，競傳口"觀音粉"。（乾隆《鄞縣志》卷二六《祥異》）

河決沛縣之滿壩及陳岸水口。（民國《沛縣志》卷四《河防》）

蝗群飛，望如遠山行地者，越城渡坷，禾稼木葉俱盡，或入人室中，嚙毀衣物。（康熙《徐州志》卷二《祥異》）

江溢，漂没無算。（嘉慶《揚州府志》卷七〇《事略》）

寧夏遍地皆鼠，銜尾食苗。（民國《朔方道志》卷一《祥異附》）

旱。又雨蟲，麯蟲而小。（光緒《甘肅新通志》卷二《祥異》）

大旱，赤地千里，斗粟一兩二錢，民饑死者十之九。（康熙《靖邊縣志·災異》）

旱。秋霜殺穀，斗米七錢，人多餓死。（康熙《韓城縣續志》卷七《祥異》）

大風拔木。歲大饑。（康熙《鄠縣志》卷八《災異》）

西北大旱，秦、晉人相食。（《明史·吳甘來傳》，第6862頁）

大旱，饑，人相食。（乾隆《鳳臺縣志》卷一二《紀事》）

烈風拔木發屋。（康熙《永年縣志》卷一八《災祥》）

旱，蝗。（光緒《東光縣志》卷一一《祥異》）

海溢，漂没沿海民居。地生土阜，山海關旱。（乾隆《永平府志》卷三《祥異》）

秋，霪雨，永堌湖接河水，彌漫州之北鄉，秋禾盡没。（康熙《宿州

志》卷一〇《祥異附》)

秋，黑風自西北來，白晝如夜。地震。(民國《太和縣志》卷一二《災祥》)

秋，神龍門大孟村大雨雹，損禾。(光緒《鶴慶州志》卷二《祥異》)

秋，蝗，大饑。冬，地震，山川崩。(民國《新纂康縣縣志》卷一八《祥異》)

秋，大水，平地丈餘。(道光《滕縣志》卷五《災祥》)

秋，全省蝗，大饑。冬，全省地大震，壞屋傷人無數。(乾隆《直隸秦州新志》卷六《災祥》)

秋，蝗，大饑。(乾隆《同官縣志》卷一《祥異》；道光《寧陝廳志》卷一《星野》；光緒《城固縣志》卷二《災異》；光緒《階州直隸州續志》卷一九《祥異》；民國《洛川縣志》卷一三《社會》)

秋，蝗，大饑。冬，地震。(嘉慶《中部縣志》卷二《祥異》；民國《漢南續修郡志》卷二三《祥異》；民國《續修南鄭縣志》卷七《拾遺》)

秋禾，蝗蝻為災，大饑。(乾隆《咸陽縣志》卷二一《祥異》)

秋，陝西全省蝗，各州縣饑。(光緒《甘肅新通志》卷二《祥異》)

秋，烈風迅雷，雨雹大如碗、核桃、山柿、石榴子，綿延數十里，平地深尺餘，屋瓦皆碎，人禽死者甚多。有童子數歲，風捲四五里。(康熙《成安縣志》卷四《總紀》)

蝗。秋，大水。(乾隆《沂州府志》卷一五《記事》)

冬，地大震，壞屋傷人無數。(光緒《階州直隸州續志》卷一九《祥異》)

冬，旱，草木開花。(乾隆《天門縣志》卷七《祥異》)

冬，雨黑子，狀如黍。(民國《宿松縣志》卷五三《祥異》)

冬，除夕雷，有聲。(順治《曲周縣志》卷二《災祥》)

七年、八年，復冬旱。(順治《饒陽縣後志》卷五《事紀》)

崇禎八年（乙亥，一六三五）

正月

朔，地震，雨黍如蒺藜子。（民國《潛山縣志》卷二九《祥異》）

朔，地震。（康熙《安慶府志》卷六《祥異》；乾隆《望江縣志》卷三《災異》；民國《太湖縣志》卷四〇《祥異》）

朔，地震有聲，自西北響至東南。（道光《桐城續修縣志》卷一三《祥異》）

流寇自鳳陽入境，欲引兵攻城，忽大霧障蔽，無所見。人馬自相踐蹈，而西南晴爽如故，乃改而之西。（民國《全椒縣志》卷一六《祥異》）

十四日卯時，地震。十九日，夜空中有聲如濤，占者謂之城吼。（嘉慶《介休縣志》卷一《兵祥》）

朔，地震，復雨黑黍，自此連歲皆然。（民國《宿松縣志》卷五三《祥異》）

十九日，大雨雪。（同治《藤縣志》卷二一《雜記》）

二十一日，雷擊館角，黃家婦懷中幼女無恙。（道光《新修羅源縣志》卷二九《祥異》）

日光摩蕩不時，黃霧四塞。（道光《永州府志》卷一七《事紀畧》；光緒《善化縣志》卷三三《祥異》）

日光摩蕩不時，黃霧四塞。饑。（嘉慶《郴州總志》卷四一《事紀》，第593頁）

春，大風，吹去青龍橋屋數十間。是年，郡大水。（康熙《邵陽縣志》卷六《祥異》）

二月

庚戌，威縣怪風，晝晦。（《國榷》卷九四，第5697頁）

朔，日赤無光，秋，蝱。（光緒《石門縣志》卷一一《祥異》；光緒《嘉興府志》卷三五《祥異》）

朔，日赤無光。（康熙《桐鄉縣志》卷二《災祥》；光緒《嘉善縣志》卷三四《祥眚》）

天雨黑黍，其米堅硬異常。（道光《桐城續修縣志》卷二三《祥異》）

初一日，日出如血，過午無光，雨灰。（民國《鼇匡縣志》卷八《祥異》）

初六日，地震。（光緒《孝感縣志》卷七《災祥》）

孝感地震。（乾隆《漢陽府志》卷三《五行》）

歲大旱。二月初一日，日赤如血，雨灰。（康熙《鄂縣志》卷八《災異》）

雨黑黍，如蒺藜子。（康熙《安慶府志》卷六《祥異》）

天雨黑黍。（乾隆《望江縣志》卷三《災異》）

雨黍，如蒺藜子。（乾隆《潛山縣志》卷二四《祥異》）

十五日，大雨雹。（康熙《歸化縣志》卷一〇《災祥》；民國《明溪縣志》卷一二《大事》）

十六日，大雨雹，平地水深數尺，頃之有雷震傷人。（康熙《詔安縣志》卷二《祥異》）

二十九日，怪風自西北來，晦暝異常，麥稼盡傷。（順治《威縣續志·祥異》）

二、三月，霪雨溼麥。（雍正《安東縣志》卷一五《祥異》）

三月

辛亥朔，大霾，晦。（《崇禎實錄》卷八，第 251 頁）

朔，黃塵四塞。（光緒《永年縣志》卷一九《祥異》）

地震。（民國《太和縣志》卷一二《災祥》）

地又震。（乾隆《望江縣志》卷三《災異》）

初一日夕，紅砂風障，天如夜，麥盡傷。（雍正《邱縣志》卷七《災祥》）

初三日，上饒冰雹，自西北至，大如雞卵。（同治《廣信府志》卷一《星野》）

初三日，冰雹自西北鄉來，大如雞卵，頃刻堆積，折壞屋木無數。（康熙《上饒縣志》卷一一《祥異》）

大旱。（民國《肥鄉縣志》卷三八《災祥》）

十日，晝晦。（嘉慶《東昌府志》卷三《五行》）

雀飛滿天，食麥幾盡。（乾隆《鎮江府志》卷四三《祥異》）

雀食麥幾盡，飛滿天。九月二十五日壬申，天熱，大雷電，有虹，西北龍見。（《鎮江府金壇縣採訪冊‧政事》）

十四日，大風雹，拔木。（康熙《新淦縣志》卷五《歲眚》）

十五日，地震。（道光《桐城續修縣志》卷二三《祥異》）

十六日，大風雷，拔木，行人騰起。冬，蘄黃地大震。（光緒《黃州府志》卷四〇《祥異》）

大寧山以上雨雹，山多死雉。（乾隆《潮州府志》卷一一《災祥》）

四月

淫雨連旬驟漲，壞公廨、城垣、陂堰及竹渡牟村諸橋，水次預備兩倉，粟盡糜，沿河死者無數。秋，復旱，饑殍相望，知縣韋明傑有詩紀災。（民國《萬載縣志》卷一《祥異》）

七日，雨雹，傷麥。（光緒《溧水縣志》卷一《庶徵》）

初五日，雨雹如卵。（雍正《安東縣志》卷一五《祥異》）

大水，漂沒甚眾。（民國《太湖縣志》卷四〇《祥異》）

大疫。（乾隆《龍泉縣志》卷末《祥異》）

大水。（乾隆《潮州府志》卷一一《災祥》）

五月

飛蝗復至。六月大雨，秋禾淹。（民國《太和縣志》卷一二《災祥》）

復雨黑黍。（乾隆《望江縣志》卷三《災異》；道光《桐城續修縣志》

卷二三《祥異》）

初四日，南溪競渡，環橋擁觀城樓角，迅雷突發，震死者十四人。（康熙《漳浦縣志》卷四《災祥》）

英德大水，象岡高臺鎮房屋漂没。秋，大旱，穀價騰貴。（同治《韶州府志》卷一一《祥異》）

玉山霆雨，水暴漲，高丈餘，潰城，漂没内外官私廬舍人民無算。（同治《廣信府志》卷一《星野》）

麗水大水，沿溪田廬淹没，漂流殆盡。（雍正《處州府志》卷一六《雜事》）

大水。（光緒《清遠縣志》卷一二《前事》；民國《湯溪縣志》卷一《編年》）

平樂地震，河山響如雷吼。（嘉慶《廣西通志》卷二〇四《前事》）

大水入城，淹官署、民房幾盡，應星橋城壞，死者七人。水退，沿溪積屍無算。知府朱葵按户賑恤之。（同治《麗水縣志》卷一四《災祥附》）

朔，夜暴雨，大水自玉山來，彌漫城邑，鐘靈石橋圮〔圮〕。（同治《廣信府志》卷一《星野》）

十二日，地震，河水如雷吼。（民國《昭平縣志》卷七《祥異》）

雨。（民國《肥鄉縣志》卷三八《災祥》）

飛蝗遍野，禾苗盡食，繼蝻生，復食，野無青草。（康熙《垣曲縣志》卷一二《災荒》）

十三日，風。秋冬，不雨。（崇禎《醴泉縣志》卷四《災祥》）

大水，田禾漂没，橋堰盡壞。（康熙《遂昌縣志》卷一〇《災眚》）

十二日，大水，南門城堞幾没。十三日復漲，更高三尺，禾苗盡湮。明年大饑，斗米三錢六分。（康熙《浮梁縣志》卷二《祥異》）

大水，陸地行舟，民多漂溺。（乾隆《唐縣志》卷一《災祥》）

大水。秋，大旱。象岡高臺鎮水溢數丈，人口房屋多漂没。時米價初騰，至次年春大饑，四鄉乏食。（康熙《英德縣志》卷三《祥異》）

至十月，不雨。（雍正《開化縣志》卷六《雜志》）

六月

安慶大水。（《國榷》卷九四，第5708頁）

颶風作，壞民居。（道光《新會縣志》卷一四《祥異》）

六月，蝗蝻蝡跳，草木盡食。（雍正《安東縣志》卷一五《祥異》）

六月，淫雨連旬，民居漂沒。（乾隆《望江縣志》卷三《災異》）

十九日，洪水衝崩縣北門壩，露出舊城石閘。（乾隆《潛山縣志》卷一《城池》）

大雨，秋禾淹。（民國《太和縣志》卷一二《災祥》）

水，大洋圍潰。（順治《南海九江鄉志·災祥》）

地震。（乾隆《潮州府志》卷一一《災祥》）

大水。（乾隆《梧州府志》卷二四《機祥》；光緒《平樂縣志》卷九《災異》）

六月、七月，徐州大雨，有蝗，蕭縣為甚。（同治《徐州府志》卷五下《祥異》）

六月、七月，徐州大雨，有蝗。（民國《銅山縣志》卷四《紀事表》）

六、七月，大雨，有蝗，蕭縣為甚。（嘉慶《蕭縣志》卷一八《祥異》）

六、七月，大雨，有蝗。（順治《徐州志》卷八《災祥》）

六、七月，有蝗，大雨。（乾隆《碭山縣志》卷一《祥異》）

雨，至八月，損稻，民饑。（道光《江陰縣志》卷八《祥異》）

七月

己酉朔，山西臨縣大冰雹三日，種二尺餘，大如鵝卵，傷稼。（《崇禎實錄》卷八，第259頁）

辛亥，平谷、遵化，蝗。（《崇禎實錄》卷八，第259頁）

蝗。（雍正《遼州志》卷三《祥異》；嘉慶《東臺縣志》卷七《祥異》）

初九日，甫昏，天狗星自西南迤東北下，光煜然如燈燭，長空皆赤色，

及其將沒，有痕如長繩竟天。（光緒《豐縣志》卷一六《災祥》）

大雨雹。（光緒《嘉定縣志》卷五《禨祥》）

飛蝗蔽天。（崇禎《泰州志》卷七《災祥》）

至十二月，不雨。（光緒《扶溝縣志》卷一五《災祥》）

八月

丙戌，户部奏：“江西大水，乞改折。”不許，命撫按加意軫恤，奪俸二月。（《崇禎實錄》卷八，第260頁）

飛蝗蔽天，害稼。（嘉慶《平陰縣志》卷四《災祥》）

東鄉天雨黑子，如黍。（康熙《貴池縣志略》卷二《祥異》）

八、九月，亢旱，麥種未播，人民遭饑。有姑嫂縊死一樹者，有夫婦攜手投河者，種種死亡，苦不堪言。（康熙《垣曲縣志》卷一二《災荒》）

九月

壬申，熒惑犯太微。（《崇禎實錄》卷八，第261頁）

大風。（嘉慶《三水縣志》卷一三《災祥》）

十六日，地大震。西鄉旱，略陽澇，水潲城郭，民舍盡没。（民國《漢南續修郡志》卷二三《祥異》）

十七夜，月碎復合。（乾隆《望江縣志》卷三《災異》）

二十五日戌時，地震。（同治《麗水縣志》卷一四《災祥附》）

二十五日初更，復地震。（雍正《處州府志》卷一六《雜事》）

雷不收聲。（乾隆《潮州府志》卷一一《災祥》）

十一月

初四夜子時及初七申時，復震。（光緒《潮陽縣志》卷一三《災祥》）

二十六日，地震。（乾隆《海寧州志》卷一六《災祥》）

二十六日酉時，地震。（康熙《寧化縣志》卷七《災異》）

二十六日，地震，屋室皆搖動。（康熙《臨海縣志》卷一一《災變》）

二十七日酉時，地震。（民國《明溪縣志》卷一二《大事》）

望江武昌湖雨火，着人衣俱燃。（康熙《安慶府志》卷六《祥異》）

冬至日，雷鳴，地震。（乾隆《潮州府志》卷一一《災祥》）

十二月

除夕，雷大震。（乾隆《雞澤縣志》卷一八《災祥》；乾隆《雞澤縣志》卷一八《災祥》）

地震有聲。（光緒《長河縣志》卷二二《祥異》）

二十三日，大雷雨。（道光《桐城續修縣志》卷二三《祥異》）

辛卯，白虹貫日。（康熙《永平府志》卷三《災祥》）

虎澗黃河結冰橋。（光緒《垣曲縣志》卷四《兵防》）

迅雷疾雨。（順治《新修望江縣志》卷九《災異》）

又雷鳴。（乾隆《潮州府志》卷一一《災祥》）

是年

春，大水。（乾隆《婁縣志》卷一五《祥異》；乾隆《華亭縣志》卷一六《祥異》；嘉慶《松江府志》卷八〇《祥異》；光緒《重修華亭縣志》卷二三《祥異》；光緒《川沙廳志》卷一四《祥異》；光緒《南匯縣志》卷二二《祥異》）

春，霆傷麥，夏，雨雹如雞子，蝗蝻生，草木盡食。（光緒《安東縣志》卷五《民賦下》）

春，久雨。夏，不雨。（咸豐《靖江縣志稿》卷二《禨祥》；光緒《靖江縣志》卷八《禨祥》）

春，多雨。夏，不雨，二麥損。（道光《江陰縣志》卷八《祥異》）

春夏秋，俱水，低鄉半涔。（民國《吳縣志》卷五五《祥異考》）

仲夏十三日，風。秋冬不雨，流賊且奪農時。（民國《續修醴泉縣志稿》卷一四《祥異》）

夏，蝗旱，民大饑。（順治《鄧州志》卷二《郡紀》；乾隆《鄧州志》卷二四《祥異》）

夏，婺源大雨，縣堂圮〔圮〕，山崩，民居漂蕩。（道光《徽州府志》卷一六《祥異》）

夏，大水，縣前堤決，仍大雨一月，城圮西南，偏（光緒府志作"傷"）稼，不收。（嘉慶《三水縣志》卷一三《災祥》）

縣城中浮圖發光海上，如星隊〔墜〕而復起，有聲如雷。是夜，地震三次。冬十一月初四日夜，子時，地震。初七日申時，復震。（乾隆《潮州府志》卷一一《災祥》）

地震。（光緒《餘姚縣志》卷七《祥異》）

大水，壞民居田産無數。（光緒《四會縣志》編一〇《災祥》）

大蝗。（民國《重修滑縣志》卷二〇《大事記》）

旱，蝗，舞陽土寇楊四為患。（民國《郾城縣記》第五《大事篇》）

旱，蝗。（順治《郾城縣志》卷八《祥異》；民國《禹縣志》卷二《大事記》）

霪雨為災，斗米至六百錢，民大饑，盜賊□起。（康熙《內鄉縣志》卷一一《災祥》）

旱，月赤如血。（民國《解縣志》卷一三《舊聞考》）

旱，飛蝗彌漫四野。（同治《稷山縣志》卷七《祥異》）

旱。（康熙《解州全志》卷九《災祥》；乾隆《解州安邑縣運城志》卷一一《祥異》；嘉慶《舒城縣志》卷三《祥異》）

大旱。（民國《鰲屋縣志》卷八《祥異》）

雨灰三日。（乾隆《鳳翔府志》卷一二《祥異》）

大水，壞民田盧，漂没人畜無算。（嘉慶《西安縣志》卷二二《祥異》）

融縣大水入城。（乾隆《柳州府志》卷一《機祥》；嘉慶《廣西通志》卷二〇四《前事》）

大水。（雍正《常山縣志》卷一二《拾遺》；同治《江山縣志》卷一二

《祥異》）

大水，壞民田廬。（康熙《衢州府志》卷三〇《五行》）

大水。秋，螽。（光緒《歸安縣志》卷二七《祥異》；同治《湖州府志》卷四四《祥異》）

秋，旱。（崇禎《歷城縣志》卷一六《災祥》；嘉慶《介休縣志》卷一《兵祥》；道光《綦江縣志》卷一〇《祥異》；光緒《惠民縣志》卷一七《災祥》）

秋，旱。明年春始種麥。（民國《確山縣志》卷二〇《大事記》）

秋，旱，碾塊待雨。（康熙《汝陽縣志》卷五《機祥》）

春，大水。民訛言有狐妖，或云寶巖灣出蛟，穴甚深，三日後漲滿如常。《虞書》又云：十一年六月二十九日亦出蛟。（光緒《常昭合志稿》卷四七《祥異》）

春，大雪。（嘉慶《商城縣志》卷一四《災祥》）

春，水。夏，旱。（康熙《武進縣志》卷三《災祥》）

春，旱，麥心生虫，是年幾無麥。秋，蝗損禾，沿城而上，城垣爲黑，城中園圃竹樹嚙葉幾盡。（乾隆《湯陰縣志》卷一〇《雜志》）

秋，旱，碾塊待雨，正月種麥。（順治《汝陽縣志》卷一〇《機祥》）

秋，旱，明年春，始種麥。（乾隆《確山縣志》卷四《機祥》）

春，雨土三日，屋瓦皆飛。（光緒《東光縣志》卷一一《祥異》）

春夏秋俱水，低鄉半潸。九月生蟓蟲，稼歉收。（崇禎《吳縣志》卷一一《祥異》）

夏，大雨雹，傷麥。（順治《易水志》卷上《災異》）

夏，大水。（光緒《藤縣志》卷二一《雜記》）

夏，大水，傷稼。（民國《龍門縣志》卷一七《縣事》）

夏，澧州溇水暴漲，澧陽橋崩，須臾成洲，自演武場至麻家溜亘數千尺。（同治《直隸澧州志》卷一九《機祥》）

夏，淫雨連旬，縣堂圮，四鄉大水，山崩田漲，民居漂蕩。（康熙《婺源縣志》卷一二《機祥》）

雷，殛死市民查子成家人查福，并拔大樹三株。（乾隆《獨山州志》卷二《祥異》）

蝗。（乾隆《濟源縣志》卷一《祥異》；同治《通城縣志》卷二二《祥異》；光緒《費縣志》卷一六《祥異》）

恒陰不雨，二旬乃解。（康熙《蘄州志》卷一二《災祥》）

大旱，飛蝗蔽日，塞集釜甕，室無隙地。（民國《新安縣志》卷一五《祥異》）

飛蝗蔽天。（順治《閿鄉縣志》卷一《星野》；乾隆《重修直隸陝州志》卷一九《災祥》；民國《陝縣志》卷一《大事記》）

大饑。雨雹數日，麥及桑麻皆殞。（康熙《淅川縣志》卷八《災祥》）

大水，民多饑死。（乾隆《新野縣志》卷八《祥異》）

蝗，大饑。（康熙《真陽縣志》卷八《災祥》）

大蝗。（乾隆《滑縣志》卷一三《祥異》；乾隆《衛輝府志》卷四《祥異》；道光《輝縣志》卷四《祥異》）

秋，復大蝗，蔽天布野。（嘉慶《密縣志》卷一五《祥異》）

蝗災。（乾隆《通許縣舊志》卷一《祥異》）

黃河冰結如石。（康熙《開封府志》卷三九《祥異》）

雷擊館閣。（康熙《羅源縣志》卷一〇《雜記》）

旱。連歲饑，多疫。（同治《崇仁縣志》卷一三《祥異》）

繁昌西南隅龍從鵲江起，冰雹驟集，自西徂東過獅子山麓，池水盡涸，大風伐木，簸櫟飛吸半空，旋落。（康熙《太平府志》卷三《祥異》）

復雨黑黍，自此連歲皆雨黑黍，或一歲數雨。（康熙《宿松縣志》卷三《災祥》）

高郵城東雨霧，落地紅絲如血。（康熙《揚州府志》卷三《祥異》）

大水，田半淊。（乾隆《吳江縣志》卷四〇《災變》；乾隆《震澤縣志》卷二七《災祥》）

飛蝗蔽天，害稼。（光緒《肥城縣志》卷一〇《祥異》）

蝗蝻害稼。（康熙《泗水縣志》卷一一《災祥》）

飛蝗蔽野。（道光《會寧縣志》卷一二《祥異》）

大旱，赤地千里，斗粟一兩二錢。（康熙《靖邊縣志·災祥》）

冰雹大如雞卵。（咸豐《保安縣志》卷七《災祥》）

旱，民食草根樹皮。（康熙《韓城縣續志》卷七《祥異》）

恒山，夜起飆風，拔木幾滿山壑。（順治《渾源州志》卷下《災異》）

大風拔木。（咸豐《晉州志》卷一〇《災祥》；民國《南和縣志》卷一《災祥》）

大水，漳河東徙，始瀉小漳河。（民國《平鄉縣志》卷一《災祥》）

夏秋，蝗蝻，有黑頭紅身者，有紅頭黑身者，飛蔽天日，落遍郊原，食稻粒禾葉殆盡。（康熙《漢陰縣志》卷三《災祥》）

夏秋，廉郡霪霖大潦，水勢雖視七年稍減，然久雨，城垣崩卸更甚。（崇禎《廉州府志》卷一《歷年紀》）

大水。秋，蝻。（光緒《烏程縣志》卷二七《祥異》）

秋，蝻。（康熙《秀水縣志》卷七《祥異》；光緒《桐鄉縣志》卷二〇《祥異》；光緒《嘉善縣志》卷三四《祥眚》）

秋，有年。大風大水。（康熙《番禺縣志》卷一四《事紀》）

秋，旱，稷山、垣曲蝗。絳州、萬泉、安邑、聞喜、朔州大饑，賑之。（雍正《山西通志》卷一六三《祥異》）

秋，旱，大饑。（乾隆《絳縣志》卷一二《祥異》）

秋冬，不雨，明年正月方種麥。（乾隆《羅山縣志》卷八《災異》）

秋冬，不雨。（順治《固始縣志》卷九《菑異》）

秋冬，不雨，流寇入境。明年正月方種麥。（嘉慶《息縣志》卷八《災異》）

冬，燠。（康熙《杞紀》卷五《繫年》）

冬，旱。（順治《饒陽縣後志》卷五《事紀》）

八年、九年，蝗蝻食禾尤甚。（光緒《榮河縣志》卷一四《祥異》）

八年至十年，蝗自東來，遍滿天地，秋麥盡食。（雍正《郿縣志》卷七《事紀》）

八年至十二年，飛蝗蔽空，每年穀豆俱為所食。（乾隆《洧川縣志》卷七《祥異》）

八年至十二年秋，俱旱。（乾隆《富平縣志》卷一《祥異》）

蝗遺卵入地。次年生蝻，延至十年，餘孽傷稼。按《潼關衛志》：九年蝗，十年蝗，十一年蝗食苗，十二年夏蝻食麥。（乾隆《華陰縣志》卷二一《紀事》）

八年至十三年，每至夏亢旱，飛蝗蔽日，禾枯粮絕，民窮盜起。（民國《鄭縣志》卷一《祥異》）

八年至十三年，連歲飛蝗為害，白骨遍野。（康熙《長葛縣志》卷一《災祥》）

旱。八年至十三年，不食於蝗，則苦於旱，連歲災祲。（乾隆《陳州府志》卷三〇《雜志》）

崇禎九年（丙子，一六三六）

正月

壬申，孝陵樹雷火。（《崇禎實錄》卷九，第269頁）

望日，雷。二十八日，又雷雹。（乾隆《鎮江府志》卷四三《祥異》；光緒《丹徒縣志》卷五八《祥異》；光緒《丹陽縣志》卷三〇《祥異》）

大雨雹，擊殺牛馬。（乾隆《汀州府志》卷四五《祥異》）

雨雹。（民國《連城縣志》卷三《大事》）

甲戌，雷燬孝陵樹。夏，南畿大旱。（同治《上江兩縣志》卷二下《大事下》；光緒《金陵通紀》卷一〇下）

二十八日，早昏黑如夜，疾雨轟雷中，隕黑豆滿地，拾之須臾盈掬，其味甘苦不一。（光緒《通州直隸州志》卷末《祥異》）

壬申、癸酉，大風。甲戌，震電。乙亥，雨雪。夏，大旱。（乾隆《解

州安邑縣運城志》卷一一《祥異》）

雷。（康熙《儀徵縣志》卷七《祥異》）

雨黑豆滿野，拾之須臾盈掬，味甘苦不一。（光緒《泰興縣志》卷末《述異》）

地震。（乾隆《潮州府志》卷一一《災祥》）

大雨雹。（康熙《武平縣志》卷九《祲祥》）

始雪。夏秋，大水傷稼，自四月雨至八月，五穀始貴，民饑。（嘉慶《息縣志》卷八《災異》）

二月

乙巳，山西飢，人相食。（《崇禎實錄》卷九，第 273 頁）

雨雹。（乾隆《潮州府志》卷一一《災祥》；乾隆《揭陽縣正續志》卷七《事紀》）

大雨狂風，西隅曹煜坊、儒學前驄馬聯鑣、青雲接武二坊，南隅曹天祐坊石頂皆飛去無跡。（康熙《浮梁縣志》卷二《祥異》）

三月

戊申，吳甡奏言：“聞喜、沁源、尋縣，人飢相食。”命發三萬五千金賑邮之。（《崇禎實錄》卷九，第 275 頁）

癸丑，雨黃沙。（乾隆《婁縣志》卷一五《祥異》；嘉慶《松江府志》卷八〇《祥異》；同治《上海縣志》卷三〇《祥異》；光緒《重修華亭縣志》卷二三《祥異》；光緒《川沙廳志》卷一四《祥異》；民國《南匯縣續志》卷二二《祥異》）

朔日，白虹貫日。夏旱，秋蝗。（康熙《永平府志》卷三《災祥》）

初一日，紅沙障天，晝晦，麥盡傷。（乾隆《東昌府志》卷三《總紀》）

春，日晦似血。三月，忽有風自西來，白晝如晦。（民國《重修靈臺縣志》卷三《災異》）

雨紅沙。夏無麥。（康熙《江都縣志》卷四《祥異》）

大雨雹。（順治《新修望江縣志》卷九《災異》）

至夏俱不雨，民間斗米貴至三錢，將半月無籽粒入市。五月五日幾變，賴守道林日瑞率屬賑饑，民藉以安。（康熙《上饒縣志》卷一一《祥異》）

霪雨，大水。（民國《上杭縣志》卷一《大事》）

四月

旱，大饑，斗米價騰貴幾倍，人心洶動，祈禱未應。知縣潘復敏迎六祖禪師入城，雨澤始沛，旱禾乃登。（光緒《曲江縣志》卷三《祥異》）

旱，米貴，逾月乃雨。（民國《恩平縣志》卷一三《紀事》）

八日，雨雹傷麥。（光緒《無錫金匱縣志》卷三一《祥異》）

大雨無麥，尋大雪，歲飢，振粥。（光緒《安東縣志》卷五《民賦下》）

大旱，斗米一錢。（民國《萬載縣志》卷一《祥異》）

雨雹，大如雞子。（乾隆《陽武縣志》卷一二《災祥》）

春，始雪。夏秋，大水傷稼，自四月雨至八月。五穀始貴，民饑。（乾隆《羅山縣志》卷八《災祥》）

二十四日，見兩日摩蕩，如是者三日方滅。（乾隆《蓬溪縣志》卷六《祲紀》）

夏四、五月，旱，斗米銀一錢六分，縣發粟賑饑。（嘉慶《新安縣志》卷一三《災異》）

旱，自四月至七月不雨，遍野如掃。（康熙《江寧府志》卷二九《災祥》；道光《上元縣志》卷一《庶徵》）

雨，連綿至八月，淮水泛溢，繫舟樹杪。（同治《霍邱縣志》卷一六《祥異》）

雨，至八月止，淮河系舟樹杪。（順治《潁州志》卷一《郡紀》）

五月

定興、容城雨雹，大如瓶盎，行人死傷甚眾。（光緒《保定府志》卷四〇《祥異》）

地震，有聲如雷，屋宇皆動。（同治《隨州志》卷一七《祥異》）

雨雹，大如瓶盂，行人死傷甚眾，木葉脱落如冬。（光緒《容城縣志》卷八《災異》）

大雨雹傷人。（光緒《定興縣志》卷一九《災祥》）

大旱。（同治《廣信府志》卷一《星野》）

大水沖坑，田地成山，低窪者劃為河，民居蕩洗，湊死甚眾。（民國《萬載縣志》卷一《祥異》）

蝗。（民國《銅山縣志》卷四《紀事表》）

霪雨傷禾。（崇禎《泰州志》卷七《災祥》）

有蝗。（同治《徐州府志》卷五下《祥異》）

丙辰，大雨，平地水深五尺，麥為腐。（光緒《鹿邑縣志》卷六下《民賦》）

大雨，溪溢，湊學宮者五尺，漂没百餘户。（光緒《西充縣志》卷一一《祥異》）

辛未，州東門外八里河，星隕如雨。（光緒《通州直隸州志》卷末《祥異》）

不雨，至八月。（道光《陽江縣志》卷八《編年》）

五月，不雨，八月乃雨。（康熙《續修武義縣志》卷一〇《庶徵》）

不雨，至於九月，民多饑死。（同治《嵊縣志》卷二六《祥異》）

二十日至九月十三日滴澤不通。地中有白土，爭掘食之，名曰“觀音粉”，多致死者。（道光《嵊縣志》卷一四《祥異》）

六月

丙子，夜子刻，有大星如斗，色赤，芒耀約十丈，自西南流東，聲如雷。（《崇禎實録》卷九，第284頁）

丙子，夜，有星如斗，光芒十丈許，自西南流向東，有聲如雷。（同治《漢川縣志》卷一四《祥祲》）

五日，太白晝見。（光緒《石門縣志》卷一一《祥異》；光緒《嘉興府志》卷三五《祥異》）

初五日，太白晝見。（康熙《桐鄉縣志》卷二《災祥》；光緒《嘉善縣志》卷三四《祥眚》）

丙子，夜，有星大如斗，色赤芒，耀約十丈，自西南流而東，聲若雷。（光緒《平湖縣志》卷二五《祥異》）

大雷雹。（咸豐《興甯縣志》卷一二《災祥》）

大風飛泗州塔頂，墮五里地。（乾隆《歸善縣志》卷一八《雜記》）

雨，傷稼。秋蝗，大饑。（民國《昌黎縣志》卷一二《故事》）

雷擊慈雲閣左鴟吻。（光緒《保定府志》卷四〇《祥異》；光緒《定興縣志》卷一九《災祥》）

大水。（民國《鄖城縣記》第五《大事篇》）

河決長山堤口。（同治《徐州府志》卷五下《祥異》）

大旱。（嘉慶《松江府志》卷八〇《祥異》；同治《上海縣志》卷三〇《祥異》；光緒《青浦縣志》卷二九《祥異》）

無麥。六月，酷熱二十餘日，人多暍死。（民國《續修醴泉縣志稿》卷一四《祥異》）

夏旱。六月，雨傷稼。秋蝗，大饑。（乾隆《永平府志》卷三《祥異》）

春夏，旱，六月乃雨。（順治《易水志》卷上《災異》）

旱，至六月二十三日方雨，田禾半收。（民國《交河縣志》卷一〇《祥異》）

春夏，旱，六月雨。大暑，人畜多熱化。（順治《饒陽縣後志》卷五《事紀》）

風霾。（康熙《武邑縣志》卷一《祥異》）

大雨雹，殺西北禾蔬至盡。（乾隆《歷城縣志》卷二《總紀》）

大旱，熱且久，自五月至七月雨不及寸。（《鎮江府金壇縣採訪冊·政事》）

河決長山堤口，參議徐標塞之。（順治《徐州志》卷八《災祥》）

河決邑北，水深丈餘，漂没人畜。縣堤失守，水至城下，知縣左懋泰濬溝，南入沙河。（康熙《陳留縣志》卷三八《災祥》）

下新鎮雨冰末。（順治《黃梅縣志》卷三《災異》）

大風，飛泗州塔頂。（光緒《惠州府志》卷一七《郡事上》）

六、七月，旱，斗米千錢。（同治《玉山縣志》卷一〇《祥異》）

六月、冬十一月癸亥，天雨血。（光緒《川沙廳志》卷一四《祥異》）

七月

癸卯朔，日食。（《崇禎實錄》卷九，第 285 頁）

甲寅，惠州大風，壞民居亡算。（《國榷》卷九五，第 5748 頁）

朔、望，日月交食。（乾隆《望江縣志》卷三《災異》）

雷震譙樓。（雍正《惠來縣志》卷一二《災祥》）

大颶風。（乾隆《揭陽縣正續志》卷七《事紀》）

水。（乾隆《杞縣志》卷二《祥異》）

旱，斗米三錢。（同治《廣信府志》卷一《星野》）

大風拔木，雨雹傷稼，大者如馬首。（光緒《臨朐縣志》卷一〇《大事表》）

蝗食禾，生蛹。（光緒《長治縣志》卷八《大事記》）

青田天鼓鳴，山溢，洪水，壞民居……是年春荒夏旱，三月不雨。（光緒《處州府志》卷二五《祥異》）

天鼓鳴，山溢，洪水有物怪見。（光緒《青田縣志》卷一七《災祥》）

宣平火。春荒，夏旱。（雍正《處州府志》卷一六《雜事》）

蝗食禾。（民國《襄垣縣志》卷八《祥異》）

蝗食禾，大饑，民相食。（康熙《屯留縣志》卷三《祥異》）

旱，蝗。（民國《漢南續修郡志》卷二三《祥異》）

蝗。歲饑，斗粟千錢，大疫。（康熙《益都縣志》卷一〇《祥異》）

龍見，觀者如堵。（康熙《會稽縣志》卷八《災祥》）

二十日，長夏門外有旋風揭居民劉敕甫屋，去柱壁，及比鄰如故。（光緒《沔陽州志》卷一《祥異》）

大冰雹，如魚目，擊死牲畜。（同治《安化縣志》卷三四《五行》）

雷震譙樓。（乾隆《潮州府志》卷一一《災祥》）

甲寅，颶風大作，文廟民居以及城垣圮毀不可勝紀，海舟吹上陸地，亙古未有。（乾隆《海豐縣志》卷一〇《邑事》）

八月

癸酉，初昏，有大星西流，有聲，色赤。（《崇禎實錄》卷九，第 289 頁）

承天大水。（《國榷》卷九五，第 5757 頁）

蕭豐河溢，大水。（同治《徐州府志》卷五下《祥異》）

河溢。（嘉慶《蕭縣志》卷一八《祥異》）

霪雨傷稼。（民國《續修醴泉縣志稿》卷一四《祥異》）

夜，地震，立者仆地。（道光《義寧州志》卷二三《祥異》）

大風拔木，雨雹大如李，害稼。（康熙《益都縣志》卷一〇《祥異》）

大旱。民多食土，名“觀音粉”。（康熙《金華府志》卷二五《祥異》）

有大風，起自東北，損折民房無數，海濱尤甚。有一村吹九頭牛，從風退走二十里外，方仆地而斃。（民國《詔安縣志》卷五《大事》）

上游操家口決，兵亂未築。漢川水。（同治《漢川縣志》卷一四《祥禨》）

大水。八月，蝗自南來，蔽日，野草俱盡。（同治《鍾祥縣志》卷一七《祥異》）

大水，決東堤入城。（乾隆《天門縣志》卷七《祥異》）

操家口決，兵亂未築。（光緒《潛江縣志續》卷二《祥異》）

九月

大颶。（乾隆《潮州府志》卷一一《災祥》；嘉慶《澄海縣志》卷五

《災祥》；光緒《潮陽縣志》卷一三《灾祥》）

驟寒。（同治《上海縣志》卷三〇《祥異》；光緒《川沙廳志》卷一四《祥異》；民國《南匯縣續志》卷二二《祥異》）

曹家口水漲，河决。（光緒《曹縣志》卷一八《災祥》）

十月

丁亥，大風累夕。（《國榷》卷九五，第5763頁）

冰厚盈寸土。（乾隆《揭陽縣正續志》卷七《事紀》）

大風，損折陵樹。（光緒《昌平州志》卷六《大事表》）

雨穀。（康熙《安慶府志》卷六《祥異》；民國《潛山縣志》卷二九《祥異》）

十一月

十七日，星隕，天鼓鳴二次，自北而南。（光緒《靈化縣志》卷一四《祥異》）

二十三，夜，雷電雨雹。（道光《桐城續修縣志》卷二三《祥異》）

二十六戌時，地震。（嘉慶《山陰縣志》卷二五《機祥》）

二十七戌時，地震。（康熙《會稽縣志》卷八《災祥》）

龍陽縣馬頭山雨豆，色赤有黑點。（嘉慶《常德府志》卷一七《災祥》）

星隕，天鼓鳴。（民國《無棣縣志》卷一六《祥異》）

大雨雪，積水厚一尺，牛羊草木多凍死。（乾隆《龍溪縣志》卷二〇《祥異》）

癸亥，天雨血。（同治《上海縣志》卷三〇《祥異》）

癸亥，雨血。（乾隆《婁縣志》卷一五《祥異》；乾隆《華亭縣志》卷一六《祥異》；光緒《重修華亭縣志》卷二三《祥異》）

蝗，翳空蔽地，禾稼立盡。（光緒《豐縣志》卷一六《災祥》）

二十日，夜戌刻，雞聲亂於塒，夜半風雷大作。（乾隆《濰縣志》卷六

《祥異》）

二十八日，戌刻，雞聲亂於埘，尋風雷大作。（乾隆《披縣志》卷五《祥異》）

雷電雨雹。歲饑。（順治《新修望江縣志》卷九《災異》）

大雨雪，積水（疑當作"冰"）厚一尺，牛羊多凍死。（民國《詔安縣志》卷五《大事》）

大雨雪，積冰厚一尺。（乾隆《南靖縣志》卷八《祥異》）

西馬頭山雨豆，其色赤，上有黑點。（光緒《龍陽縣志》卷一一《災祥》）

十二月

丁酉，是冬，歲星犯執法。（《崇禎實錄》卷九，第298頁）

大霜，荔支、龍眼樹多枯。（民國《連江縣志》卷三《大事記》）

大雹。（康熙《增城縣志》卷三《事紀》）

隕霜炎荒，從來罕見霜雪。此月十六日水面堅凝，厚四五寸，連隕三日，草木禽魚，凍死無數。（雍正《惠來縣志》卷一二《災祥》）

大水傷麥殆盡。（民國《龍門縣志》卷一七《縣事》）

極寒，黃浦、泖湖皆冰。（乾隆《婁縣志》卷一五《祥異》；乾隆《金山縣志》卷一八《祥異》；嘉慶《松江府志》卷八〇《祥異》）

極寒，黃浦冰。（同治《上海縣志》卷三〇《祥異》；光緒《重修華亭縣志》卷二三《祥異》；光緒《川沙廳志》卷一四《祥異》；民國《南匯縣續志》卷二二《祥異》）

極寒，泖湖皆冰。（光緒《青浦縣志》卷二九《祥異》）

乙酉日，大風吹人墮地，大寒，人有凍死者。（《鎮江府金壇縣採訪冊·政事》）

大水，傷麥殆盡。（光緒《廣州府志》卷七九《前事》）

十六日，隕霜成冰，厚四五寸，連隕二日，草木禽魚凍死無數。（乾隆《潮州府志》卷一一《災祥》）

大雪，樹木多凍死。（乾隆《海豐縣志》卷一〇《邑事》）

大雪。（乾隆《陸豐縣志》卷三《建置》）

雪池水冰。（康熙《茂名縣志》卷三《災祥》）

望，雨雪三晝夜，樹木盡槁。（康熙《臨高縣志》卷一《災祥》）

是年

春，永平門扇無故自折，德興大水，饑。夏，大旱，斗米千錢，浮梁大饑，斗米錢五百，民有食土者。（同治《饒州府志》卷三一《祥異》）

夏，江水泛溢山圩，稼死過半，秋螟。（乾隆《銅陵縣志》卷一三《祥異》）

夏，大旱，郡守發倉賑饑。（康熙《松溪縣志》卷一《災祥》）

夏，蝗旱，民相食，群盜橫起。（乾隆《鄧州志》卷二四《祥異》）

夏，旱。（民國《昌黎縣志》卷一二《故事》）

夏，大水，鄰封率旱，穀價騰湧，強民倡亂平倉，知縣黃鶴騰坐甲保戢之。（同治《樂昌縣志》卷一二《災祥》）

夏，大水，鄰封旱，穀價騰湧，民倡平倉，知縣黃鶴騰坐保戢之。（民國《樂昌縣志》卷一九《大事記》）

夏，大旱，米價貴。（同治《興安縣志》卷一六《祥異》）

夏，大旱，米價每石三兩。（同治《廣豐縣志》卷一○《祥異》）

夏，大旱，大熱，行人多冒暑僵死。（民國《吳縣志》卷五五《祥異考》）

夏，蝗飛蔽天日，薄于林藪，盡成蝗樹。九月，大雪。（光緒《麻城縣志》卷一《大事》）

大旱。夏，酷熱，人多觸暑僵死。（乾隆《震澤縣志》卷二七《災祥》）

大旱，斗米二錢，令王佐步行勸輸以賑。（康熙《休寧縣志》卷八《機祥》）

水。（順治《蒙城縣志》卷六《災祥》；民國《重修蒙城縣志》卷一二《祥異》）

旱。（康熙《翁源縣志》卷一《祥異》；乾隆《諸暨縣志》卷七《祥異》；同治《益陽縣志》卷二五《祥異》；民國《新昌縣志》卷一八《災異》）

遍山竹皆生米。州大旱，民饑，競采竹實以食。（乾隆《福寧府志》卷四三《祥異》）

曲江翁源旱，英德大饑，樂昌大水，饑民倡亂平倉，知縣黃鶴騰戢之。（同治《韶州府志》卷一一《祥異》）

大水。（康熙《霸州志》卷一〇《災異》；康熙《寶應縣志》卷三《災祥》；康熙《登州府志》卷一《災祥》；康熙《睢州志》卷七《祥異》；康熙《棲霞縣志》卷七《祥異》；乾隆《辰州府志》卷六《機祥》；道光《重修寶應縣志》卷九《災祥》；道光《辰溪縣志》卷三八《祥異》；光緒《開州志》卷一《祥異》；民國《霸縣新志》卷六《灾異》；民國《文安縣志》卷終《志餘》）

大水，禾稼皆沒。（民國《鹽山新志》卷二九《祥異表》）

大水傷禾。（康熙《南樂縣志》卷九《紀年》；光緒《南樂縣志》卷七《祥異》）

大旱，河水竭，牛大疫，十室九空。（乾隆《濟源縣志》卷一《祥異》）

大水，鼠化為魚。（光緒《江夏縣志》卷八《祥異》）

瀏陽大水。（乾隆《長沙府志》卷三七《災祥》）

沭陽、贛榆蝗。贛榆忽來鶩千群，食蝗盡。（嘉慶《海州直隸州志》卷三一《祥異》）

大旱。（順治《保安縣志》；康熙《龍游縣志》卷一二《雜識》；康熙《彭澤縣志》卷二《邮政》；康熙《衢州府志》卷三〇《五行》；康熙《永康縣志》卷一五《祥異》；康熙《龍游縣志》卷一二《災祥》；嘉慶《蘭谿縣志》卷一八《祥異》；嘉慶《沅江縣志》卷二二《祥異》；嘉慶《黟縣志》卷一一《祥異》；道光《徽州府志》卷八《名宦》；同治《德化縣志》卷五三《祥異》；同治《九江府志》卷五三《祥異》；同治《黃陂縣志》卷

一《祥異》；同治《湖口縣志》卷一〇《祥異》；同治《瑞昌縣志》卷一〇《祥異》；同治《鄞縣志》卷六九《祥異》）

旱，大饑。（道光《義寧州志》卷二三《祥異》；光緒《撫州府志》卷八四《祥異》）

螟為災。（道光《長清縣志》卷一六《祥異》）

米麥價銀一錢二升五合，又雨雹，大如雞卵、核桃。（民國《新絳縣志》卷一〇《災祥》）

蝗。（順治《閿鄉縣志》卷一《星野》；康熙《潼關衛志》卷上《災祥》；康熙《榮河縣志》卷八《災祥》；乾隆《通許縣舊志》卷一《祥異》；乾隆《重修直隸陝州志》卷一九《災祥》；民國《陝縣志》卷一《大事紀》）

大雨四十日。（宣統《涇陽縣志》卷二《祥異》）

蝗，民饑。（民國《商南縣志》卷一一《祥異》）

大旱，酷熱。（同治《湖州府志》卷四四《祥異》；光緒《烏程縣志》卷二七《祥異》）

寧海大旱，民饑死無算。（民國《台州府志》卷一三四《大事略》）

大旱，民食土，名"觀音粉"，百姓賴以活者甚眾。（嘉慶《義烏縣志》卷一九《祥異》）

山陰、會稽地震。嵊、新昌旱。（乾隆《紹興府志》卷八〇《祥異》）

大旱，歲饑，多餓殍。（乾隆《象山縣志》卷一二《機祥》）

秋，蝗至，不傷禾，一夕飛去，大有年。（光緒《海鹽縣志》卷一三《祥異考》）

秋，螟食禾，歲饑。（光緒《長子縣志》卷一二《大事記》）

秋，霪雨三月，黃河泛溢，邑大水。（光緒《豐縣志》卷一六《災祥》）

秋，霖雨。（民國《無棣縣志》卷一六《祥異》）

冬，燠。（民國《高密縣志》卷一《總紀》）

春，荒，米三錢。夏，旱，三月不雨，亦一劫也。（乾隆《宣平縣志》卷一一《紀異》）

春，旱。（道光《安岳縣志》卷三《學校》）

酷熱，人多暍死。（康熙《廣平府志》卷一九《祥災》）

夏，大雨，南堤決，水至城下。是後為常。（順治《曲周縣志》卷二《災祥》）

夏，晝瞑，大風拔大樹數百株，根皆向天，小者無算。九年冬、十年春，常風霾，沙飛揚如北地。（康熙《蘄州志》卷一二《災異》）

夏，蝗，旱。民相食。（順治《鄧州志》卷二《郡紀》）

夏，亢旱，飛蝗蔽日，禾枯粮盡，民窮盜起。（民國《鄭州志》卷一《祥異》）

夏，大旱。（康熙《松溪縣志》卷一《災祥》）

夏，大旱，穀每石至八錢。（康熙《分宜縣志》卷四《祥異》；康熙《宜春縣志》卷一《災祥》；民國《分宜縣志》卷一六《祥異》）

夏，大旱，斗米二錢。（康熙《鄱陽縣志》卷一五《災祥》）

夏，大旱，穀每石價至八錢。（康熙《萍鄉縣志》卷六《祥異》）

夏，大旱，知縣許茂莘禱雨有應。（順治《新修東流縣志》卷四《惠政》）

夏，淫雨傷禾。冬無雪。（嘉慶《東臺縣志》卷七《祥異》）

夏，水。（康熙《儀徵縣志》卷一八《祥祲》）

夏，大旱大熱，行人多冒暑僵死。（崇禎《吳縣志》卷一一《祥異》）

夏，雹如雞子，城南更甚。（光緒《曹縣志》卷一八《災祥》）

大旱，夏，酷熱，人多觸暑僵死。（乾隆《吳江縣志》卷四〇《災變》）

大霜殺麥。（康熙《新修宜良縣志》卷一〇《災祥》）

大饑。以連年大水，米價騰踴，斛米千錢。六月六日颶風大作，風聲所過，勢如雷吼，椽瓦皆飛，民居城樓盡傾，大樹拔者、折者不計其數，道府縣大儀門俱倒，自辰至未不止，而大雨如注數日，觀廟神祠頹廢盡矣。土人皆云有生以來僅見者。（崇禎《廉州府志》卷一《歷年紀》）

龍起城西北柳，波湧海上。（康熙《南海縣志》卷三《災祥》）

龍起西柳，波湧海上。（嘉慶《羊城古鈔》卷一《機祥》）

旱，斗米銀一錢七分。（同治《安化縣志》卷三四《五行》）

大水，沿江禾稻鏟消殆盡。（康熙《瀏陽縣志》卷九《災異》）

地震。蝗。（同治《通城縣志》卷二二《祥異》）

江夏大水，鼠化為魚。（康熙《湖廣武昌府志》卷三《災異》）

大風，將贈都御史呂孔學墓碣吹至數里，方墜地。（民國《新安縣志》卷一五《祥異》）

飛蝗蔽天。（光緒《盧氏縣志》卷一二《祥異》）

歲旱，祈雨巖洞，彌月得雨。（民國《龍巖縣志》卷三一《良吏傳》）

黃風蔽日。（乾隆《陳州府志》卷三〇《雜志》）

大雨水。（順治《虞城縣志》卷八《災祥》；光緒《虞城縣志》卷一〇《災祥》；光緒《永城縣志》卷一五《災異》；民國《夏邑縣志》卷九《災異》）

（蕩水）復決菜園東。（崇禎《湯陰縣志》卷四《山川》）

雨雹傷禾。（道光《河內縣志》卷一一《祥異》）

大蝗。（乾隆《原武縣志》卷一〇《祥異》）

飛蝗蔽空。（嘉慶《洧川縣志》卷八《雜志》）

大雨。（乾隆《氾水縣志》卷一二《祥異》）

潦。（康熙《進賢縣志》卷一八《災祥》）

大水，歲饑。（乾隆《靖安縣志》卷一六《雜志》）

旱，民大饑。（雍正《撫州府志》卷三《祥異》）

水災，晚稻無收。饒河遏糴，知縣李寅賓平糶預備倉稻，按院捐俸賑恤。（康熙《婺源縣志》卷七《蠲賑》）

大旱，饑。米價騰甚。（同治《都昌縣志》卷一六《祥異》）

旱，大饑。（道光《武寧縣志》卷二七《祥異》）

（九江）旱。（康熙《潯陽蹠醢》卷六《災祥》）

休寧、婺源、黟大旱饑，道殍相望。（康熙《徽州府志》卷一八《祥異》；道光《徽州府志》卷一六《祥異》）

江水泛溢，山圩稼死過半秋螟。（乾隆《銅陵縣志》卷一三《祥異》）

處州大水，壞民居。（康熙《浙江通志》卷二《祥異附》）

旱。有白泥可食，人呼為"觀音粉"。（康熙《浦江縣志》卷六《灾祥》）

大旱。斗米千錢，民食白泥。（康熙《永康縣志》卷一五《祥異》）

大旱。歲饑，多饑殍。（乾隆《象山縣志》卷一二《機祥》）

大旱，斗米銀五錢，民饑死無算。（光緒《寧海縣志》卷二三《灾異》）

潮衝瓜瀝塘壞。（康熙《蕭山縣志》卷一一《水利》）

蝗害稼，歲凶。（康熙《沭陽縣志》卷一《祥異》）

蝗蝻害稼。（康熙《泗水縣志》卷一一《灾祥》）

地大震三日，垣屋盡傾，傷人甚多。旱蝗并集，大饑。（民國《續修南鄭縣志》卷七《拾遺》；民國《漢南續修郡志》卷二三《祥異》）

蝗不為災。（康熙《蒲城志》卷二《祥異》）

蝗。大饑，斗米六錢，餓殍載道。（乾隆《直隸商州志》卷一四《灾祥》）

大旱，歲荒。（乾隆《解州夏縣志》卷一一《祥異》）

蝗，明年復蝗。（乾隆《蒲州府志》卷二三《事紀》）

蝻害甚於蝗。（乾隆《稷山縣志》卷七《祥異》）

米麥價銀一錢二升五合。雹大如雞卵、核桃。（康熙《絳州志》卷三《灾祥》）

蝗食禾，生蝻。（康熙《潞城縣志》卷八《灾祥》）

榮河、交城、長治、潞城、襄垣、長子蝗蝻傷稼。稷山蝻害甚於蝗。絳州、聞喜又饑，賑之。（雍正《山西通志》卷一六三《祥異》）

大旱，蝗。大風拔樹，晝晦。（康熙《廣宗縣志》卷一一《禩祥》）

平鄉、廣宗大旱，蝗。（乾隆《順德府志》卷一六《祥異》）

蚄蝗災，米斗三百六十錢。（崇禎《内邱縣志》卷六《變紀》）

雨潦。（光緒《大城縣志》卷一〇《五行》）

夏秋之交，遍山皆竹米，形如小麥。值米貴，民乏食，取而粉之可粥，

捲之可飯，於是闔邑競采。多者或盈數倉，轉以發糶，每石價一金，凡出竹米數千斛，民賴以濟。（崇禎《壽寧縣志》卷下《祥瑞》）

夏秋，大水，米貴民饑。（嘉慶《商城縣志》卷一四《災祥》）

大雨四十日，秋禾糜爛。（康熙《涇陽縣志》卷一《祥異》）

大旱。秋，瘟疫大作。（光緒《慈谿縣志》卷五五《祥異》）

秋，霖雨，民饑逃竄。（康熙《海豐縣志》卷四《事記》）

秋，飛蝗食禾，歲饑。（康熙《交城縣志》卷一《祥異》）

秋，沂水溢。（民國《臨沂縣志》卷一《通紀》）

秋，沂水泛漲，衝決洪福寺河堰，郯城西北至西南一面，寬三十餘里、長七十餘里一帶俱是大水，漂没廬舍一空，淹死民人無數。田野盡壞，民人大饑。（康熙《郯城縣志》卷九《災祥》）

冬，燠，臘初猶難著綿，草蟲亦有生者。（康熙《續安丘縣志》卷一《總紀》）

冬，燠，臘月猶不著綿。地震。（民國《壽光縣志》卷一五《大事記》）

冬，大雪。（同治《藤縣志》卷二一《雜記》）

冬，大凍。樂土從來霜凝僅一粟厚。是年冰結寸餘，堅凝可渡，凡竹木花果俱凍死。（康熙《長樂縣志》卷七《災祥》）

冬，無冰。（康熙《貴池縣志略》卷二《祥異》）

九年至十年，蟓螣螽賊皆備。（光緒《孝感縣志》卷七《災祥》）

九年、十年（河）連決曹家口。（乾隆《曹州府志》卷五《河防》）

九年、十年又旱，蝗。大雨衝壞民居。（民國《新安縣志》卷一五《祥異》）

九年至十三年五載，旱蝗。（乾隆《獲嘉縣志》卷一六《祥異》）

九年至十三年五載，旱蝗，兼兵賊焚掠，癘疫橫作，民死於兵、死於賊、死於饑寒並死於疫者，百不存一二。（乾隆《獲嘉縣志》卷一六《祥異》）

是年至次年，秦州屬縣連年旱，饑。（光緒《甘肅新通志》卷二《附祥異》）

崇禎十年（丁丑，一六三七）

正月

辛丑朔，日食，免朝賀。（《崇禎實錄》卷一〇，第 299 頁）

朔，日有食之。（乾隆《望江縣志》卷三《災異》）

朔，日有食之。（道光《桐城續修縣志》卷二三《祥異》）

南畿地震。（光緒《金陵通紀》卷一〇下）

丙午，南畿地震。（同治《上江兩縣志》卷二下《大事下》）

朔，日食。（乾隆《銅陵縣志》卷一三《祥異》；道光《江陰縣志》卷八《祥異》；光緒《通州直隸州志》卷末《祥異》）

元日，聞雷。冬，懷集霜。（嘉慶《廣西通志》卷二〇四《前事》）

雷。夏，大旱。（康熙《儀徵縣志》卷七《祥異》）

十五日，日光摩蕩。（康熙《鍾祥縣志》卷一〇《災祥》）

日光摩蕩。（光緒《京山縣志》卷一《祥異》）

元旦，雷聲。（雍正《廣東通志》卷五一《風俗》；康熙《陽春縣志》卷一五《祥異》）

元旦，雷。（康熙《茂名縣志》卷三《災祥》）

元旦，聞雷。是歲三月起，至十二月，城鄉之鼠悉變爲臊鼠，身小眼細，二三相角，其聲促促如蚤吟。（光緒《平樂縣志》卷九《災異》）

至三月終，不雷不雨。邑令劉熙祚齋戒步禱，三禱三應，四野方得插蒔。夏季多雨，蓮塘、江坑二處蛟出，湧如山，推塞四千餘畝。（崇禎《興寧縣志》卷六《災異》）

二月

赤風，自西北來，火氣逼人。（民國《重修蒙城縣志》卷一二《祥異》）

初二日，清源山異雲湧起如沸，風雨大作，平地水深數尺，新橋淹没。

（乾隆《晉江縣志》卷一五《祥異》）

晦，己亥，日始出，色赤如血，無光，有青色如日者數千百，或聚或散，與日相摩。（光緒《通州直隸州志》卷末《祥異》）

朔，三日，雨，木冰。（康熙《廣濟縣志》卷二《灾祥》）

三月

癸丑，真定大風霾。（《國榷》卷九六，第 5776 頁）

不雨，郡守唐世涵禱雨應候，民乃得蒔。四月不雨，應禱如初，歲不為災。（光緒《長汀縣志》卷三二《祥異》）

白虹，青氣貫日。（道光《新會縣志》卷一四《祥異》）

陝西天鼓鳴。（光緒《永壽縣志》卷一〇《述異》）

十四日，鳳翔蝗飛蔽天。（乾隆《鳳翔府志》卷一二《祥異》）

四月

癸酉，薊州雷火，焚東山二十餘里。（《崇禎實錄》卷一〇，第 302 頁）

戊寅，以旱霾諭清獄，發帑金八千，賑灤州、昌黎。（《崇禎實錄》卷一〇，第 302 頁）

乙亥，大雨雹。（《明史·五行志》，第 433 頁）

二十二日，雹大如拳，甘露、祝塘等鄉麥盡死。秋，旱蝗。（光緒《無錫金匱縣志》卷三一《祥異》）

二十三，大雨雹。（道光《桐城續修縣志》卷二三《祥異》）

連雨三日，水幾溢城堞，河傍鋪屋漂流殆盡。（雍正《惠來縣志》卷一二《災祥》）

地震。（乾隆《新興縣志》卷六《編年》）

辛未，大風，晝晦如夜，自午至夜方息。（民國《遷安縣志》卷五《記事篇》）

大雪殺禾，雨雹如雞子，深尺餘，秋蟲食禾。（光緒《安東縣志》卷五《民賦下》）

大雨雹，平地數尺。（康熙《延綏鎮志》卷五《紀事》；嘉慶《延安府志》卷六《大事表》）

雨雹。（乾隆《綏德州直隸州志》卷一《歲徵》；光緒《綏德直隸州志》卷三《祥異》）

二十七日午時，邑西北境黑霾，暴風雨拔樹飛瓦，已而雨冰大者如拳，平地兩尺，至西方止。打死行人、鳥鵲無數，田野凍合，三日始解。麥後大蝗。秋，牛疫。冬，泥蟲傷麥，至春麥苗盡死。（光緒《曹縣志》卷一八《災祥》）

大雪殺禾，十八日，雹如卵，深尺餘。秋禾土蠶食盡。（雍正《安東縣志》卷一五《祥異》）

大水，小舟入城。（康熙《德安縣志》卷八《災異》）

連雨三日，水幾溢城堞，傍河鋪屋漂流殆盡。（乾隆《潮州府志》卷一一《災祥》）

閏四月

戊申，武卿〔鄉〕、沁源大雨雹。（《崇禎實錄》卷一〇，第303頁）

大雨雹。（乾隆《武鄉縣志》卷二《災祥》）

五月

五日，黃溪口橋下水不滿二尺，有巨魚長六尺許，居民爭取之。忽不見，次日鐃山蛟出，山崩水溢，漂沒廬舍，死者數十人。（民國《建寧縣志》卷二七《災異》）

地震。（民國《萬載縣志》卷一《祥異》）

旱。（光緒《靖江縣志》卷八《祲祥》）

十三日，大風拔木。（乾隆《醴泉縣志》卷一二《舊聞》）

水，漲入縣治，潰官塘圩，舟徙南門，入官塘塲，至弋陽溪，各鄉圩多潰。（康熙《餘干縣志》卷三《災祥》）

蝝渡河入民居，遍野害稼。（康熙《鍾祥縣志》卷一〇《災祥》；光緒

《京山縣志》卷一《祥異》)

六月

戊申，山東、河南飛蝗蔽野，青民大饑。(《崇禎實錄》卷一〇，第309頁)

龍見華嚴庵，卷草舍數楹，雨降，自秋徂冬至。(光緒《靖江縣志》卷八《祲祥》)

蝗，民大饑。(民國《增修膠志》卷五三《祥異》)

二十夜，天裂有光，大星墜。(道光《桐城續修縣志》卷二三《祥異》)

朔，未時，地震。初五日未時，大震。十八日戌時，又大震。(道光《新修羅源縣志》卷二九《祥異》)

大蝗，大饑。(民國《濰縣志稿》卷二《通紀》)

沂河大水，衝決蒼口社龍潭河口，上下六七十里，漂沒居民廬舍，湮死稑稑田禾，黍、稷、稻、豆、高粱皆死。至冬春之交，遂成大饑。(康熙《郯城縣志》卷九《災祥》)

有蝗自山東來，蔽野斷青，歲大饑。明年，蝗復生，倍之。(道光《鄢陵縣志》卷一四《祥異》)

霪雨，大水衝城傷稼。(乾隆《重修鎮平縣志》卷六《藝文》)

大風拔木，北關為甚。(光緒《遂寧縣志》卷六《雜記》)

二十日，大風折木。(民國《潼南縣志》卷六《祥異》)

七月

天雨血。(民國《增修膠志》卷五三《祥異》)

桐城三里岡有白氣從空而下。(康熙《安慶府志》卷六《祥異》)

縣西三里岡有白氣一道從空而下。(道光《桐城續修縣志》卷二三《祥異》)

山東、河南蝗，民大饑。(《明史·莊烈帝紀》，第321頁)

平涼大旱，蝗飛蔽天，禾穀立盡。（乾隆《平涼府志》卷二一《祥異》）

蝗自東南來，其飛蔽天，遺尿如雨，到處穀禾立盡。（民國《重修靈臺縣志》卷三《災異》）

寧夏、平涼大旱，蝗飛蔽天，禾穀立盡。（乾隆《甘肅通志》卷二四《祥異》）

一日夜，大風雨，自西北來，瓦雀飛投南城壕死。竹遍生花。蘄、黃遠近多螟，群鳥食之。（康熙《蘄州志》卷一二《災祥》）

十日未時，城南楊家莊疾風，拔樹發屋。（乾隆《武城縣志》卷一二《祥異》，第 332 頁）

蝗，民大飢。（乾隆《曲阜縣志》卷三〇《通編》）

十六日，贛榆縣飛蝗遍野，殘食禾苗，百姓束手無策。突奔鷺鳥數千食之，不數日蝗皆盡矣。是年頗豐，至十一間麥秀兩歧。（崇禎《淮安府實錄備草》卷一八《祥異》）

八月

大水。（同治《鄖陽府志》卷八《祥異》；同治《房縣志》卷六《事紀》）

廿七日，節過寒露，午後西北雲起，雷聲不絕，冰雹滿地。（康熙《蒲城志》卷二《祥異》）

八月後，每日日落時，紅光從東南腳下，如火照人面，天盡赤，約三月餘。省臣引《京房傳》，謂之日空。（光緒《六合縣志》卷八《附錄》）

敘州大水，民登州堂及高阜者得免，餘盡沒。（《明史·五行志》，第 454 頁）

九月

辛卯，是月中旬，每晨暮，天色赤黃。（《崇禎實錄》卷一〇，第 312 頁）

十三夜，大風雨，民避寇境上者，男女凍死相枕藉。(同治《徐州府志》卷五下《祥異》；民國《銅山縣志》卷四《紀事表》)

十三日，雨雪。(光緒《崑新兩縣續修合志》卷五一《祥異》)

二十六日，雷電。(道光《桐城續修縣志》卷二三《祥異》)

每晨夕天色赤黃。(《明史·天文志》，第 411 頁)

九月後，赤氛朝夕見。(乾隆《饒陽縣志》卷下《事紀》)

(深縣) 秋九月後，赤氛朝夕見。(道光《深州直隸州志》卷末《機祥》)

飛蝗蔽天，九月復大蝻，食麥苗。(乾隆《陳州府志》卷三〇《祥異》)

九、十月間，日將出東方，色似胭脂，日將入西方，亦然。(康熙《桐鄉縣志》卷二《災祥》)

十月

南京晝晦，大霧，山中夜聞鬼嘯，戰鬪聲，樹上冰雪如甲冑旗槍之狀，占者謂之木介。(光緒《金陵通紀》卷一〇下)

日食，晝晦二時。(同治《德化縣志》卷五三《祥異》；同治《九江府志》卷五三《祥異》)

朔，日食，既晝晦。(同治《都昌縣志》卷一六《祥異》)

日食，既晝晦二時，雞犬奔吠。(同治《湖口縣志》卷一〇《祥異》)

朔，日有食之，晝晦二時，雞犬鳴吠。(同治《彭澤縣志》卷一八《祥異》)

地震。(光緒《臨朐縣志》卷一〇《大事表》)

雨著樹成冰，玲瓏皓白，遠近如一。(康熙《安慶府潛山縣志》卷一《祥異》)

十一月

己巳，夜，太白在析木宮如宿，初度七十三分。(《崇禎實錄》卷一〇，

第 313 頁）

丁卯，雨紅沙，如血。（乾隆《華亭縣志》卷一六《祥異》；乾隆《婁縣志》卷一五《祥異》；嘉慶《松江府志》卷八〇《祥異》；光緒《川沙廳志》卷一四《祥異》）

雨紅沙，如血。（光緒《南匯縣志》卷二二《祥異》）

雨，木冰。（康熙《安慶府志》卷六《祥異》）

大雨雷電。（乾隆《望江縣志》卷三《災異》）

二十五日夜，雷雨大作。（康熙《萍鄉縣志》卷六《祥異》）

二十九日，地震。（光緒《溧水縣志》卷一《庶徵》）

十二月

乙未，朔，日食。（《崇禎實錄》卷一〇，第 314 頁）

二十五日夜，大雪雨。（同治《宜春縣志》卷一〇《祥異》）

地大震。（乾隆《白水縣志》卷一《祥異》）

是年

春，有雷，自西教場曾家墓樹起火，有字，人不能辨。（光緒《平和縣志》卷一二《災祥》）

春，旱，知縣劉熙祚三禱三應。夏，大水，蛟見，由江坑出，壞田十餘頃。（咸豐《興甯縣志》卷一二《災祥》）

春，不雨。（嘉慶《介休縣志》卷一《兵祥》）

春，旱，麥秀而不實。（光緒《安東縣志》卷五《民賦下》）

春，雨，木冰。（康熙《鄱陽縣志》卷一五《災祥》；同治《饒州府志》卷三一《祥異》）

夏，南畿大旱。冬，南京木介。（同治《上江兩縣志》卷二下《大事下》）

夏，旱，無麥。（光緒《霑化縣志》卷一四《祥異》；民國《濟陽縣志》卷二〇《祥異》；民國《陽信縣志》卷二《祥異》）

夏，旱。（民國《無棣縣志》卷一六《祥異》）

夏，陽信、海豐、樂陵、霑化旱，無麥。（乾隆《樂陵縣志》卷三《祥異》）

蝗。（順治《閿鄉縣志》卷一《星野》；康熙《潼關衛志》卷上《災祥》；乾隆《重修直隸陝州志》卷一九《災祥》；民國《項城縣志》卷三一《祥異》；民國《陝縣志》卷一《大事紀》；民國《商水縣志》卷二四《雜事》；民國《夏邑縣志》卷九《災異》）

旱，蝗。（順治《淇縣志》卷一〇《災祥》；康熙《魚臺縣志》卷四《災祥》；康熙《清水縣志》卷一〇《災祥》；乾隆《清水縣志》卷一一《災祥》；乾隆《平原縣志》卷九《災祥》；嘉慶《蕭縣志》卷一八《祥異》；光緒《大城縣志》卷一〇《五行》；民國《文安縣志》卷終《志餘》）

旱。（崇禎《嘉興縣纂修啟禎兩朝實錄·災傷》；康熙《廬陵縣志》卷二《災祥》；乾隆《靜寧州志》卷八《祥異》）

大水。（康熙《新喻縣志》卷六《歲眚》；咸豐《郟縣志》卷一〇《災異》；同治《臨江府志》卷一五《祥異》）

蝗饑。（同治《徐州府志》卷五下《祥異》；民國《銅山縣志》卷四《紀事表》）

雨，木冰。（民國《南昌縣志》卷五五《祥異》）

大水，溢入縣治，潰官塘圩，舟從南門入市，至弋陽溪，各鄉圩多潰。（同治《餘干縣志》卷二〇《祥異》）

大旱，歲饑。（康熙《文水縣志》卷一《祥異》；民國《莘縣志》卷一二《譏異》）

蝗，大饑。（乾隆《諸城縣志》卷二《總紀上》）

秋，蝗食禾殆盡。（宣統《涇陽縣志》卷二《祥異》）

秋，蝗飛蔽天，食禾無遺。（嘉慶《中部縣志》卷二《祥異》）

秋，保定飛蝗蔽天，遺子復生。（康熙《畿輔通志》卷一《祥異》）

秋，飛蝗蔽天，遺子復生。（光緒《保定府志》卷四〇《祥異》）

冬，木介。先是，大霧，晦冥，霧斂著樹，冰雪有若旗槍，稜脊森然。（康熙《江寧府志》卷二九《災祥》；道光《上元縣志》卷一《庶徵》）

夏，有雷，自北門外。養濟院後樹中起火，至下午不滅，居人皆就點雷火。龍，木類也，其飛騰必附木而上，故語云"龍非尺木不能升天"，或"云龍額有尺木，無則不能升天"，未知孰是。（光緒《平和縣志》卷一二《災祥》）

春，旱。（乾隆《沛縣志》卷一《水旱祥異》）

春，有雷自西教塲，曾家墓樹起火。（康熙《平和縣志》卷一二《災祥》）

春，雨土。（宣統《濮州志》卷二《年紀》）

春，不雨，知縣任中麟為文禱之，翌日大雨霑足。十年夏五月，灰城疃大風捲地，煙焰薄天，隱隱見煙光中龍影，掉尾而去，黃霧漫塞萊盧諸山。（康熙《黃縣志》卷七《災異》）

暮春，旱。夏，霪雨。（康熙《長樂縣志》卷七《災祥》）

春，地震。秋，復震。（乾隆《新泰縣志》卷七《災祥》）

夏，大蝗。（康熙《續安丘縣志》卷一《總紀》）

夏，隰州、永和雨雹傷禾。（雍正《山西通志》卷一六三《祥異》）

夏，大旱，下詔罪己責臣。（《崇禎遺錄》）

夏，京師及河東不雨。江西大旱。（《明史·五行志》，第486頁）

夏，遭冰雹，大如雞子，傷禾。民間大饑。（民國《永和縣志》卷一四《祥異》）

夏，旱。冬，河隍冰結樹紋。（康熙《海豐縣志》卷四《事記》）

夏，陽信、海豐、樂陵、霑化旱，無麥。秋，武定、濱州、商河、蒲臺蚜蚄害稼。冬，海豐城河冰結樹紋。（咸豐《武定府志》卷一四《祥異》）

略陽地震二十日。夏，旱，秋禾全無。大饑。（民國《漢南續修郡志》卷二三《祥異》）

夏，亢旱，飛蝗蔽日，禾枯粮絕，民窮盜起。（民國《鄭州志》卷一《祥異》）

夏，淋雨五十餘日，又五十都大風，大小二麥全無。（道光《東陽縣志》卷一二《禨祥》）

山東雨黑水，新鄉如之。（《明史·五行志》，第457頁）

蜀劍州大水。（民國《劍閣縣續志》卷三《事紀》）

大旱。（宣統《樂會縣志》卷八《祥異》；民國《滄縣志》卷一六《大事年表》）

頻年大旱。（乾隆《瓊州府志》卷一〇《災祥》）

蝗，穀貴。（民國《龍門縣志》卷一七《縣事》）

澧州雹，損人畜禾苗。（同治《直隸澧州志》卷一九《機祥》）

造木排障水，歲稍稔。（康熙《潛江縣志》卷一〇《河防》）

雨蟲，色黑，大如菽，食苗盡。（乾隆《黃岡縣志》卷一九《祥異》）

地生螟，寸長，黑色，食禾盡。（光緒《盧氏縣志》卷一二《祥異》）

汝水變，味甚惡，飲者多病。（道光《重修伊陽縣志》卷六《祥異》）

大水，汝水變，味甚惡，飲者多病。（道光《汝州全志》卷九《災祥》）

蝗蝝生，集地厚至尺許。（康熙《內鄉縣志》卷一一《災祥》）

霜有芒刃。（乾隆《桐柏縣志》卷一《祥異》）

霜帶芒刃。（乾隆《唐縣志》卷一《災祥》）

蝗。是年確查災情，知縣劉進官繪圖以進，詔除荒地，免徵租。（民國《重修正陽縣志》卷三《大事記》）

飛蝗食禾。（乾隆《新蔡縣志》卷一〇《雜述》）

汝水復變。先是萬曆二十年汝水變，味甚惡，人皆汲泉以爨，是年復然。（康熙《汝寧府志》卷一六《災祥》）

河南汝水變，味甚惡，飲者多病。（道光《許州志》卷一一《祥異》）

黃風，日生雙環。城壕水乾可田，沙河見底，人過不需舟楫。（乾隆《陳州府志》卷三〇《雜志》）

飛蝗自東南來，遙望如雲。（乾隆《修武縣志》卷九《災祥》）

大蝗。（乾隆《原武縣志》卷一〇《祥異》）

河決，由縣南，秋禾災。（康熙《陳留縣志》卷三八《災祥》）

晝晦。（道光《武寧縣志》卷二七《祥異》）

雨雹大如升，擊死豆麥鳥獸。秋瘟大作，二禾減收。（同治《鄞縣志》卷六九《祥異》）

大水，（新）橋圮。（光緒《富陽縣志》卷一〇《橋樑》）

下壩決。（民國《高淳縣志》卷一二《祥異》）

大旱，蝗。（道光《城武縣志》卷一三《祥祲》）

秋，虸蚄害稼。（乾隆《蒲臺縣志》卷四《災異》）

蝗，民大饑。（乾隆《歷城縣志》卷二《總紀》）

雨黑水。（嘉慶《禹城縣志》卷一一《灾祥》）

連旱，饑。（乾隆《直隸秦州新志》卷六《災祥》）

大雨雹，形如雞卵。（康熙《寧遠縣志》卷三《災祥》）

城北又屢被水患，石壩數十丈漸經奔塌。（民國《安塞縣志》卷二《建置》）

復蝗。（乾隆《蒲州府志》卷二三《事紀》）

虸蝗遍野，田苗盡被損傷。（順治《威縣續志·祥異》）

大旱。饑，人相食。（乾隆《邢臺縣志》卷八《災祥》）

蝻，禾稼不登。（康熙增刻萬曆《棗強縣志》卷一《災祥》）

秋，蝗飛蔽天，食盡田禾，苗亦無遺。民大饑。（康熙《洋縣志》卷一《災祥》）

秋，大雨雹，損禾。（光緒《鶴慶州志》卷二《祥異》）

中秋後至明年春杪，旦晚赤氣彌天，月色赤。（道光《江陰縣志》卷八《祥異》）

大豐，冬，大霜。懷集地暖少霜，以大霜為異。（乾隆《懷集縣志》卷一〇《編年》）

冬，大寒，井凍。（康熙《成安縣志》卷四《總紀》）

冬，旱。（民國《寧鄉縣志·故事編》）

冬，木介，先是大霧晦暝，霧斂著樹皆冰雪狀，若旗槍，稜脊森然。（同治《霍邱縣志》卷一六《祥異》）

冬，木介。先是大霧晦冥，霧斂著樹冰雪有若旗槍，稜脊森然。（康熙《江寧府志》卷二九《災祥》）

十年、十一年、十二年，俱飛蝗入境，大傷禾稼。（光緒《永壽縣志》

卷一〇《述異》)

十年至十一年，螟螣蟊賊皆備。十月，日落紅甚，有黑赤光相蕩。(康熙《瀏陽縣志》卷九《災異》)

十年、十一年蝗蝻浹歲，食禾苗及穗，并及粒。農者脫衣田頭，瞬間嚙衣殆盡。有以衾單曬麥者，食麥并嚙其單如網目。(乾隆《雒南縣志》卷一〇《災祥》)

崇禎十一年（戊寅，一六三八）

正月

乙丑朔，紅風蔽天，白晝如晦。(民國《確山縣志》卷二〇《大事記》)

德安大雨，土地浸白。(道光《安陸縣志》卷一四《祥異》)

初一乙丑，日未出，東南黑氣一道，橫亙數里。(《鎮江府金壇縣採訪冊·政事》)

元旦，晦如暮。(乾隆《德安縣志》卷一四《祥禩》)

元日，迅雷暴雨，水皆赤色。(乾隆《太康縣志》卷八《祥異》)

二月

庚戌，西安大風霾。(《崇禎實錄》卷一一，第322頁)

城西丁家莊雨赤雪，日出，化為血水。(光緒《德平縣志》卷一〇《祥異》)

鳳翔蝻生，食麥。(乾隆《鳳翔府志》卷一二《祥異》)

黃沙如霧，俗言雨土。(雍正《處州府志》卷一六《雜事》)

蝗有子名曰"蝻"，勢如流水，食麥，民饑。是年秋，蝻成蝗，食穀禾。(民國《重修靈臺縣志》卷三《災異》)

三月

丁卯，大同大雪。（《崇禎實録》卷一一，第 322 頁）

癸巳，是月，新鄉雨黑水。是春，熒惑在大火，徘徊氐房。（《崇禎實録》卷一一，第 328 頁）

雨黑水，秋蝗。（乾隆《新鄉縣志》卷二八《祥異》）

大風，雨雹殺麥，拔易氏石坊。（光緒《孝感縣志》卷七《災祥》）

長沙大風雨雹。（乾隆《長沙府志》卷三七《災祥》）

朔，怪風拔樹。（康熙《河間縣志》卷一一《祥異》；乾隆《任邱縣志》卷一〇《五行》）

朔，怪風拔木。（民國《獻縣志》卷一九《故實》）

朔，白霧冪城三晝夜，天雨小球，純黑如粟。（嘉慶《臨武縣志》卷四五《祥異》）

二日，晝晦，大風揚沙，屋宇皆赤，四日乃止。（康熙《陳留縣志》卷三八《災祥》）

初二日，風沙晝晦，屋宇皆赤，四日乃止。（道光《尉氏縣志》卷一《祥異附》）

二十日午，風雨大作，霹靂震殿，殿西角火起，頃刻化為灰燼。（光緒《武陽志餘》卷一二《摭遺》）

大風雨雹。（同治《瀏陽縣志》卷一四《祥異》）

四月

己酉，丑刻，熒惑逆行，尾八度，掩於月。自春至秋，熒惑守尾百五十餘日，始退。上諭禮部火星違度。（《崇禎實録》卷一一，第 329~330 頁）

晝見熒惑。（道光《新會縣志》卷一四《祥異》）

己酉，熒惑去月僅七八寸，至曉逆行，尾八度。（康熙《西寧縣志》卷一《象緯》；康熙《龍門縣志》卷二《象緯》）

地震。（宣統《南海縣志》卷二《前事補》）

大雨雹害稼。（道光《桐城續修縣志》卷二三《祥異》）

霪雨，至秋八月乃止，大水。（民國《盧龍縣志》卷二三《史事》）

霪雨連綿，至秋八月乃止，禾稼皆死，民大饑。（民國《遷安縣志》卷五《記事篇》）

大風五日，損麥。（光緒《靖江縣志》卷八《祲祥》）

十九日至二十四日，大風，損麥過半。（道光《江陰縣志》卷八《祥異》）

大雪，平地深三尺，麥凍死，南山羊凍死殆盡。（光緒《懷來縣志》卷四《災祥》）

雨雪。（光緒《延慶州志》卷一二《祥異》）

朔，霜，傷桑草木，如冬。（光緒《臨朐縣志》卷一〇《大事表》）

大雪，平地深三尺，麥凍，南山羊死殆盡。（康熙《保安州志》卷二《災祥》）

大雨雹。（康熙《河間縣志》卷一一《祥異》；乾隆《任邱縣志》卷一〇《五行》）

望後三日，黑霧四塞。秋，大風雨拔樹。冬旱。（順治《饒陽縣後志》卷五《事紀》）

望後三日，黑霧四塞。（道光《深州直隸州志》卷末《機祥》）

二十九日，始雨。（康熙《朝城縣志》卷一〇《災祥》）

風災。（康熙《常州府志》卷三《祥異》）

不雨至五月，黃苗委地，百里如焚。（雍正《常山縣志》卷一〇《藝文》）

蝗。（乾隆《杞縣志》卷二《祥異》）

五月

戊寅，遵化喜峰口雪三尺。（《崇禎實錄》卷一一，第333頁；民國《遷安縣志》卷五《記事篇》）

大雷雨，晝不見人。（乾隆《鳳陽縣志》卷一五《紀事》；光緒《五河縣志》卷一九《祥異》）

天泉出。時寇警久旱，城中井泉俱竭。有小兒于郭家園地方戲，掘一

井，水泉湧出。因掘數井，皆然，遂活數萬人，時人謂之天泉。（道光《桐城續修縣志》卷二三《祥異》）

大水，人民漂没無算。（民國《分宜縣志》卷一六《祥異》）

丁卯夜，熒惑退至尾初度，漸入心宿。（康熙《龍門縣志》卷二《象緯》）

大水蛟出，平地水深丈餘，潚死人民數十口，壞田産無數。（民國《萬載縣志》卷一《祥異》）

大水，漂没田廬甚多。（民國《鹽城縣志》卷一一《災異》）

蝗。（光緒《霑化縣志》卷一四《祥異》）

飛蝗蔽野，禾苗立盡。（民國《濟陽縣志》卷二〇《祥異》；民國《陽信縣志》卷二《祥異》）

春不雨。五月，江漲。秋冬復旱，歲大凶。（乾隆《銅陵縣志》卷一三《祥異》）

大水。（康熙《萍鄉縣志》卷六《祥異》；同治《安化縣志》卷三四《五行》；同治《益陽縣志》卷二五《祥異》；光緒《臨桂縣志》卷一八《前事》；民國《遂安縣志》卷九《災異》）

大水，灌城三次。（康熙《新淦縣志》卷五《歲眚》）

大蝗過三晝夜，遮蔽天日。（順治《虞城縣志》卷八《災祥》）

疫。五月，蝗。（康熙《内鄉縣志》卷一一《災祥》）

貴陽大水，漂没廬舍，溺死者八十餘人。（乾隆《貴州通志》卷一《祥異》）

六月

乙卯，是月京師、山東、河南大旱蝗。（《崇禎實錄》卷一一，第334頁）

甲寅，宣府乾石河山場雨雹，擊殺馬騾四十八匹。（《明史·五行志》，第433頁）

不雨，蝗蟲食苗甚劇。（乾隆《莊浪志略》卷一九《災祥》）

蝗飛蔽天，積地厚尺許。（光緒《廣平府志》卷三三《災異》）

大水。（康熙《天柱縣志》下卷《災異》；乾隆《杭州府志》卷五六《祥異》）

蝗。（崇禎《歷城縣志》卷一六《災祥》；康熙《齊河縣志》卷六《災祥》；雍正《猗氏縣志》卷六《祥異》；乾隆《濟源縣志》卷一《祥異》；民國《臨晉縣志》卷一四《舊聞記》；民國《孟縣志》卷一〇《祥異》）

大旱，有蝗自西北來，損禾稼，米石二兩有奇。（乾隆《震澤縣志》卷二七《災祥》）

南京旱蝗。（同治《上江兩縣志》卷二下《大事下》）

大旱。（光緒《溧水縣志》卷一《庶徵》；光緒《靖江縣志》卷八《襖祥》）

不雨。（道光《江陰縣志》卷八《祥異》）

旱，蝗食稼。（順治《溧水縣志》卷一《邑紀》）

大旱，蝗。（乾隆《諸城縣志》卷二《總紀上》；乾隆《曲阜縣志》卷三〇《通編》；民國《山東通志》卷一〇《通紀》；民國《增修膠志》卷五三《祥異》；民國《濰縣志稿》卷二《通紀》）

不雨，至於十月。冬，無雪。（光緒《臨朐縣志》卷一〇《大事表》）

蝗食禾，大饑。（乾隆《鳳翔府志》卷一二《祥異》）

十一日，飛蝗入境。（康熙《蕭山縣志》卷九《災祥》）

十三日，臨海大風雨。（民國《台州府志》卷一三四《大事略》）

甲寅，大風。地震有聲。（光緒《慈谿縣志》卷五五《祥異》）

十三日，大風雨，折屋發石。（康熙《臨海縣志》卷一一《災變》）

水。（乾隆《昌化縣志》卷一〇《祥異》）

辛亥，暮大風，潮決城西，至赭山，溺人畜，傷稼。（康熙《海寧縣志》卷一二上《祥異》）

蝗飛蔽天，積地厚尺許，九月食麥苗。（順治《雞澤縣志》卷一〇《災祥》）

襄陵、太平、臨晉、蒲、解、絳州、安邑、沁水蝗。稷山、靈石、猗氏

旱。陽曲、文水大饑，斗米銀七錢。大寧黃河清三日。（雍正《山西通志》卷一六三《祥異》）

襄陵、太平、靈石旱。（雍正《平陽府志》卷三四《祥異》）

蝗蟲食苗，民多逃亡。（康熙《垣曲縣志》卷一二《災荒》）

蝗從東來，傷稼，野無青草。（光緒《高陵縣續志》卷八《綴録》）

蝗。蝗自關東來，到處草樹皆空，數日群飛而北。（乾隆《續耀州志》卷八《紀事》）

大蝗，食禾殆盡。（康熙《海豐縣志》卷四《事記》）

春，旱。六月，始雨，連沛三月，平地成河，水流百日。（乾隆《兗州府志》卷三〇《災祥》；同治《金鄉縣志》卷一一《事紀》）

大旱，有蝗自西北來，損禾稼，米石二兩有奇。（乾隆《吳江縣志》卷四〇《災變》）

旱。（康熙《常州府志》卷三《祥異》）

旱，蝗。秋大旱，湖蕩水涸，民間擔水至數百錢。洮湖為五湖之一，彌亘數縣，至是見底，行人徑其中，盡成陸路。（《鎮江府金壇縣採訪冊·政事》）

甲寅，大風。是年旱。（同治《鄞縣志》卷六九《祥異》）

旱。六月，蝗。（道光《河内縣志》卷一一《祥異》）

二十日晚，有天狗星墜，大如盂，光芒竟天，赤焰數刻而滅。蝗。（光緒《永城縣志》卷一五《災異》）

月中，蝗蟲蔽天，過處一空，所遺蟲蛹又復繼作，集地寸餘，即路草樹葉亦被殘盡。赤地千里，斗米千錢，從來所無，天災人眚，至是極矣。（順治《洛陽縣志》卷八《災異》）

雨，蝗，路無青草，室如懸磬。（康熙《羅田縣志》卷一《災異》）

至九月，蝗蟲過，至蔽天日，自東入境，草木禾苗俱盡。（順治《扶風縣志》卷一《災祥》）

七月

雷擊文廟石柱。（咸豐《瓊山縣志》卷二九《雜志》）

蝗大至。七月二十五日，大風雨雹。（光緒《無錫金匱縣志》卷三一《祥異》）

飛蝗蔽天，食樹葉，蝗蝻入人室。（雍正《館陶縣志》卷一二《災祥》）

蝗飛翳天傷禾。（乾隆《解州安邑縣運城志》卷一一《祥異》）

地震有聲。（光緒《鎮海縣志》卷三七《祥異》）

蝗飛蔽天，食禾殆盡，饑民捕食之。（康熙《永清縣志》卷一《機祥》；乾隆《武清縣志》卷四《機祥》）

蝗飛蔽天，遺子復生遍地，西北行，城垣不能禦。（康熙《定興縣志》卷一《機祥》）

蝗飛蔽天，遺子復生遍地。（光緒《定興縣志》卷一九《災祥》；民國《新城縣志》卷二二《災禍》）

飛蝗蔽日。（順治《威縣續志‧祥異》）

蝗蟲自南飛來，食稼甚多。（康熙《重修平遙縣志》卷八《災異》）

飛蝗復蔽天日，聲勢如風，如潮如霰。秋無禾。（康熙《黃縣志》卷七《災異》）

復蝗。（康熙《朝城縣志》卷一〇《災祥》）

夏秋，旱。井泉涸，七月至九月，飛蝗蔽天，方千里，禾苗草木無遺。（嘉慶《東臺縣志》卷七《祥異》）

（旱）至十三年六月十二日方雨，麥盡乾枯。雨後，種豆穀等。八月二十五日，隕霜，諸禾皆枯，寸粒無望，自此遂成饑饉之歲。（康熙《蘭陽縣志》卷一〇《災祥》）

蝗，大無禾。（光緒《柘城縣志》卷一〇《災祥》）

禾熟未刈，有蝗蔽天，自西南來，所過禾棉俱盡，凡七日，飛向東去。（康熙《大冶縣志》卷四《災異》）

雷擊文廟前旗杆。（康熙《瓊郡志》卷一《災祥》）

八月

飛蝗蔽天，傷禾。（民國《太倉州志》卷二六《祥異》）

雨粟，形如青黃麥，間有米，亦黃色。蝗入境，從西北來，有聲如烈風，蔽天漫野，食禾荳竹木葉俱盡。（光緒《靖江縣志》卷八《祲祥》）

飛蝗蔽天，食禾豆草木葉殆盡，捕不能絕。冬，旱，赤氣彌天，蝗遺子復生，食麥苗。（道光《江陰縣志》卷八《祥異》）

地震有聲。怪風拔木轉石。（康熙《安慶府志》卷六《祥異》）

十一日，地震。（道光《桐城續修縣志》卷二三《祥異》）

地大震。十二月，大雨雪。（民國《寧鄉縣志·故事編》）

蝗，雨粟，形如青黃麥。（康熙《常州府志》卷三《祥異》）

地震有聲，怪風折木轉石。（乾隆《望江縣志》卷三《災異》）

大風，發屋折木，轉石揚沙。（民國《太湖縣志》卷四〇《祥異》）

九月

空中有聲如潮。旬日，冬燠，旦晚，赤氣彌天，蛹生，食初生麥苗。（光緒《靖江縣志》卷八《祲祥》）

復大水。（民國《分宜縣志》卷一六《祥異》）

益陽、寧鄉，地大震。（乾隆《長沙府志》卷三七《祥異》）

地大震。（同治《益陽縣志》卷二五《祥異》）

順天雨雹。（《明史·五行志》，第433頁）

至十三年夏，大旱，縣前塘水盡涸，河溪斷流。（嘉慶《會同縣志》卷一〇《雜志》；嘉慶《瓊東縣志》卷一〇《紀災》）

十月

初七日，電雷大作，雨雹。（乾隆《衡水縣志》卷一一《機祥》）

十二日，天鼓鳴。（道光《桐城續修縣志》卷二三《祥異》）

二十一，夜，大雷雨。（康熙《玉田縣志》卷八《祥眚》）

二十三日，五龍見，不雨。（光緒《靖江縣志》卷八《祲祥》）

二十三日，五龍垂天，不雨。（道光《江陰縣志》卷八《祥異》）

雷電疾雨。（順治《新修望江縣志》卷九《災異》）

雷鳴。（康熙《開平縣志·事紀》）

十一月

大霧，木介數日。（道光《武陟縣志》卷一二《祥異》）

十七日，大霧四塞，木介，數日不解。（乾隆《濟源縣志》卷一《祥異》）

十七日，大霧，木介，數日不解。（民國《孟縣志》卷一〇《祥異》）

十九日，東北有赤氣數十條。（道光《桐城續修縣志》卷二三《祥異》）

大霧，木介，數日不解。（順治《懷慶府志》卷一《災祥》）

十二月

初十日，日出二暈，白色入連環。（光緒《霑化縣志》卷一四《祥異》）

初十日夜，月暈，有一暈，其一邊貫月，一邊偏出，二暈如連環，皆白色。羣鼠白晝出，遊庭中，不避人，村落尤甚。（康熙《新城縣志》卷一〇《災祥》）

大雪，冰厚尺許，至明年正月不消。（同治《安化縣志》卷三四《五行》）

十三，雷電。（道光《桐城續修縣志》卷二三《祥異》）

大雪，冰厚尺許，水（疑當作“木”）冰介，至次年正月望後不消。（乾隆《長沙府志》卷三七《災祥》）

十七夜，地震。（同治《徐州府志》卷五下《祥異》）

十九，大雪，雷。（同治《贛縣志》卷五三《祥異》）

恒霾。（光緒《臨朐縣志》卷一〇《大事表》）

十九日，大雪，雷甚，霹靂。（康熙《邵陽縣志》卷六《祥異》）

十九，大雪，雷甚，霹靂。（康熙《武岡州志》卷九《徵異》）

大雪，冰厚尺許，木冰介，至次年正月望後不消。（同治《益陽縣志》

卷二五《祥異》）

雪，至己卯正月既望，冰厚尺許，木冰介。（康熙《寧鄉縣志》卷二《災祥》）

大雪，冰厚尺許，至明年正月不消。（同治《安化縣志》卷三四《五行》）

是年

春，旱。（同治《徐州府志》卷五下《祥異》）

春，不雨。五月，江漲。秋冬，復旱，歲大凶。（乾隆《銅陵縣志》卷一三《祥異》）

春，風赤，晝晦。（民國《鄆城縣記》第五《大事篇》）

春，旱。夏，蝗飛蔽天，食禾苗至盡。十二月十七日，地震。（民國《銅山縣志》卷四《紀事表》）

春，紅風蔽天，白晝如夜。（康熙《上蔡縣志》卷一二《編年》）

不雨。夏，蝗飛蔽天，食穀殆盡。（光緒《文登縣志》卷一四《災異》）

春，大旱，井泉竭，黃風時作，飛沙蔽天。（光緒《壽張縣志》卷一〇《雜事》）

春，不雨。夏，蝗飛蔽天，食穀殆盡。秋，螽蝝徧野，蝗復大起，無禾。（民國《福山縣志稿》卷八《災祥》）

春，不雨。夏，蝗食穀殆盡。秋，螽蝝遍野，蝗復大起，無禾。（民國《萊陽縣志》卷首《大事記》）

夏，大水。（康熙《豐城縣志》卷一《邑志》；康熙《程鄉縣志》卷八《災祥》；康熙《長樂縣志》卷七《災祥》；民國《昭萍志略》卷一二《祥異》）

夏，旱。（乾隆《淄州縣志》卷三《災祥》；嘉慶《長山縣志》卷四《災祥》；民國《無棣縣志》卷一六《祥異》）

夏，蝗。（乾隆《蒲臺縣志》卷四《災異》；民國《齊東縣志》卷一

《災祥》）

夏，旱，無麥。六月，每辰東方赤色。秋旱。（嘉慶《介休縣志》卷一
《兵祥》）

夏，蝗食苗。（道光《西鄉縣志》卷四《祥異》；光緒《定遠廳志》卷
二四《五行》）

夏，大蝗，飛揚蔽日，食禾殆盡。（民國《大名縣志》卷二六
《祥異》）

夏，蝗，食盡田禾。（民國《沛縣志》卷二《沿革紀事表》）

夏，徐、沛、豐蝗飛蔽天，食禾苗至盡。（同治《徐州府志》卷五下
《祥異》）

飛蝗蔽天。（康熙《蕪湖縣志》卷一《祥異》；光緒《內黃縣志》卷八
《事實》；民國《蕪湖縣志》卷五七《祥異》）

雨雹。（民國《順義縣志》卷一六《雜事記》）

地震有聲。（乾隆《鄞縣志》卷二六《祥異》）

地震。（咸豐《郯縣志》卷一〇《災異》）

蝗。（康熙《濱州志》卷八《紀事》；康熙《棲霞縣志》卷七《祥異》；
康熙《延津縣志》卷七《災祥》；乾隆《修武縣志》卷九《災祥》；乾隆
《新泰縣志》卷七《災祥》；乾隆《溫縣志》卷五《災祥》；道光《重修鎮
番縣志》卷一〇《祥異》；咸豐《濱州志》卷五《祥異》；光緒《永年縣
志》卷一九《祥異》；光緒《汾西縣志》卷七《祥異》；民國《項城縣志》
卷三一《祥異》；民國《新絳縣志》卷一〇《災祥》；民國《商水縣志》卷
二四《雜事志》；民國《牟平縣志》卷一〇《通紀》；民國《鹽山新志》卷
二九《祥異表》）

旱，蝗。（順治《淇縣志》卷一〇《災祥》；康熙《睢州志》卷七《祥
異》；嘉慶《重刊宜興縣舊志》卷末《祥異》；道光《重修伊陽縣志》卷六
《祥異》；光緒《寶山縣志》卷一四《祥異》；光緒《新修菏澤縣志》卷一八
《雜記》；宣統《濮州志》卷二《年紀》；民國《禹縣志》卷二《大事記》）

大旱，赤地千里，蝗蝻集地，厚寸餘。（乾隆《洛陽縣志》卷一〇

《祥異》）

大旱，川竭井涸，瘟疫盛行，死傷甚眾。（乾隆《嵩縣志》卷六《祥異附》）

雨土，地盡白。（康熙《咸寧縣志》卷六《災祥》；道光《安陸縣志》卷一四《祥異》；光緒《咸甯縣志》卷八《災祥》）

大旱，饑疫。（嘉慶《如皋縣志》卷二三《祥祲》）

大旱，民饑。（光緒《通州直隸州志》卷末《祥異》）

大旱，歲饑，人相食。（乾隆《襄垣縣志》卷八《祥異》；民國《襄垣縣志》卷八《祥異》）

秋，旱，蝗從東北來，沿湖依山苗稼被災。（民國《吳縣志》卷五五《祥異考》）

先旱後風，民飢，人相食。（乾隆《武鄉縣志》卷二《災祥》）

飛蝗蔽日，食禾殆盡。（民國《襄陵縣志》卷二三《舊聞考》）

先旱後風，民饑。（民國《沁源縣志》卷六《大事考》）

蝗。是年，大饑。（乾隆《鎮江府志》卷四三《祥異》；光緒《丹徒縣志》卷五八《祥異》；光緒《丹陽縣志》卷三〇《祥異》）

大旱，歲饑，妖民肆起為盜。（康熙《文水縣志》卷一《祥異》）

大雨，房屋傾倒，禾苗漂没。（民國《鰲屋縣志》卷八《祥異》）

旱。（崇禎《江浦縣志》卷一《縣紀》；康熙《延綏鎮志》卷五《紀事》；康熙《靈石縣志》卷一《祥異》；乾隆《平定州志》卷五《機祥》；嘉慶《延安府志》卷六《大事表》）

旱，斗米八錢。（道光《安定縣志》卷一《災祥》）

潤德泉又涸。（民國《重修岐山縣志》卷一〇《災祥》）

大旱。（民國《商南縣志》卷一一《祥異》）

蕭山蝗。（乾隆《紹興府志》卷八〇《祥異》）

大風霾，黑氣衝天。（乾隆《臨潼縣志》卷九《祥異》）

旱，秋，田鼠噬禾。（光緒《安東縣志》卷五《民賦下》）

秋，大旱，蝗食草木，禾苗盡。（光緒《麟遊縣新志草》卷八

《雜記》）

秋，旱，蝗。（同治《湖州府志》卷四四《祥異》；光緒《烏程縣志》卷二七《祥異》；光緒《歸安縣志》卷二七《祥異》）

春，大旱。蝗落處，樹摧屋損。（康熙《朝城縣志》卷一〇《災祥》）

春，不雨。夏，飛蝗蔽天，食穀稼殆盡。秋，生蝻蝝遍野，叢集尺許，禾菽穗累累如珠貫聯。（康熙《黃縣志》卷七《災異》）

春，多雨，低田被淹，米貴。（民國《龍門縣志》卷一七《縣事》）

春，旱。夏，蝗飛蔽天，數日不絕。秋旱，二麥難播。（順治《徐州志》卷八《災祥》）

春，大水。夏，旱，井泉竭。秋蝗。（康熙《儀徵縣志》卷七《祥異》）

（南通）大旱，自春不雨至冬，水竭民饑。（弘光《州乘資》卷一《機祥》）

初夏，蝻從天長北來，大如蜂蠅，無有數算，團結渡河，不一沉溺，騰起循城面入城，人相視震恐，入縣堂、內衙庖湢盈尺許，倏忽而去。五六月亢極，禱者至以火應。自是雨氣遂絕。七月井竭，水騰貴，每水一擔市錢三十文。六合竹鎮至擔水於市以供群博，則又前史未載者。（順治《六合縣志》卷八《災祥》）

仲夏，霪潦害稼。聞之守台張公，別駕馮君、司理李君亟請命於神，朝夕禱虞，應如響答，隨即晴霽。是歲，大有秋。（嘉慶《邵陽縣志》卷三六《藝文》）

夏，大旱，道殣相望。（民國《高淳縣志》卷一二《祥異》）

夏，亢旱，飛蝗蔽日，禾枯糧盡，民窮盜起。（康熙《鄭州志》卷一《災祥》）

夏，大水，自下洋橫流渡及水寨橫陂，漂蕩房屋甚多，至七都逆流而上。（乾隆《嘉應州志》卷一〇《災祥》）

夏，旱，蝗。（順治《鄒平縣志》卷八《災祥》）

夏，大旱，蝗。（嘉慶《昌樂縣志》卷一《總紀》）

（夏）蝗飛蔽日，食禾幾盡。（康熙《元城縣志》卷一《年紀》）

夏，大旱，禾苗盡枯。（康熙《漢陰縣志》卷三《災祥》）

夏，蝗飛蔽天，禾苗木葉俱盡。大饑。（光緒《城固縣志》卷二《災異》；民國《漢南續修郡志》卷二三《祥異》；民國《續修南鄭縣志》卷七《拾遺》）

夏，無麥。秋，無禾。（道光《內邱縣志》卷三《常紀》）

海豐大水。（光緒《惠州府志》卷一七《郡事上》）

大水，禾苗盡没。（嘉慶《沅江縣志》卷二二《祥異》）

大水。（乾隆《直隸澧州志林》卷一九《祥異》；乾隆《臨榆縣志》卷一《灾祥》；乾隆《峽江縣志》卷一〇《祥異》；民國《綏中縣志》卷一《災祥》）

飛蝗為災。岳州飛蝗蔽天，禾苗草木葉俱盡。（嘉慶《巴陵縣志》卷二《事紀》）

雨土，地盡白。是年賊薄城下，遍城戈矛出火，炯炯有光。（康熙《德安安陸郡縣志》卷八《災異》）

大旱，川竭井涸，瘟疫遍行，蝗蝻叢生，死傷甚眾。（康熙《嵩縣志》卷一〇《災異》）

大旱，蝗。冬十一月，地震。（道光《汝州全志》卷九《災祥》）

蝗蝻食禾殆盡。（康熙《孟津縣志》卷三《祥異》）

蝗，民多饑死。（乾隆《新野縣志》卷八《祥異》）

大蝗，飛落委積，竈不能炊，井不能汲。邑侯下令捕之，不為止，訟者以納蝗受詞。（民國《夏邑縣志》卷九《災異》）

飛蝗蔽天，禾僵樹折。（康熙《清豐縣志》卷二《編年》）

飛蝗蔽日，集如丘陵，食禾幾盡。（康熙《開州志》卷四《災祥》）

蝗飛蔽日，食禾幾盡。（康熙《長垣縣志》卷二《災異》）

大旱，大蝗。（乾隆《原武縣志》卷一〇《祥異》）

蝗食禾盡，生蝻。平地尺許。（民國《考城縣志》卷三《事記》）

午日大水，廬舍漂没甚多。（康熙《新昌縣志》卷六《災祥》）

水災，龍出，水暴。（民國《宜春縣志》卷二四《軼事》）

大旱，蝗。（雍正《建平縣志》卷三《祥異》；民國《滄縣志》卷一六《大事年表》）

江淮吳楚間上下千里，卑下水潦，高原旱槁，兼之飛蝗爲害，飛則蔽天，集則盈尺，在樹拱把以下皆折。（康熙《太平府志》卷三《祥異》）

蝗，饑。（乾隆《碭山縣志》卷一《祥異》）

旱蝗交作，死者枕藉于道。（嘉慶《霍山縣志》卷末《兵燹》）

洪水，巷井有聲。（嘉慶《舒城縣志》卷三《祥異》）

旱褪，饑民至茹草木。（康熙《定海縣志》卷一二《磯祥》）

蝗翳空蔽地，禾稼立盡。（順治《新修豐縣志》卷九《災祥》）

虬蠟廟大樹大雨中自火焚。（康熙《揚州府志》卷二二《災異》）

旱甚，江北忽傳羊毛疹，盛行民間，自北而南，舉眾若寇犯。（康熙《江寧府志》卷三《祥異》）

飛蝗滿野。（康熙《嘉定縣志》卷三《祥異》）

濮州蝗。（乾隆《曹州府志》卷一〇《災祥》）

蝗，旱。秋，大饑。（康熙《萊陽縣志》卷九《災祥》；乾隆《海陽縣志》卷三《災祥》）

嘉禾同穎。是年蝗災，遍山東、山西、河南。州境內未罹大害，有豐稔之徵。（崇禎《武定州志》卷一一《災祥》）

河西諸郡蝗蝻食禾，民饑。（乾隆《永昌縣志》卷三《祥異》）

蝗蝻蔽天，嗣食田禾殆盡。（乾隆《環縣志》卷一〇《紀事》）

靈臺、莊浪、環縣、河西諸郡蝗蝻食禾。（光緒《甘肅新通志》卷二《祥異》）

河清，旱。（順治《綏德州志》卷一《災祥》）

大旱，餓殍過半。（乾隆《直隸商州志》卷一四《災祥》）

黃河清，蝗食苗。（康熙《潼關衛志》卷上《災祥》）

大雨。（康熙《鄠縣志》卷八《災異》）

蝗蝻食我田苗，民復困於食。（乾隆《鳳臺縣志》卷一五《藝文》）

先旱後風，民饑。（康熙《山西直隸沁州志》卷一《災異》）

旱。蝗害稼，民饑。（民國《交河縣志》卷一○《祥異》）

蝗災。（康熙《文安縣志》卷八《事異》）

秋，蝗，五穀食盡，嚙及竹樹茭蘆。（民國《重修滑縣志》卷二○《大事記》）

蝗。秋，不雨，麥未播種。（順治《衛輝府志》卷一九《災祥》）

蝗。秋，不雨，麥無播種。（道光《輝縣志》卷四《祥異》）

夏秋，俱大旱。（康熙《儋州志》卷二《祥異》）

秋，又大水，灌城者及丈，街市行舟。（康熙《南寧府全志》卷三九《祥異》）

秋，大旱，禾盡枯。（順治《扶風縣志》卷一《災祥》）

秋，蝗大至，食禾幾盡。（康熙《沁水縣志》卷九《祥異》）

冬月大風，累月不止。（嘉慶《平陰縣志》卷四《災祥》）

大旱，蝗，無禾。是冬，暮，赤光亘天。（崇禎《泰州志》卷七《災祥》）

十一年、十二年，俱大旱蝗，穀苗盡槁。（乾隆《平原縣志》卷九《災祥》）

十一年旱，十二年又旱，田園盡赤，民食樹草，榆種斷絕，斗米七錢，餓死載道者不可數計，人亦相食。（康熙《靈石縣志》卷一《祥異》）

十一年、十四年冬，雷，不電。（康熙《蘄州志》卷一二《災異》）

十一年、十二年，商州俱旱。（乾隆《直隸商州志》卷一四《災祥》）

十一年、十二年，蝗。（順治《澄城縣志》卷一《災祥》；光緒《永濟縣志》卷二三《事紀》；民國《平民縣志》卷四《災祥》）

十一、二、三年，蝗飛食苗，秋禾無成。（順治《重修臨潼縣志·災異》）

十一、十二、十三年，天道亢旱，赤地千里，寸粒不收，人民飢死者十之四五。（乾隆《靈寶縣志》卷六《機祥》；民國《靈寶縣志》卷一○《機祥》）

十一到十三年，旱，蝗。州大饑，人相食，土寇蜂起。（民國《重修泰

安縣志》卷一《災祥》)

十一年至十三年，頻旱，野無青草，斗米千文，草根樹木採食殆盡，人相食。五月，河水乾七日。亢旱日甚，風霾不息。(同治《稷山縣志》卷七《祥異》)

十一年至十四年，連歲大旱，湖圻見底，飛蝗遍野。(嘉慶《溧陽縣志》卷一六《雜類》)

十一至十四年，旱蝗迭際，荒歉異常，道殣枕藉，人至相食，即父子夫婦亦有忍啖不忌者。知縣朱敏汧拊膺流涕，曾繪《流民圖》奏進。(順治《密縣志》卷七《祥異》)

崇禎十二年（己卯，一六三九）

正月

元旦，鳴雷。(光緒《廣平府志》卷三三《災異》)

元夜，雷鳴。夏旱，蝗平地深尺餘，草盡，皆集村樹，樹為之枯。(康熙《邯鄲縣志》卷一〇《災異》)

元夜，鳴雷。夏旱，蝗，草盡，皆集于樹，樹爲之枯。地裂于北汪村。(光緒《永年縣志》卷一九《祥異》)

雷。(康熙《儀徵縣志》卷一八《祥祲》)

十六日，雷鳴。(乾隆《陳州府志》卷三〇《雜志》)

二十五日夜，雨小黑豆。(道光《江陰縣志》卷八《祥異》)

大旱，自正月不雨，至於五月。(光緒《高州府志》卷四八《事紀》)

不雨，至六月。(康熙《益都縣志》卷一〇《祥異》)

至七月，不雨，田禾枯槁，斗米錢至千五百。(康熙《臨高縣志》卷一《災祥》；光緒《臨高縣志》卷三《災祥》)

不雨，至於七月，蝗蝻盈野。(光緒《臨朐縣志》卷一〇《大事表》)

不雨，至於秋七月。(乾隆《同官縣志》卷一《祥異》)

二月

庚子，晨刻，日旁有白丸，色微紅。申刻，又黑氣掩日，日光磨盪，久之，黑氣始散。（《崇禎實錄》卷一二，第359頁）

乙巳，保定天鳴。（《崇禎實錄》卷一二，第359頁）

壬申，濬縣有黑黃雲起，旋分為二，頃之四塞。狂風大作，黃埃漲天，間以青白氣。五步之外，不辨人蹤，至昏始定。（《明史·五行志》，第512頁）

十三日未時，地震。（同治《瀏陽縣志》卷一四《祥異》）

十四，夜，無雲而雷，天狗墜。十六日，天裂有光。（道光《桐城續修縣志》卷二三《祥異》）

樂昌大風，摧毀民居無算，至善寺古樟五六圍盡拔。（同治《韶州府志》卷一一《祥異》）

狂風夜作。（同治《樂昌縣志》卷一二《灾祥》）

雨黑雨。四月，蝗食秧田。未時大旱。（民國《高淳縣志》卷一二《祥異》）

雨小豆。（嘉慶《重刊宜興縣舊志》卷末《祥異》）

二十一日，紅雲自北來，彌天晝晦，有天火落，燒民舍宮衙。（光緒《亳州志》卷一九《祥異》）

地震，大蝗。（光緒《永城縣志》卷一五《災異》）

三月

壬申，陝西白水、同官大風雹傷麥。（《國榷》卷九七，第5835頁）

隕霜，黑風，晝晦，地震。是月十七日隕霜殺麥，數日間麥根復生，收倍常數。十九日申時，黑風自南來，瞬息如夜，行人陷坑井，白晝燃燈，明如棗，不能辨人。是月地震，冬大饑，人相食，斤麥錢百二十文。（民國《淮陽縣志》卷八《災異》）

長沙、益陽、安化、瀏陽地震。（乾隆《長沙府志》卷三七《祥異》）

大風沙霾，晝晦。（民國《重修滑縣志》卷二〇《大事記》）

十三日未時，地震。（同治《益陽縣志》卷二五《祥異》）

十四日，黑風沙，暴雨。（光緒《虞城縣志》卷一〇《災祥》）

金沙洲火，烈風雷雨，軍門牙旗杆折。（光緒《江夏縣志》卷八《祥異》）

內廨雷震，死庫吏。（康熙《會同縣志》卷一《星野》；光緒《會同縣志》卷一四《災異》）

蟲生，購捕。（光緒《靖江縣志》卷八《祲祥》）

蝗。（乾隆《杞縣志》卷二《祥異》）

大風，沙霾晝晦。旱，蝗食麥。秋，盜起，人相食。石米八兩，石麥六兩，公鬻人肉。（順治《衛輝府志》卷一九《災祥》）

大風霾，晝晦。（道光《輝縣志》卷四《祥異》）

旱。三月大風，沙霾晝晦。（乾隆《滑縣志》卷二〇《祥異》）

十四日，黑風，沙暴雨。（宣統《聊城縣志》卷八《災祥》）

下黃沙，晝晦。（民國《遷安縣志》卷五《記事篇》）

地震。（光緒《沔陽縣志》卷一《祥異》）

金沙洲烈風雷雨，軍門旗杆折。（康熙《江夏縣志》卷一《災祥》）

夜，有五色虹下，屬地，數刻許天色變暗如蒙霧，累日不解。（康熙《蘄州志》卷一二《災異》）

十七日，隕霜傷麥，數日間麥根復生，收時每畝倍常數。十九日申時，黑風自乾地來，轟轟有聲，瞬息如夜，道路行人陷落坑井，燃燈室內，近見燈明如紅棗大，對面不能見人。（乾隆《陳州府志》卷三〇《雜志》）

四月

戊子，免高淳去年旱蝗田租。（《崇禎實錄》卷一二，第361～362頁）

旱。（康熙《元城縣志》卷一《年紀》；光緒《開州志》卷一《祥異》；民國《大名縣志》卷二六《祥異》）

雪。（同治《西寧縣新志》卷一《災祥》；光緒《蔚州志》卷一八《大

事記》；民國《陽原縣志》卷一六《前事》）

蝗蝻入城，行如流水。秋，大旱，狼入村鎮，搏噬人畜。（民國《陽信縣志》卷二《祥異》）

大雪。（乾隆《廣靈縣志》卷一《災祥》）

地震。（乾隆《解州安邑縣運城志》卷一一《祥異》）

春，鎮城大風晝晦。四月，雪。（乾隆《宣化縣志》卷五《災祥》）

大旱，蝗生遍野。（康熙《蘇州府志》卷二《祥異》）

蝗。（乾隆《鎮江府志》卷四三《祥異》；光緒《丹陽縣志》卷三〇《祥異》）

豹入省城，獲之。隨大風拔木，屋瓦皆飛。（乾隆《貴州通志》卷一《祥異》）

五月

丙寅，隴西大雨雹。（《國榷》卷九七，第5841頁）

庚午，房山大風雹傷麥。（《國榷》卷九七，第5841頁）

雨冰。夏，無麥。秋，蝗旱，大饑。（乾隆《新鄉縣志》卷二八《祥異》）

旱，稻苗傷。（光緒《靖江縣志》卷八《禩祥》）

春，西郊雨黑子如豆。五月朔，隕紅沙，二麥皆壞。（康熙《儀徵縣志》卷七《祥異》）

旱，蝗。（道光《江陰縣志》卷八《祥異》）

六日，大雨連日夜十有三日，平地水溢數尺，舟行于陸。（光緒《嘉興府志》卷三五《祥異》）

初六日，大雨連十三日夜，平地水溢數尺，舟行于陸。（光緒《嘉善縣志》卷三四《祥眚》）

初七日，大霆雨，至十九日止。（康熙《瀏陽縣志》卷九《災異》）

初八日，桂林地震有聲。（嘉慶《廣西通志》卷二〇四《前事》）

初八日，地震有聲。（民國《昭平縣志》卷七《祥異》）

初旬，地震有聲，自南而北。（民國《上杭縣志》卷一《大事》）

大雨雹，起西山至汪源屯，傷禾數百頃。（康熙《保安州志》卷二《災祥》）

復蝗，穀糜三種三食，十室九空，至十三年七月尚未種穀。人以蕎杆、榆皮為食。（光緒《高陵縣續志》卷八《綴錄》）

雨雹，積尺餘，麥禾盡没。秋，蝗。（康熙《雒南縣志》卷七《災祥》）

十七日，午時，大風倒蟠龍寺大殿，聲如地震，震撼數十里。（嘉慶《淞南志》卷二《災祥》）

驟雨，蝗滅。（康熙《蘇州府志》卷二《祥異》）

蝗。三十日未刻，蝗從東南飛過西北，幾蔽天。然蝗雖多，俱落曠野，不為禾害。八月蝗大集。八月初八蝗大至，關外積二三寸，連日逐之不去，初從筧橋來，西過香園，入餘杭界。（康熙《仁和縣志》卷二五《祥異》）

大水。（同治《安化縣志》卷三四《五行》）

六月

畿内、山東、山西、河南旱蝗。（《明史·莊烈帝紀》，第327頁）

大雨雹。（光緒《通渭縣志》卷四《災祥》）

德安大水。（道光《安陸縣志》卷一四《祥異》）

襄陽大水。（同治《宜城縣志》卷一〇《祥異》）

旱，蝗。（乾隆《諸城縣志》卷二《總紀上》；乾隆《曲阜縣志》卷三〇《通編》；民國《增修膠志》卷五三《祥異》；民國《續修昔陽縣志》卷一《祥異》）

蝗。（同治《益陽縣志》卷二五《祥異》）

十一日，大風雹。（民國《沁源縣志》卷六《大事考》）

十一日，風雹大作，禾稼盡傷，刮毁城樓三座，樹木拔起，打死頭畜甚多。（康熙《山西直隸沁州志》卷一《災異》）

十四日，熒惑犯南斗。（乾隆《望江縣志》卷三《災異》）

蝗蝻。自九年不雨，至十三年七月。（乾隆《解州安邑縣運城志》卷一

一《祥異》）

飛蝗蔽天。（康熙《秀水縣志》卷七《祥異》；光緒《嘉興府志》卷三五《祥異》；光緒《嘉善縣志》卷三四《祥眚》）

昌化縣大水，壞民居田畝數十處，溺死者近數千人。（乾隆《杭州府志》卷五六《祥異》）

大水。（乾隆《昌化縣志》卷一〇《祥異》；同治《襄陽縣志》卷七《祥異》）

蝗蝻食禾幾盡。（康熙《密雲縣志》卷一《災祥》）

飛蝗生蝻。（康熙《元城縣志》卷一《年紀》）

蝗蝻迭生，穀苗吃盡，惟豆田蕎麥稍收。（康熙《垣曲縣志》卷一二《災荒》）

地震。（乾隆《潮州府志》卷一一《災祥》；嘉慶《澄海縣志》卷五《災祥》）

大水，平地丈餘，熟溪橋壞。（康熙《續修武義縣志》卷一〇《庶徵》）

飛蝗食禾，未幾生蝻，穿城入市，緣壁開屋。（康熙《開州志》卷四《災祥》）

蝗，秋蝻。（光緒《鹿邑縣志》卷六下《民賦》）

大水，城南民家胥及檐而止，編筏以渡。是時城閘未啟，巨浸已入道署中，巡道趙振業從東城上南望之，城外之水下於城中者數版。門為水勢所局，竭多人力不能動，從城上垂竿縋巨石以曳之，竟日門始啟，水稍殺。先是，豕乘於屋，天雨魚，烹之，悉化為水。是年冬，木冰。（道光《安陸縣志》卷一四《祥異》）

襄水溢於監利，而沔之西南柴林、三臺、朱麻凡三十九垸受爛泥湖之害，悉沉波底。（乾隆《沔陽州志》卷八《堤防》）

颶風，破商船八十餘艘，艤船商限門者數百艘。晦日出港，陡發颶風，無一存者，未出止五十艘，猶破其半。（光緒《高州府志》卷四八《事紀》）

平茶所大水，漂没廬舍無數，溺死男婦人百餘口。（光緒《黎平府志》

卷一《祥異》)

水淹城南百餘家。（光緒《沔陽州志》卷一《祥異》)

七月

瀏陽出蛟，洗壞居民廬舍田畝。（乾隆《長沙府志》卷三七《災祥》)

飛蝗蔽天。歲大饑。（光緒《無錫金匱縣志》卷三一《祥異》)

蝗。（民國《聞喜縣志》卷二四《舊聞》)

雷擊破密雲城鋪樓，所貯砲木皆碎。（《明史·五行志》，第 436 頁)

朔，右衛隕霜殺禾。（雍正《朔平府志》卷一一《外志》)

有蝗。（乾隆《白水縣志》卷一《祥異》)

大蝗，水涸。大饑，人相食。（康熙《益都縣志》卷一〇《祥異》)

大蝗。（道光《竹鎮紀略》卷上《祥異》)

蝻逾城垣，東南走及河，結塊以渡。（民國《孟縣志》卷一〇《祥異》)

十八日，龍雷自縣堂霹靂至大門外，震死鄉民牛小兒等二人。（乾隆《濟源縣志》卷一《祥異》)

八月

大水。十二月初一日，大水，禾稼登場，悉被漂去。（乾隆《南靖縣志》卷八《祥異》)

辛丑，長樂縣異風，壞海上民居亡算。（《國榷》卷九七，第 5847 頁)

白水、同官、洛南、隴西諸邑千里雨雹，半日乃止，損傷田禾。（《明史·五行志》，第 433 頁)

初八日，蝗大至關外，積二三寸。（乾隆《杭州府志》卷五六《祥異》)

雨白豆於西宸嶺，雞犬食之，皆斃。（康熙《漳浦縣志》卷四《災祥》)

十五日，大水。（乾隆《龍溪縣志》卷二〇《祥異》)

十五日，隕霜，傷禾，饑死人民甚眾。（民國《永和縣志》卷一四

《祥異》）

十五日，南靖、龍溪大水。（康熙《漳州府志》卷三三《災祥》）

十六日，隕霜殺禾，民饑。（民國《重修靈臺縣志》卷三《災異》）

十六日，風雨怪作，拔木發屋，海邊尤如洗。（乾隆《長樂縣志》卷一〇《祥異》）

十七日，大風。（乾隆《晉江縣志》卷一五《祥異》；嘉慶《惠安縣志》卷三五《祥異》）

十有七日，大風作，雨豆。（乾隆《僊遊縣志》卷五二《祥異》）

淫雨，蝗食禾如掃。（嘉慶《介休縣志》卷一《兵祥》）

大雨雹。（乾隆《白水縣志》卷一《祥異》）

蝗自江來，食禾。（民國《崇明縣志》卷一七《災異》）

雨雹，半日乃止。歲大饑，斗米一兩，人相食。（乾隆《同官縣志》卷一《祥異》）

旱，蝗。八月，蝻。至次年五月始雨。（康熙《朝城縣志》卷一〇《災祥》）

飛蝗蔽天，從江北至，食禾如刈，民間修禳或鳴金鼓驅之。知縣李招鳳具申巡撫張國維，請蠲遼餉一萬三千兩，巡撫黃希憲復捐俸一千兩賑濟。（康熙《崇明縣志》卷七《祲祥》）

十七日，大風，飄屋拔木。九月，雨豆。（乾隆《莆田縣志》卷三四《祥異》）

九月

晝晦。（康熙《大冶縣志》卷四《災異》）

十月

丙戌，彗星見。（《崇禎實錄》卷一二，第369頁）

乙丑，鳳陽地震。（《崇禎實錄》卷一二，第369頁）

初一日，又大水，禾稼登場者皆漂没。（乾隆《龍溪縣志》卷二〇《祥異》）

初一日，又大水，禾稼登場，悉被漂去。（康熙《漳州府志》卷三三《災祥》）

雷電，雹，大雨。（光緒《昌平州志》卷六《大事表》）

雷，大風害麥。（康熙《杞紀》卷五《繫年》）

大雷。（乾隆《昌邑縣志》卷七《祥異》）

彗星見。是歲冬至，大雷電雨雹。（《明史·陳龍正傳》，第 6682 頁）

雷，大風害麥。（康熙《續安丘縣志》卷一《總紀》）

十一月

大雷雨，禁糶。（光緒《靖江縣志》卷八《禨祥》）

戊寅，地震有聲，房舍皆振動，一夜數次。（民國《遷安縣志》卷五《記事篇》）

十二月

乙未，是年兩京、河南、山東、山西旱饑，遂命正一大教真人張應京禳旱。（《崇禎實錄》卷一二，第 370 頁）

浙江霪雨，阡陌成巨浸。（乾隆《杭州府志》卷五六《祥異》；同治《湖州府志》卷四四《祥異》）

霪雨，阡陌成巨浸。（光緒《歸安縣志》卷二七《祥異》）

初九日午刻，東方有異雲如鸞。（光緒《嘉善縣志》卷三四《祥眚》）

九日午刻，東方異雲如鸞。（光緒《嘉興府志》卷三五《祥異》）

大雪三十餘日，及春乃晴。（道光《東陽縣志》卷一二《禨祥》）

至庚辰正月止，霜雪凍結，用鑿開路，空處高至七八尺，至四月始消。（康熙《寧州志》卷一《祥異》；道光《義寧州志》卷二三《祥異》）

是年

畿南、山東、河南、山西、浙江旱。（《明史·五行志》，第 486 頁）

兩畿、山東、山西、陝西、江西饑。（《明史·五行志》，第 511 頁）

春，不雨。（道光《重修伊陽縣志》卷六《祥異》）

春，儀真雨黑子如豆。（雍正《揚州府志》卷三《祥異》）

春，大風晝晦。（康熙《廣昌縣志》卷一《災祥》；乾隆《廣靈縣志》卷一《災祥》；光緒《蔚州志》卷一八《大事記》）

春，饑蝗。（民國《萊陽縣志》卷首《大事記》）

夏，旱。秋，蝗，禾草俱盡，大饑。（光緒《城固縣志》卷二《災異》；民國《續修南鄭縣志》卷七《拾遺》）

夏，蝗，食盡田禾。（民國《沛縣志》卷二《沿革紀事表》）

夏，旱，蝗，食麥禾且盡，河決蔡家口，城內火焚居民二千餘家。（光緒《安東縣志》卷五《民賦下》）

夏，蝗蝻徧山野。（乾隆《濟源縣志》卷一《祥異》）

夏，旱，大蝗，草盡，集於樹，樹為之枯。（光緒《廣平府志》卷三三《災異》）

春，大旱，蝗。（民國《項城縣志》卷三一《祥異》；民國《商水縣志》卷二四《雜事》）

夏，大旱，蝗。（乾隆《雞澤縣志》卷一八《災祥》）

大旱，邑令歐陽步禱，齊雲，澍雨立應，雨黃沙。正月中旬，日昏翳如霧，屋室積若塵土。（康熙《休寧縣志》卷八《機祥》）

休寧大旱，雨黃沙，日昏翳如霧，屋室積若塵土。（道光《徽州府志》卷一六《祥異》）

風霾障天，自西北而東，白晝如夜。（民國《重修蒙城縣志》卷一二《祥異》）

大旱。（康熙《寧陽縣志》卷六《災祥》；康熙《新蔡縣志》卷七《雜述》；雍正《常山縣志》卷六《名宦》；康熙《衢州府志》卷三〇《五行》；乾隆《新蔡縣志》卷一〇《雜述》；乾隆《荊門州志》卷二七《路行》；道光《辰溪縣志》卷三八《祥異》；同治《武邑縣志》卷一〇《雜事》；同治《瑞昌縣志》卷一〇《祥異》；光緒《蠡縣志》卷八《災祥》；民國《萬泉縣志》卷終《祥異》；民國《濰縣志稿》卷二《通紀》；民國《寧晉縣志》

卷一《災祥》)

大旱，歲大饑。(光緒《容城縣志》卷八《災異》)

旱，饑。(康熙《當塗縣志》卷三《祥異》；民國《棗強縣志》卷八《災異》)

旱。(康熙《鍾祥縣志》卷一〇《災祥》；康熙《安平縣志》卷一〇《災祥》；康熙《武邑縣志》卷一《祥異》；咸豐《濱州志》卷五《祥異》；光緒《歸安縣志》卷二七《祥異》；民國《重修滑縣志》卷二〇《大事記》)

旱，蝗。(順治《淇縣志》卷一〇《災祥》；康熙《長清縣志》卷一四《災祥》；乾隆《宜陽縣志》卷一《災祥》；道光《長清縣志》卷一六《祥異》；道光《巢縣志》卷一七《祥異》；宣統《濮州志》卷二《年紀》；民國《洛寧縣志》卷一《祥異》；民國《禹縣志》卷二《大事記》；民國《夏邑縣志》卷九《災異》)

大旱，饑。(民國《臨沂縣志》卷一《通紀》)

大旱，沁水竭，蝗食秋禾。(道光《武陟縣志》卷一二《祥異》)

旱蝗，端河水暴溢，與螺螄河合而爲一。(康熙《內鄉縣志》卷一一《災祥》)

大旱，蓬蒿徧生，人呼為離鄉草。(同治《徐州府志》卷五下《祥異》)

遍地皆蛹，人不得行。(嘉慶《無爲州志》卷三四《禨祥》)

地裂於永年北汪邨。(康熙《畿輔通志》卷一《祥異》)

大旱，飛蝗蔽天，大饑。(嘉慶《如皋縣志》卷二三《祥祲》)

大旱，蝗飛蔽天，民大饑疫。(光緒《通州直隸州志》卷末《祥異》)

大旱，九湖皆涸，蓬蒿徧生。(嘉慶《蕭縣志》卷一八《祥異》)

旱，飛蝗北來，天日為昏，禾苗食盡。(道光《重修寶應縣志》卷九《災祥》)

水，湖中盜起，商賈不通，民大饑。(同治《饒州府志》卷三一《祥異》)

大旱，知縣李正春發廩賑民。(嘉慶《九江府志》卷三〇《祥異》；同

治《九江府志》卷五三《祥異》)

　　大旱，民饑。(道光《商河縣志》卷三《祥異》；光緒《霑化縣志》卷一四《祥異》)

　　蝗蝻食麥。(雍正《館陶縣志》卷一二《災祥》)

　　東昌府大旱，饑。(道光《觀城縣志》卷一〇《祥異》)

　　霪雨不止，兼以陽穀地高，水勢奔流，莘幾爲沼。(民國《莘縣志》卷一二《禨異》)

　　飛蝗蔽空，饑。(雍正《文登縣志》卷一《災祥》；道光《榮成縣志》卷一《災祥》；光緒《文登縣志》卷一四《災異》)

　　旱蝗，民饑。(嘉慶《長山縣志》卷四《災祥》)

　　旱，蝗食禾草，樹葉一空，大饑，人相食。(光緒《壽張縣志》卷一〇《雜事》)

　　蝗蝻，大傷禾。(民國《解縣志》卷一三《舊聞考》)

　　木冰。(同治《陽城縣志》卷一八《兵祥》)

　　蝗害稼。(民國《翼城縣志》卷一四《祥異》)

　　蝗。(順治《遠安縣志》卷四《祥異》；順治《商水縣志》卷八《災變》；康熙《鼎修霍州志》卷八《祥異》；康熙《延綏鎮志》卷五《紀事》；康熙《寧陵縣志》卷一二《災祥》；康熙《濱州志》卷八《紀事》；康熙《韓城縣續志》卷七《祥異》；嘉慶《舒城縣志》卷三《祥異》；嘉慶《延安府志》卷六《大事表》；同治《重修寧海州志》卷一《祥異》；光緒《綏德直隸州志》卷三《祥異》；光緒《永濟縣志》卷二三《事紀》；光緒《大寧縣志》卷七《災祥》；民國《新絳縣志》卷一〇《災祥》)

　　蝗自東來，食禾盡。(民國《螯屋縣志》卷八《祥異》)

　　大旱，自正月不雨，至於秋七月。八月雨雹，半日乃止，歲大饑。(乾隆《同官縣志》卷一《祥異》)

　　蝗傷秋禾。(民國《重修岐山縣志》卷一〇《災祥》)

　　浙江旱。(乾隆《杭州府志》卷五六《祥異》；同治《湖州府志》卷四四《祥異》)

大旱，無麥禾。（嘉慶《西安縣志》卷二二《祥異》；民國《衢縣志》卷一《五行》）

諸暨蝗。（乾隆《紹興府志》卷八〇《祥異》）

大雪没湖。（乾隆《諸暨縣志》卷七《祥異》）

冬，燠。（康熙《商丘縣志》卷三《災祥》）

冬，木凍，城北房屋有雀來巢。（康熙《咸寧縣志》卷六《災祥》；光緒《咸甯縣志》卷八《災祥》）

石首地震連日。（光緒《荊州府志》卷七六《災異》）

春，霪雨，城圮。（康熙《安慶府志》卷三《城池》）

春，蝗孳生遍地。撫臣張國維令民捕蝗交納粮長，給以粟。（乾隆《錫金識小録》卷二《祥異補》）

春，晝晦。（乾隆《直隸易州志》卷一《祥異》）

春，大疫。秋，水，潲禾。（民國《太康縣志》卷一《通紀》）

春，大旱。（順治《項城縣志》卷八《災祥》）

春，不雨。四月，蝗。秋八月，蝝生，井水臭穢不可食，民有數日不舉火者。是年，河南大饑，盧氏、嵩、伊陽三邑尤甚。（道光《汝州全志》卷九《災祥》）

春，大旱，風霾蔽日，麥苗盡枯，至立秋方雨。八月，嚴霜降，秋禾萎，麥不布種。遍地盜起，號曰“打粮”，肆其搶掠，訖無官法矣。（康熙《安陽縣志》卷一〇《災祥》）

不雨。夏四月，蝗竟月，飛翔往來不定，所落之處草木靡有萌蘗。至秋八月生，民間釜皿皆滿，井水臭穢不可食。河南大饑，人相食，盧氏、嵩、伊陽三縣尤甚。（乾隆《伊陽縣志》卷四《祥異》）

夏，亢旱，飛蝗蔽日。禾枯粮盡，民窮盜起。（康熙《鄭州志》卷一《災祥》）

夏，大水，梅家佘堤復決。（同治《清江縣志》卷二《圩堤》）

夏，大水。（民國《太湖縣志》卷四〇《祥異》）

夏，飛蝗蔽天，溝壑皆滿，傷禾。（順治《曲周縣志》卷二《災祥》）

夏，旱，蝗。冬，蠓生，橐橐然蔓延，附地如鱗。民大困。（光緒《沁水縣志》卷一〇《祥異》）

夏，恒雨，禾盡淹没，米價騰湧。（道光《石門縣志》卷二三《祥異》）

夏，恒雨。（民國《烏青鎮志》卷二《祥異》）

夏，青蟲食禾。（民國《英山縣志》卷一四《祥異》）

夏，大雨。（康熙《羅田縣志》卷一《災異》）

夏，蛹食麥。（順治《閿鄉縣志》卷一《星野》；康熙《潼關衛志》卷上《災祥》）

雨冰，夏，無麥。秋，蝗，旱。大饑。（康熙《新鄉縣續志》卷二《災異》）

大水入城。（康熙《新修宜良縣志》卷一〇《災祥》）

颶風，學（宮）圮。（道光《遂溪縣志》卷三《學校》）

高沙市大風，拔木飄屋，江中水起見底，人為風挾上，復從空下，幾數里。（康熙《武岡州志》卷九《徵祥》）

江陵、江南北，飛蝗蔽日。（光緒《荆州府志》卷七六《祥異》）

大雨，河溢，城垣壞，蛟龍起。（道光《黃安縣志》卷九《災異》）

大水。（同治《漢川縣志》卷一四《祥祲》）

又蝗，積地盈尺，食禾殆盡。（乾隆《澠池縣志》卷中《災祥》）

旱，蝗。十月，桃李悉華。（民國《新安縣志》卷一五《祥異》）

飛蝗蔽天，蛹蟲繼生，緣壁入室，釜甑皆滿，麥禾俱盡，民多死亡。（康熙《嵩縣志》卷一〇《災異》）

南陽大蝗，草木盡食，數百里如霜。（《豫變紀略》卷三）

飛蝗蔽天，累日無光。（康熙《淅川縣志》卷八《災祥》）

飛蝗蔽天。（乾隆《桐柏縣志》卷一《祥異》）

蝗食稼，大饑。（康熙《鎮平縣志》卷下《災祥》）

蝗入城。（乾隆《羅山縣志》卷八《災異》）

飛蝗蔽天，禾盡食。民大饑。（嘉慶《商城縣志》卷一四《災祥》）

蝗食稼，歲大饑。始則飛蝗如雨，既而蝻結塊，數十里并排而進，自北而南，山河城垣無阻，逢井則自井口至底而上，草木無遺，人家室中箱籠衣服盡蝕。（康熙《南陽縣志》卷一《祥異》）

大蝗，秋禾盡傷。（順治《襄城縣志》卷七《災祥》；康熙《許州志》卷九《祥異》）

大旱，草木為焦，百穀無所入。（同治《鄢陵文獻志》卷二三《祥異》）

大旱，池水消涸逾半。（民國《夏邑縣志》卷九《雜文》）

大蝗且旱。（康熙《睢州志》卷七《祥異》）

蝗蝻為災，秋禾盡没。（康熙《清豐縣志》卷二《編年》）

旱，蝗蝻食禾盡。（光緒《内黃縣志》卷八《事實》）

臣以崇禎十二年六月初十日，自高平縣調任河内，未數日水奪民稼，又數日蝗奪民稼。自去年六月雨，至今十一閱月不雨，水旱蝗一歲之災者三。旱既太甚，民不得種麥，而蝗蝻乃已種子，無慮萬頃。冬，無雪，蝻子計日而出。去年無秋，今年又無春，窮民食樹皮盡，至食草根，甚至父子夫妻相食，人皆黃腮腫頰，眼如豬膽，餓死累累。（康熙《河内縣志》卷四《藝文》）

旱，沁水竭。飛蝗蔽天，緣堞入城内，囓筍水盡，結塊渡河去。是歲饑。（道光《河内縣志》卷一一《祥異》）

大旱，沁水竭。蝗食秋禾，緣牆壁入人家，遇物皆囓，結塊渡河。（康熙《武陟縣志》卷一《災祥》）

蝗蝻徧野，踰城垣，入人户宇。（乾隆《温縣志》卷五《災祥》）

蝗災。（乾隆《通許縣舊志》卷一《祥異》；光緒《清源鄉志》卷一六《祥異》）

旱，蝗。人相食。（康熙《登封縣志》卷九《災祥》）

（萬安橋）圮于水。（乾隆《建寧縣志》卷五《津梁》）

霪雨三月，斗米二十文。（康熙《新淦縣志》卷五《歲眚》）

水，湖水盜起，商賈不通。民大饑，知縣張允掄疏商并賑濟之。（康熙《鄱陽縣志》卷一五《災祥》）

旱，蝗不爲災。（康熙《廣德州志》卷三《祥異》）

大旱，蝗。蓬蒿遍生，俗歎為"離鄉草"。秋，菽登野者異飆卷空中去，粒如雨灑。十月，盜起。九月湖皆涸。（順治《蕭縣志》卷五《災祥》）

大風害稼。（民國《宿松縣志》卷五三《祥異》）

蝻佈滿城野，人阻不得行。（康熙《無為州志》卷一《祥異》）

風水損禾。（同治《鄞縣志》卷六九《祥異》）

雨雹大如升，擊死豆、麥、禽。（康熙《桃源鄉志》卷八《紀異》）

飛蝗食稻，慘倍於前。（康熙《桐廬縣志》卷四《災異》）

飛蟲食稻。（光緒《嚴州府志》卷二二《祥異》）

（南通）大旱，蝗飛蔽天。民饑。（弘光《州乘資》卷一《機祥》）

蝗飛蔽天。（光緒《泰興縣志》卷末《述異》）

大旱，蝗蝻被野。（乾隆《武進縣志》卷一四《撩遺》）

海溢，壞泖缺東塘。（乾隆《華亭縣志》卷三《海塘》）

飛蝗敝日。（康熙《高唐州志》卷九《災異》）

東昌大旱，饑。（宣統《聊城縣志》卷一一《通紀》）

蝗災，至平地尺半許，禾草樹葉一空。大饑，人相食。（光緒《鄆城縣志》卷九《災祥》）

旱，蝗，豆虸食禾稼。（康熙《魚臺縣志》卷四《災祥》）

大旱，蝗飛蔽天，蝻生遍地。瀛蟲、蜂蝱之屬羣飛掩日，渡河而南。（光緒《新修菏澤縣志》卷一八《雜記》）

大旱，飛蝗蔽天，傷稼無秋。（康熙《棲霞縣志》卷七《祥異》）

濱州、陽信、商水諸州邑大旱，民饑。蒲臺蝗。（咸豐《武定府志》卷一四《祥異》）

蝗，旱。瘟疫大作，人死無算。（康熙《齊河縣志》卷六《災祥》）

蝗入城，疫。大旱。（崇禎《歷城縣志》卷一六《災祥》）

郡縣旱蝗，民饑。歷城、齊河疫癘大作。泰安連歲大饑，人相食。（康熙《濟南府志》卷一〇《災祥》）

濟南、東昌、青州三府大旱，饑。（雍正《山東通志》卷三三《五行》）

徽州旱，蝗。（民國《徽縣新志》卷一《災歉》）

鴻雁數萬，環飛城上，去屋咫尺，矢石不驚，移時乃散。十二年至十四年，飛蝗蔽天，落地如崗阜，斗米三兩，人有易子而食者。（乾隆《新修慶陽府志》卷三七《祥眚》）

遺蝻遍野，饑民食之。（順治《麟遊縣志》卷一《災祥》）

天鳴，有火光。蝗傷秋禾。（順治《重修岐山縣志》卷二《災祥》）

雷鳴，有火光。遺蟲蝗蝻遍野。（順治《扶風縣志》卷一《災祥》）

飛蝗入境，大傷禾稼。（康熙《永壽縣志》卷六《災祥》）

蝗飛食苗，禾無成。（康熙《臨潼縣志》卷六《祥異》；乾隆《咸陽縣志》卷二一《祥異》）

蝗，大饑。（康熙《鄠縣志》卷八《災異》）

蝗蝻食禾。（民國《浮山縣志》卷三七《災祥》）

薦饑。旱魃奇虐，米麥斗八錢，民食樹皮革根，死者枕藉道路，人相食。知縣李用質躬歷各鄉，勸諭設廠賑粥，饑民賴以全活。（康熙《襄陵縣志》卷七《祥異》）

蝗蠓食禾。（乾隆《翼城縣志》卷二六《祥異》）

大旱，人相食。（康熙《邢臺縣志》卷一二《事紀》）

時連年大旱，人相食。（光緒《雄縣鄉土志》卷四《耆舊》）

旱，蝗蝻大傷田稼，民饑。（民國《交河縣志》卷一〇《祥異》）

飛蝗蔽日，米價十兩一石，人相食。（康熙《保定府志》卷二六《祥異》）

大風晝晦。四月，雪。（順治《蔚州志》上卷《災祥》）

夏秋，蝗。（乾隆《碭山縣志》卷一《祥異》）

夏秋，蝗蝻為害，大饑。（光緒《柘城縣志》卷一〇《災祥》）

秋初，荒，土寇漸起。知縣光山羅公璧開倉賑之。次年歲愈歉。（康熙《滑縣志》卷一〇《雜志》）

河決曹家口，壞稼，漂廬舍，災及百里。是年大旱，飛蝗蔽天如黑雲，聲如風雨，至秋，蝻復甚。冬，無雪，泥蟲傷麥。（光緒《曹縣志》卷一八《災祥》）

旱，蝗。自秋至明年庚辰不雨，又蝗，僅播種而不秀，秀而不實，斗米千錢。二之日，奇寒，人益困，兄弟朋友互相殘食，率以為常。明年春益甚。去冬無雪，今猶未雨。（道光《輝縣志》卷一五《藝文》）

日赤，自十二年至十五年，日常赤如杯血。秋，蝗，萬曆四十年以後，飛蝗歲見，至崇禎十二年盈野蔽天，其勢更甚。生子入土，十八日成蝝，稠密如蟻，稍長，無翅不能高飛，禾稼瞬息一空。焚之以火，塹之以坑，終不能制。嗟呼！天災至此，亦無可何如也。（康熙《蘭陽縣志》卷一〇《災祥》）

蝗，旱。秋，大饑。（康熙《萊陽縣志》卷九《災祥》；乾隆《海陽縣志》卷三《災祥》）

秋，飛蝗遍野，食稼幾盡。（光緒《南樂縣志》卷七《祥異》）

秋，蝗自石首過青苔渡來安鄉，如雲蔽日，聚響成雷，所過稻穀、草木、衣服無存者。自明公寺下縣，凡四集市居皆遍，琴堂尤厚尺許，一隊自黃山下焦圻、荊台湖等處。謠曰"蝗蟲蝗蟲，流賊先鋒"。後果驗。（乾隆《直隸澧州志林》卷一九《祥異》）

秋，蝗。（雍正《孝義縣志》卷一《祥異》；同治《安福縣志》卷二九《祥異》；民國《澧縣縣志》卷三《荒歉》）

秋，蝗群飛蔽日，聚響如雷，所過秧苗及草木一空，衣服亦盡嚙。（民國《華容縣志》卷一三《祥異》）

飛蝗蔽天，秋，無禾。是年夏，有星隕于居民袁四家，去地尺，往來滾滾不定，狀如金之在冶。其家老幼伏地，祈祝良久，忽起四五丈，從南城飛去，光照數十里。又多大鼠，累累成群，入人家食小兒，入牛腹食牛臟腑。（雍正《鳳翔縣志》卷一〇《災異》）

秋，雨，頹東北城六七丈。（康熙《靜樂縣志》卷三《城池》）

秋，孝義、介休、清源、太平、聞喜、安邑、垣曲、翼城、絳、霍、蒲蝗，食禾如掃。靈石、萬泉、稷山旱。隰州饑。長治、平陸無雪。（雍正《山西通志》卷一六三《祥異》）

秋，無禾。（崇禎《內邱縣志》卷六《變紀》）

秋，蝗蝻遍野，食稼殆盡。（民國《鹽山新志》卷二九《祥異表》）

秋，大水，霧。本里大風發屋。（嘉慶《廣西通志》卷二〇四《前事》）

秋，蝗蟲蔽天，食禾殆盡。（康熙《天津衛志》卷三《災變》）

秋，生育白蟲，傷禾。（光緒《金壇縣志》卷一五《祥異》）

秋，雨紅豆，堅小輪囷，有二瓣，食作腥氣。（光緒《六合縣志》卷八《附錄》）

旱，蝗。冬，無雪。（嘉慶《東臺縣志》卷七《祥異》）

冬，無雪。（康熙《潞城縣志》卷八《災祥》；乾隆《長治縣志》卷二一《祥異》）

大旱，蝗蔽天隔日，暗如黑夜，行人路阻，青草食絕，集樹，樹枝脆皆折。其年冬，復有冰樹之災。（民國《肥鄉縣志》卷三八《災祥》）

大旱，霜早。大饑饉，民流移。冬十月十三日，雷猶鳴。（順治《饒陽縣後志》卷五《災祥》）

三冬無雪。（康熙《平陸縣志》卷八《祥異》）

己卯、庚辰，連歲大祲。（康熙《衢州府志》卷二七《荒政》）

十二、十三年，荒旱，斗米二錢。民乞糴，海北風濤時阻，民多採食異物，如甜粮、山豆、蒔莨之類，有致腫死者。（康熙《文昌縣志》卷九《災祥》）

十二、十三年，大旱。（康熙《萬泉縣志》卷七《祥異》；康熙《辰州府志》卷一《災祥》）

十二、三年春冬，每辰晡，東望赤光蔽天。（順治《陳留縣志》卷一一《災祥》）

十二年至十四年，蝗蝻連災，禾食既，民相食。（宣統《蒙陰縣志》卷八《災異》）

十二年至十四年，飛蝗蔽天，落地如崗阜。斗米銀三兩。（乾隆《正寧縣志》卷一三《祥眚》）

十二年至十四年，皆蝗。（乾隆《環縣志》卷一〇《紀事》）

崇禎十三年（庚辰，一六四〇）

正月

丁卯，夜，東方黑氣彌空，連三夕。（《崇禎實録》卷一三，第 371 頁）

癸卯，賑饑。是年，旱蝗，人相食。（乾隆《諸城縣志》卷二《總紀上》）

六日，天氣蒸熱如夏，夜震雷大雨。次日，大風雨雹。俄大雪二晝夜，深三尺許，河冰復合。屋上積雪，累日不消，上有巨雞足跡，或如牛首馬面之狀，或如巨人足跡，長二三尺。（同治《重修山陽縣志》卷二一《祥祲》）

六日，天氣蒸熱如夏，夜震雷大雨。次日，大風雨雹，俄大雪二晝夜，深三尺許。河冰復合，屋上積雪，纍日不消。（光緒《淮安府志》卷四〇《雜記》）

六日，大雨雹，淫雨連綿不止，至閏正月始晴。（民國《杭州府志》卷八四《祥異》）

大雨震電。初六，黄昏大雨電，更霆雨連綿不止，至閏正月始晴。（康熙《仁和縣志》卷二五《祥異》）

己未，地震。閏正月丁亥，又震。二月壬申，復震數次。（民國《遷安縣志》卷五《記事篇》）

初七夜，雷鳴雨注，感化里及西南隅約二十里許雨豆，扁而細，或黑或黄，里民有掃之盈升者。（康熙《同安縣志》卷一〇《祥異》）

初七日，大雷電。（光緒《嘉善縣志》卷三四《祥眚》）

雨土灰，五步外不能見一物。二月、三月連旬皆風霾。（順治《新修望江縣志》卷九《災異》）

雪凍樹折，廬舍壓頹，人謂之木冰。（康熙《廣永豐縣志》卷五《機祥》）

（横峰縣）興安正月雨雪，久凍，河水盡合，人畜皆渡。（康熙《廣信府志》卷一《祥異》）

大雨雪。（同治《莆田縣志·祥異》）

朔，陰晦，雨沙者一日，白晝如夜。春，大旱，斗米千五百錢，人相食。（乾隆《原武縣志》卷一〇《祥異》）

朔，大雷。蝗，疫。大饑，人相食。（宣統《濮州志》卷二《年紀》）

丁卯，黑氣彌空者三日。（《明史·五行志》，第457頁）

大雪。（康熙《遂安縣志》卷九《災異》）

積雪經月，池水堅數寸。冬夜，地震，臥者墜地。（康熙《興寧縣志》卷八《災異》）

久雪，河流皆凍。（同治《興安縣志》卷一六《祥異》）

雪凍樹折，盧舍壓頹，人謂木冰。（同治《廣豐縣志》卷一〇《祥異》）

雷電，大雨雪。（民國《無棣縣志》卷一六《祥異》）

大雪，大雨連綿三閱月。（嘉慶《義烏縣志》卷一九《祥異》）

大雪，深四五尺。（同治《象山縣志稿》卷二二《禨祥》）

大雨，震電。（乾隆《杭州府志》卷五六《祥異》）

大風，至四月方止。大旱，民饑。（順治《真定縣志》卷四《災祥》）

至六月二十日始雨，秋，復大旱，禾稼皆枯，斗米錢七八百文。民間鬻妻賣子，餓死道路者甚眾。（雍正《深州志》卷七《事紀》）

正月、閏正月，雨雪連綿。二、三月，多烈風。四月，米石價一兩三錢。江北蝗來，高鄉茭蘆盡，遇雷雨，投崖盡死，幸不傷禾。六月米貴，至一兩八錢。秋大稔。（崇禎《吳縣志》卷一一《祥異》）

閏正月

丙午，浙直大風霾。（《崇禎實錄》卷一三，第372頁）

元日，雷電大作，雨雪盈尺。春夏，大旱，野無寸草，斗粟千文。（民國《陽信縣志》卷二《祥異》）

元日，雷電大作，雨雪盈尺。（光緒《惠民縣志》卷一七《災祥》；光緒《霑化縣志》卷一四《祥異》）

元日，雷電，雨雪盈尺。（嘉慶《長山縣志》卷四《災祥》）

元日，雷電大作，雪盈尺。（乾隆《樂陵縣志》卷三《祥異》）

朔，日食，暴風揚沙，色赤如火。（道光《尉氏縣志》卷一《祥異附》）

元日，雷電大作，雨雪盈尺。春夏，大旱，野無青草，斗粟萬錢無糴處，道殣相望，發帑金六千兩賑山東饑民。（民國《濟陽縣志》卷二〇《祥異》）

朔，雷電，雨雪盈尺。五月，大旱。饑，樹皮皆盡，發瘞胔以食。（道光《濟南府志》卷二〇《災祥》）

初五日，大雷，連陰，至三月朔乃止，時去驚蟄尚十日。（民國《海澄縣志》卷一八《災祥》）

丙申，南京日晦冥，風霾大作。（同治《上江兩縣志》卷二下《大事下》）

賑饑。夏，復大旱，蝗，斗穀千錢無糴處，人相食，瘞胔盡發。（乾隆《平原縣志》卷九《災祥》）

丙申，南京晝晦，風霾大作。（光緒《金陵通紀》卷一〇下）

大雪，連陰至三月乃止。（康熙《龍溪縣志》卷一二《災祥》）

大雪，積久不消。（嘉慶《黄平州志》卷一二《祥異》）

暴雨揚沙，色赤如日。（乾隆《陳州府志》卷三〇《雜志》）

二十四日丙午，赤風飛沙，黑霧塞天，終日方止。（光緒《永城縣志》卷一五《災異》）

丙申，南京日色晦蒙，風霾大作，細灰從空下，五步外不見一物。（《明史·五行志》，第492頁）

至夏六月不雨，大饑，人相食。（道光《蘭州府志》卷一二《雜記》）

二月

戊寅，諭曰："日者風霾大作，土田亢旱，麥苗將槁，甚至傷折南郊樹木。天心仁愛，警示頻仍，非政事之多失，即奸貪之縱肆，或刑獄之失平，抑豪右之侵虐，諸如此類，皆干天和。"（《崇禎實錄》卷一三，第373 頁）

初四日，異風自北來，兵刃草樹皆出火光。夏秋，蝗蝻徧生。（光緒《豐縣志》卷一六《災祥》）

初四日，蕭、豐有異風自北來，兵刃草樹皆出火光。（嘉慶《蕭縣志》卷一八《祥異》）

初四日，黑風東來，人莫能立，二十一日未時風沙迷天。秋蝗，無遺禾。民大饑，斗米三錢。人相食，骸骨饞藉，死者不勝紀。所在流亡，婦子易米三升，無復與者。（順治《蕭縣志》卷五《災異》）

四日，蕭、豐有異風自北來，兵刃草樹皆出火光。夏秋，蝗蝻遍野。（同治《徐州府志》卷五下《祥異》）

日出如血，大風霾。夏，大旱，疫。六月，日出入有赤氣如血。秋，旱，蝗。（崇禎《歷城縣志》卷一六《災祥》）

日出如血，大風霾。（嘉慶《長春縣志》卷四《災異》；光緒《惠民縣志》卷一七《災祥》）

不雨，至秋七月。無稼，群盜起。（康熙《海豐縣志》卷四《事記》）

風霾雨土。大饑。（康熙《延綏鎮志》卷五《紀事》；民國《橫山縣志》卷二《紀事》）

風霾。饑。（乾隆《綏德州直隸州志》卷一《歲徵》；光緒《綏德直隸州志》卷三《祥異》）

黃風蔽天日，屋瓦牆垣皆作重金色。民大饑，斗米千錢。自明二百餘年，五穀踴貴無甚此者，剝食樹皮殆盡，僵莩遍野。夏秋，旱饑尤甚。（光緒《曹縣志》卷一八《災祥》）

黃風蔽天日，屋瓦牆垣皆作重金色，相連兩月。（道光《城武縣志》卷一三《祥祲》）

黑風起自西北，黑氣凝空，有聲漸近，日色全晦，白晝如夜，凡槍刀之屬有火光。約三四刻北風息，黃沙滿地，厚寸許。（乾隆《碭山縣志》卷一

《祥異》）

天飛沙如雨，黃赤之氣盈空。瘟疫大作。（順治《胙城縣志》卷下《祥異》）

二十一日，風霾，天赤如血，有頃晝晦。春夏，大旱。八月，霜殺禾。是歲，民大饑。（乾隆《陽武縣志》卷一二《災祥》）

日光如血者數日。（道光《尉氏縣志》卷一《祥異附》）

黑風晝晦。夏旱，秋蝗。（民國《夏邑縣志》卷九《災異》）

戊寅，以久旱，求直言。三月甲申，禱雨。丙戌，大風霾，詔清刑獄。戊戌，賑畿内饑。七月庚辰朔，畿内捕蝗。（《明史·莊烈帝紀》，第328頁）

京師大風，天黃日眚，浹旬不解。（《明史·陳龍正傳》，第6682頁）

日光如血者數日，照屏幛人衣皆紅。（乾隆《陳州府志》卷三〇《雜志》）

黑風自西來，如突熖，晝晦，夕始明。（光緒《永城縣志》卷一五《災異》）

兩次蝗生，食禾。大旱，赤地千里。（雍正《安東縣志》卷一五《祥異》）

二十一日，未時，黑風自西北起，飛沙蔽日，天昏地暗，白晝秉燭，直至西方息。三月二十一日辰時復然，亦至西息。（順治《沈丘縣志》卷一三《災祥》）

地震有聲。（民國《高淳縣志》卷一二《祥異》）

風霾。是歲秋，蝗食禾幾盡。（康熙《安肅縣志》卷三《災異》；民國《徐水縣新志》卷一〇《大事記》）

風霾雨土者久之。夏五月不雨至七月，海防張嗣嘉率屬步禱，學臺張鳳翮亦出禱，初十日大雨，苗乃蘇。斗米二錢。（康熙《江陰縣志》卷二《災祥》）

隕霜殺桑，麥秋成，多無禾，斗粟一兩三錢，草根木皮搜食無餘，人相食，至十四年骨肉相食，千古罕聞。十二年九月不雨，至十三年七月。（康

熙《解州全志》卷九《災祥》）

風霾，旱。五月，蝗。六月，蝻。（光緒《昌平州志》卷六《大事表》）

二十一日，黑風晝晦。三十日，黑風。（光緒《虞城縣志》卷一〇
《災祥》）

赤風晝晦，其色如血，夏旱。（乾隆《杞縣志》卷二《祥異》）

日出如血，大風霾，不雨至秋。（民國《無棣縣志》卷一六《祥異》）

日出如血，大風霾。夏秋，大旱，蝗，野無寸草，道殣相望，寇賊蜂
起，人相食。（光緒《霑化縣志》卷一四《祥異》）

隕霜殺桑。（乾隆《解州安邑縣運城志》卷一一《祥異》）

風霾，雨土，大饑。（嘉慶《延安府志》卷六《大事表》）

龍游縣火，半月乃息。是年，西安縣大旱，饑。（康熙《衢州府志》卷
三〇《五行》）

三十日，大風，紅沙蔽日，晝晦，咫尺不辨人面。夏，大旱，野無青
草，蝗。（康熙《睢州志》卷七《祥異》）

不雨，至於秋七月，蝗。（道光《重修伊陽縣志》卷六《祥異》）

大風霾，至七月不雨。（乾隆《樂陵縣志》卷三《祥異》）

不雨，至於八月，土寇起。六月，人相食。（順治《禹州志》卷九
《機祥》）

不雨，至八月，旱蝗，大饑，人相食，土寇起。（民國《禹縣志》卷二
《大事記》）

三月

辛亥，是日，雨。（《崇禎實錄》卷一三，第 376 頁）

壬寅，嘉興天鳴。（《崇禎實錄》卷一三，第 376 頁）

丙戌，風霾。（《國榷》卷九七，第 5858 頁）

戊子，諭："風霾亢旱，各官必多貪殘罔法，撫按未見指參，如再徇
容，重處不貸。又省直獄囚速結，豁其輕罪。"（《國榷》卷九七，第
5859 頁）

大旱，汾、澮俱竭。大饑，人相食，死者無數。（康熙《曲沃縣志》卷二八《祥異》）

十六日微雨，歷夏秋不雨，禾苗盡枯，飛蝗遍野。斗米銀四金，木皮草根剝掘俱盡，人民相食。（康熙《鹽山縣志》卷九《災祥》）

天赤，日月無光者三日。夏無麥，秋無禾。饑，人相食，骸骨遍野。（康熙《垣曲縣志》卷一二《災荒》）

霾。是年，旱，民多殍，遍地劫掠。（同治《瀏陽縣志》卷一四《祥異》）

雨土。（咸豐《大名府志》卷四《年紀》）

大旱。（乾隆《潮州府志》卷一一《災祥》）

大風。（光緒《續永清縣志》卷一三《雜志》）

霾，大旱，民多殍。（康熙《孝感縣志》卷一四《災異》；光緒《孝感縣志》卷七《災祥》）

大風，復旱蝗。（順治《淇縣志》卷一〇《灾祥》）

大水傷稼。六、七月間，米價石至二兩六錢，饑民如沸，逃命成群。迫官府判價一兩二錢。（康熙《嘉興縣志》卷八《外紀》）

大旱，知縣陳咨託步禱，四十日方雨。（雍正《惠來縣志》卷一二《災祥》）

雨土，麥盡枯，瘟疫始行。（光緒《南樂縣志》卷七《祥異》）

蝗，購捕，自五月至七月，不雨。（光緒《靖江縣志》卷八《祲祥》）

四季無雨。三月初旬，陡起黑風，房舍飛掀，人迷路跡。夏，生蝗蝻。（康熙《鄒縣志》卷三《災亂》）

至五月，霪雨。（同治《安化縣志》卷三四《五行》）

至於五月，不雨。（康熙《臨朐縣志書》卷二《災異》）

至秋，不雨，禾苗盡枯，飛蝗徧野，斗米銀四兩，木皮草根剝掘俱盡，人相食。（民國《鹽山新志》卷二九《祥異表》）

四月

戊午，浙西大水。（《崇禎實錄》卷一三，第 377 頁）

庚申，以宿州等三十州縣荒災，免其八年逋賦。（《崇禎實録》卷一三，第 377 頁）

癸酉，南安、惠安、同安地震。（《崇禎實録》卷一三，第 377 頁）

初八日己未，雨連一月，日夜無間。至五月初九日己丑禾稼淹没，越日稍起，十七日丁酉復淹没。（康熙《秀水縣志》卷七《祥異》）

會寧隕霜殺稼。（《明史·五行志》，第 428 頁）

蝗食禾，既。（道光《尉氏縣志》卷一《祥異附》）

隕霜，二麥盡枯。夏秋旱，穀禾枯槁。八月後，麥米騰貴，一斗值銀八錢。（順治《靈臺志》卷四《災異》）

大霜如雪，菜麥俱死。秋八月，飛蝗蔽天。（康熙《石埭縣志》卷二《祥異》）

旱。（嘉慶《長垣縣志》卷九《祥異》）

飛蝗蔽天。（光緒《江夏縣志》卷八《祥異》）

大疫，百里無人蹤。（乾隆《鳳陽縣志》卷一五《紀事》）

大霜，菜麥俱傷。夏，旱，米價湧貴，民掘土作餅，稱“觀音粉”，食者多死。（嘉慶《涇縣志》卷二七《災祥》）

颶風作，城塌一百六十丈。（康熙《新會縣志》卷三《事紀》）

水傷稼。（光緒《川沙廳志》卷一四《祥異》）

雪。（乾隆《蔚縣志》卷二九《祥異》）

甲申，天鼓鳴，大旱。（嘉慶《中部縣志》卷二《祥異》）

初八日，雨，徹一晝夜，至五月初九日，禾盡淹，石米三兩。（光緒《平湖縣志》卷二五《祥異》）

山陰會稽蝗，諸暨夏旱，雨雹害稼，殺牛羊甚眾。秋，大水。（乾隆《紹興府志》卷八〇《祥異》）

旱，麥盡枯。大疫。（咸豐《大名府志》卷四《年紀》）

至七月不雨，蝗復至，飛盈衢市，屋草靡遺。民大饑，人相食。（嘉慶《東臺縣志》卷七《祥異》）

至七月不雨。六月，漕河涸。（康熙《清河縣志》卷一七《災祥》）

五月

丙申，上以諸省直、山東、山西、河南、陝西各處饑，命地方有司官設法賑濟，招徠流徙，令巡撫按躬行州縣，定殿最以聞。（《崇禎實錄》卷一三，第 378 頁）

江水大發，倒潰南北，湖口衝敗，小林等處一切行堤亦多殘嚙。（乾隆《沔陽州志》卷八《堤防》）

蘄州、武昌、漢陽、九江遠近皆雨土，於時黃霧四塞，不雨不風，百步內外不見物，氣溫臭焦，撲人口鼻，著物皆黃塵，旬日始霽。（康熙《蘄州志》卷一二《災異》）

雨土，黃霧四塞，百步內外不能辨物，旬日始霽。八月，蝗。（咸豐《遠安縣志》卷三《祥異》）

蘄州雨土，黃霧四塞，旬日乃霽。（光緒《黃州府志》卷四〇《祥異》）

初八日，大水，舟行街市。（康熙《平江縣志·災沴》）

雨雹如卵，殺兔雉。（康熙《豐潤縣志》卷二《災祥》）

霪雨不止，至十六、七日四鄉山崩地裂。（康熙《延平府志》卷二一《災祥》）

十日午刻，降赤雨，大饑。（乾隆《象山縣志》卷一二《機祥》）

十三日，汾水竭。（康熙《絳州志》卷三《祥異》；民國《新絳縣志》卷一〇《災祥》）

兩京、山東、河南、山西、陝西大旱，蝗。（《明史·五行志》，第438頁）

十三日，大雨七晝夜，水溢淹禾。米價騰湧，民相聚謀食，鋤耒幾成劍戟。（民國《烏青鎮志》卷二《祥異》）

大水，自十三日霪雨至五月十八日始霽，田畝悉沒，城市行舟。（順治《新修望江縣志》卷九《災異》）

旱，蝗。大饑，人相食。八月，發粟賑河東饑。（光緒《山西通志》卷八六《大事紀》）

浙江大水。（《明史·五行志》，第454頁；乾隆《杭州府志》卷五六《祥異》）

旱，蝗。大饑，斗米千錢，禾種皆絕。（光緒《溧水縣志》卷一《庶徵》）

大水害稼。（康熙《安慶府志》卷六《祥異》；乾隆《望江縣志》卷三《災異》）

汾河乾八日，水如線流。十二月，斗米斗麥價至六錢，婦女剜野菜救饑，久之野菜俱盡。至辛巳正月，人相食，有夫食婦、弟食兄者。（康熙《河津縣志》卷八《祥異》）

霪雨。（民國《大田縣志》卷一《大事》）

雨土，黃霧四塞，百步内外不能辨物，旬日始霽。（光緒《武昌縣志》卷一〇《祥異》）

旱蝗，大饑，斗米千錢。（光緒《金陵通紀》卷一〇下）

南京旱蝗，大饑，斗米千錢。（同治《上江兩縣志》卷二下《大事下》）

大旱，蝗。（民國《山東通志》卷一〇《通紀》；民國《增修膠志》卷五三《祥異》）

雨，賑。（光緒《臨朐縣志》卷一〇《大事表》）

大雨七晝夜，浙江大水。（同治《湖州府志》卷四四《祥異》）

十三日，大雨七晝夜，水溢淹禾，米價騰湧。（光緒《桐鄉縣志》卷二〇《祥異》）

大雨七晝夜。大水溢街市，田禾盡潲，民大饑，草根樹皮俱盡。（光緒《歸安縣志》卷二七《祥異》）

十三日，大雨水。（光緒《石門縣志》卷一一《祥異》）

飛蝗遍野，大傷禾稼。大饑，斗米一兩二錢，人相食，男婦剥樹皮，榆柳俱盡。（康熙《遷安縣志》卷七《災祥》）

蝗。時斗米千錢，人相食，命官振濟。（咸豐《大名府志》卷四《年紀》）

大水。六月，斗米四百錢，時米暴貴，人共苦之，由是饑民所在作亂。

而吾鎮亦譁然，群起逼令殷户減價開糶，每升二十錢。未幾，歲云有秋，乃止。（順治《庵村志·異紀》）

至秋無雨，大饑，人相食。（順治《濟陽縣志·災祥》）

不雨，至七月。（崇禎《靖江縣志》卷一一《災祥》）

至七月，每晨天紅如赭。（康熙《淳化縣志》卷七《禨祥》）

至七月，每晨天紅如赭。秋，大旱，饑。十月，粟價騰貴，斗米三錢。（康熙《臨潼縣志》卷六《祥異》；康熙《朝邑縣後志》卷八《災祥》）

至七月，每晨天紅如赭。秋，全陝大旱，饑。十月，粟價騰湧，日貴一日，斗米三錢，至次年春十倍其值。絕糶罷市，木皮石麪皆食盡，父子夫婦相割啖，道殣重積，十死八九。（康熙《陝西通志》卷三〇《祥異》）

至七月，不雨。（道光《江陰縣志》卷八《祥異》）

至七月，不雨，秋，大饑。（宣統《涇陽縣志》卷二《祥異》）

至八月，不雨，大風，五穀焦落，斗米一錢八分，民多饑而死者。（康熙《安化縣志》卷七《災異》）

六月

己卯，漕河涸。（《國榷》卷九七，第5869頁）

冰雹。（康熙《天柱縣志》下卷《災異》）

大旱，小暑前一日得雨，秋，復旱。（光緒《蠡縣志》卷八《災祥》）

雪，七月□□，一月不雨。（康熙《内鄉縣志》卷一一《災祥》）

大旱，婁江淤斷，飛蝗蔽天。（道光《崑新兩縣志》卷三九《祥異》）

大雨，仍翻禾。秋冬，又連旱。歲大饑。明春，米斗銀四錢，草根木皮都盡。（光緒《南匯縣志》卷二二《祥異》）

隕霜，禾稼盡死，民大饑，人相食。（康熙《龍門縣志》卷二《災祥》）

日出時，復赤如血。夏秋，大旱，蝗，野無寸草，道殣相望，寇賊蜂起，人相食。（光緒《靈化縣志》卷一四《祥異》）

日出入時赤如血，連歲旱饑，人相食，盜賊蜂起。（嘉慶《長山縣志》卷四《災祥》）

小旱。秋，大稔。（嘉慶《義烏縣志》卷一九《祥異》）

安岳紅雨，著物俱赤色。（道光《安岳縣志》卷一五《祥異》）

日躔柳六度，日旁有紫黑氣。是年大饑，無麥禾。（乾隆《桐柏縣志》卷一《祥異》）

飛蝗蔽天，大旱。（乾隆《青浦縣志》卷三八《祥異》）

飛蝗，生螟。（嘉慶《長垣縣志》卷九《祥異》）

大旱，晚禾盡萎。知縣王萬祚齋潔步禱于仙姑壇，幸獲甘霖，稻得半收。（康熙《弋陽縣志》卷一《祥異》）

夏，大旱。六月，隕霜，禾稼盡死。大饑，人相食。（康熙《龍門縣志》卷二《災祥》）

不雨至十二月，禾盡槁。（乾隆《陳州府志》卷三〇《雜志》）

不雨至於八月。（康熙《臨朐縣志書》卷二《災異》）

不雨至八月，大蝗。（康熙《益都縣志》卷一〇《祥異》）

六月、七月無雨，苗不能穗，穗亦不實。歲大饑。冬，斗米銀三錢。（康熙《壺關縣志》卷一《災祥》）

七月

庚辰朔，京省蝗。命順天尹發鈔六十錠收之，並禳蝗。（《崇禎實錄》卷一三，第382頁）

福安大水，漂溺廬舍人畜無算。（乾隆《福寧府志》卷四三《祥異》）

大水，漂溺廬舍人畜無算。（乾隆《福安縣志》卷二五《祥異》）

十五日亥時，地震。（康熙《寧化縣志》卷七《災異》）

大風拔木。（民國《確山縣志》卷二〇《大事記》）

秋，旱，蝗蝻徧野，食苗幾盡，七月始雨。（康熙《新鄭縣志》卷四《祥異》）

雨水冰。（乾隆《洛陽縣志》卷一〇《祥異》）

霜。父子相食，餓殍遍野。（光緒《盧氏縣志》卷一二《祥異》）

大風拔木，村屋多捲去。（康熙《汝陽縣志》卷五《機祥》）

秋，大旱，天雨荳。七月，蝗傷禾。（光緒《無錫金匱縣志》卷三一《祥異》）

霜，大饑。（嘉慶《莒州志》卷一五《記事》）

旱，蝗。（光緒《嘉興府志》卷三五《祥異》；光緒《嘉善縣志》卷三四《祥眚》）

江水溢，安慶府田廬多没。（道光《安徽通志》卷二五七《祥異》）

大風拔樹。（順治《潁州志》卷一《郡紀》）

颶風作。（民國《開平縣志》卷一九《前事》）

霜。大饑，麥一斗銀四錢有奇。（民國《重修莒志》卷二《大事記》）

旱，蝗，米價至三兩。（康熙《秀水縣志》卷七《祥異》）

蝗東來，食稼禾。大饑，斗麥六十銖或四十八銖，死無數。（民國《華縣縣志稿》卷九《社會》）

上旬，午時，天雨黑粟。（乾隆《將樂縣志》卷一六《災祥》）

月中某日，夜，有大霧，至旦草木頭皆有冰，凝若禾穗，謂之曰“木介”。連年旱蝗相繼，米麥騰貴，窮民有食樹皮者，有食草子者，有食蕈耳旋死者。不但此也，糠皮酒糟視為珍品，棗核柿蒂重若寶粒，乾牛羊皮食之，雁矢食之，甚至人相食矣。空曠之所，饑民攢聚，執單人殺以為食，捉獲登時擊殺而不能禁，漸至父子夫婦相食，更有發在棺之屍而食腐肉者，若剮死人之肉，又為尋常無異之事矣。斯民死亡枕藉于道路，所在有之，四門外皆掘大坑以收屍，不二日皆滿。以十分計之，死十之三四分。（順治《河南府志》卷三《災異》）

大風拔木。斗米千錢。（同治《潁上縣志》卷一二《祥異》）

大風拔木。（乾隆《羅山縣志》卷八《災異》）

蝗自北而南，其飛蔽天，食八鄉田禾俱盡，竹枝樹葉皆齧食之。（康熙《武昌縣志》卷七《災異》）

大旱，蝗，禾草俱枯。（道光《尉氏縣志》卷一《祥異附》）

荒旱異常。山東、邳、徐老弱逃至清江一帶就食者，動以萬計。後山陽復荒，民流離而南者益眾。又兼瘟疫盛行，饑饉死于道路者，城外白骨如

山。（崇禎《淮安府實録備草》卷一八《祥異》）

襄府前風雷擊樹，樹根下有鹽數斗。（順治《襄陽府志》卷一九《災祥》）

十七日，颶風。（康熙《開平縣志·事紀》）

颶風。（乾隆《新興縣志》卷六《編年》）

大雨，碾水漲，漂水磨民舍。（康熙《静樂縣志》卷四《災變》）

朔州、神池隕霜殺稼。（雍正《山西通志》卷一六三《祥異》）

至十一月不雨。（康熙《内鄉縣志》卷一一《災祥》）

八月

隕霜，殺禾，大饑。（民國《夏邑縣志》卷九《災異》）

二十四日，大霜，蕎麥盡枯。九月後，人相食。（康熙《新鄭縣志》卷四《祥異》）

旱蝗，東西二鄉周匝數百餘里，堆積五六尺，禾苗一掃罄空，草根樹皮無遺種。（道光《重修寶應縣志》卷九《災祥》）

蝗入境，從西北來，蔽天漫野，路絶行人，至不可捕。（光緒《靖江縣志》卷八《祲祥》）

龍南水。（同治《贛州府志》卷二二《祥異》）

隕霜。秋禾盡枯。（順治《定陶縣志》卷七《雜稽》；民國《定陶縣志》卷九《災異》）

降霜。（康熙《鄒縣志》卷三《災亂》）

旱，禾稻盡枯，米石四金，大饑，草根樹皮俱盡。（乾隆《杭州府志》卷五六《祥異》）

蝗害稼。（道光《武康縣志》卷一《邑紀》）

十五，地水驟發，縣治内外一望二十餘里盡屬水鄉，并無畔岸。（康熙《龍南縣志》卷二《災異》）

海溢。地屢震。（乾隆《潮州府志》卷一一《災祥》；嘉慶《澄海縣志》卷五《災祥》；光緒《潮陽縣志》卷一三《灾祥》）

霣霖。是歲大饑，斗米千錢，人相食，市肆有賣人肉者。（乾隆《杞縣志》卷二《祥異》）

隕霜，苗盡枯死。（順治《絳縣志》卷一《祥異》）

盜賊起。是年大饑，斗米千四百錢。（嘉慶《長垣縣志》卷九《祥異》）

二十日，隕霜，晚禾無成。（順治《淇縣志》卷一〇《災祥》）

雹災。饑，五穀俱不實，民饑死十之五六。（乾隆《羅山縣志》卷八《災異》）

二十一日，雨雪。（乾隆《臨潁縣續志》卷七《災祥》）

二十三日，嚴霜殺物。是年秋冬大饑，斗米三千餘錢，餓莩載道，土寇蜂起，母食其子，妻烹其夫，於是樹皮盡白，野菜草根繼之，白骨如莽，城守戒嚴，道路遂阻。（乾隆《陳州府志》卷三〇《雜志》）

西門旗杆上出火，大如斗，飛落於地。（光緒《黃州府志》卷四〇《祥異》）

旱，大饑。秋，大旱，禾稻盡枯，民采榆屑木以食。設粥四門，稍賴以濟。（康熙《仁和縣志》卷二五《祥異》）

西門旗杆上出火，大如斗，飛落城河。（順治《襄陽府志》卷一九《災祥》）

辛亥，大颶風，文廟及民居田禾多被傷損。癸亥，颶風復作。（乾隆《海豐縣志》卷一〇《邑事》）

隕霜殺菽。大饑，斗粟銀二兩，人相食，盜賊蜂起。（道光《尉氏縣志》卷一《祥異附》）

海溢。地屢震。十月，雷鳴。（嘉慶《潮陽縣志》卷一二《紀事》）

大水，越十日又大水。（乾隆《新興縣志》卷六《編年》）

隕霜，殺晚禾。是歲大饑，斗米數金，人相啖食，死者什七，亙古未有。（康熙《睢州志》卷七《祥異》）

隕霜殺禾，流寇至，大饑。（光緒《虞城縣志》卷一〇《災祥》）

螟螣災，惟赤穀早稔，晚糯不遺種，崇饑益甚。（康熙《崇明縣志》卷七《祲祥》）

隕霜殺菽。（順治《封邱縣志》卷三《祥災》）

隕霜。（咸豐《大名府志》卷四《年紀》）

隕霜，秋禾枯死。（光緒《曹縣志》卷一八《災祥》）

九月

水凍，米麥一斗價三兩五錢，人食人肉，饑死十有九，居民相劫為食。（康熙《鄒縣志》卷三《災亂》）

甲午夜，地震有聲，從東至北而去。（康熙《太平府志》卷三《祥異》）

兩日并出，辰刻合爲一，没復分爲兩而入。（道光《新會縣志》卷一四《祥異》）

一日，大風雨，海潮泛溢。（道光《璜涇志稿》卷七《災祥》）

初六日，黑風起自西北，其霧漲天。（光緒《永城縣志》卷一五《災異》）

十月

雷鳴。（光緒《潮陽縣志》卷一三《灾祥》）

雷電交作，大饑。（康熙《杞紀》卷五《繫年》）

初五日，夜，雷電忽作。（康熙《昌邑縣志》卷一《祥異》；民國《濰縣志稿》卷二《通紀》）

晝晦星見，雞犬驚鳴，五刻乃復。（光緒《江夏縣志》卷八《祥異》）

十二日夜，地震有聲。（光緒《溧水縣志》卷一《庶徵》）

晝晦，冥。（民國《開平縣志》卷一九《前事》）

雷，初五日夜雷電交作。大饑，斗粟至千餘錢，人刮木皮、挑草根而食，間亦有餓死者。（康熙《續安丘縣志》卷一《總紀》）

雷鳴。（雍正《揭陽縣志》卷四《祥異》）

十一月

冬至，大雷雨。（康熙《松江府志》卷五一《祥異》；乾隆《婁縣志》

卷一五《祥異》；乾隆《華亭縣志》卷一六《祥異》；光緒《重修華亭縣志》卷二三《祥異》；光緒《桐鄉縣志》卷二〇《祥異》）

冬至，大雷雨。是歲，大饑。（光緒《川沙廳志》卷一四《祥異》）

戊子，南畿地震。（同治《上江兩縣志》卷二下《大事下》）

十二日更餘，赤氣彌天。（光緒《靖江縣志》卷八《祲祥》）

湖水盡涸，坼如龜文，人行其上。（同治《續輯漢陽縣志》卷四《祥異》）

十二月

丙子，是年，兩京、山東、河南、山西、陝西、浙江大旱蝗，至冬大饑，人相食，草木俱盡，道殣相望。（《崇禎實錄》卷一三，第 393 頁）

晦日，大震電。（民國《磁縣縣志》第二十章第二節《明清災異》）

夜空中有赤光數十丈，起西南，落於東北。（嘉慶《介休縣志》卷一《兵祥》）

大雪，樹介，俱作刀槍戈戟形。（同治《潁上縣志》卷一二《祥異》）

是年

安化連年大旱，大風損稼，民食蒿蕨竹根俱盡，死者無算。（乾隆《長沙府志》卷三七《災祥》）

雹大如卵。（光緒《大寧縣志》卷七《災祥》）

北畿、山東、河南、陝西、山西、浙江、三吳皆饑。自淮而北至畿南，樹皮食盡，發瘞殍以食。（《明史·五行志》，第 511 頁）

兵凶歲荒。三月不雨，六月小雨，僅播豆種，又不雨，禾盡槁。八月即大霜，樹葉盡脫。十月粮騰貴，麥石十五金，雜粮石十二金。人相食，市鬻人肉。集有人市，婦女一口，百錢可易。（順治《儀封縣志》卷七《磯祥》）

不雨，自四月至秋八月。飛蝗蔽天，大饑，父子相食。（康熙《隆德縣志》卷下《災異》）

長樂風大作，發屋拔木。（乾隆《福州府志》卷七四《祥異》）

赤黑風自北來，凡三閱月，歲大饑。是歲，父子夫妻多相食，城市中公然有市人肉者。（民國《西華縣續志》卷一《大事志》）

赤黑風自北來，凡三閱月。大饑，父子夫妻多相食，城市之中公然有鬻人肉者。（順治《西華縣志》卷七《災異》）

春，暴風揚沙，色赤如血。自正月不雨至於五、六月，禾盡槁。秋冬，大饑，斗米三千餘錢，餓殍載道，土寇蜂起。母食其子，妻烹其夫，於是樹皮盡白，野菜麥根繼之，白骨如莽，城守戒嚴，道遂阻。（乾隆《鄢陵縣志》卷二一《祥異》）

春，不雨，四月不雨，六月不雨，五穀俱未出穗。歲大凶，人相食，斗米銀七錢，雖父子兄弟夫婦不相顧，僻巷荒郊無人敢獨行者。（康熙《平順縣志》卷八《祥災》）

春，不雨，四月不雨，六月不雨。歲大饑，斗米銀七錢，人相殺食，僻巷荒郊無敢獨行者。漳河竭。（乾隆《長治縣志》卷二一《祥異》）

春，不雨，四月不雨，六月不雨。歲大饑，人相食，雖父子、兄弟、夫婦互相殺食，僻巷荒郊無人敢獨行者。二月，漳河竭。（康熙《潞城縣志》卷八《災祥》）

春，不雨，至於六月，赤地如焚，五姓湖水涸，秋無禾。（民國《臨晉縣志》卷一四《舊聞記》）

春，不雨。四月，不雨。六月，不雨。歲大饑，人相食。（康熙《重修襄垣縣志》卷九《外紀》）

春，大風，霾沙沒禾麥。秋霖十數日，復旱。冬，蟄蟲不伏，赤氛見。（順治《饒陽縣後志》卷五《事紀》）

春，大風，晝晦。夏秋，旱，人多饑死。（康熙《武邑縣志》卷一《祥異》）

春，大風。是歲自閏正月後，或三日一風，或五日一風，午後紅雲從西北起，申、酉間飛沙揚塵，聲如雷震，至亥、子方息，次日蕭條之景絕不堪觀。冬，大饑。春，大風。夏，大旱。七月，蝗。八月，霜。歲序無成，四野一空，穀價騰貴，人民饑餓。（康熙《蘭陽縣志》卷一〇《災祥》）

春，大風霾，雨沙，晝不見人。秋，旱，饑，銅塚饑民為亂。（康熙《景陵縣志》卷二《災祥》）

春，大風晝晦，夏秋旱，多饑死。（同治《武邑縣志》卷一〇《雜事志》）

春，大風晝晦。（乾隆《蔚縣志》卷二九《祥異》）

春，大旱，大風，麥苗盡枯。至六月不雨，赤地如焚，五姓湖水盡涸。秋無禾。（康熙《臨晉縣志》卷六《災祥》）

春，大旱，風霾蔽天，麥禾盡槁。（順治《封邱縣志》卷三《祥災》）

春，大雪，樹木凍折。（康熙《新建縣志》卷二《災祥》）

春，風霾，相連二旬。夏，大水，鼠害稼。冬十月，賜貧民米布。（康熙《宿松縣志》卷三《祥異》）

春，風霾。夏，旱，至秋不雨，無麥禾。大饑，草根木皮皆盡，人相食，盜起。（順治《曲周縣志》卷二《災祥》）

春，風霾二旬。夏，大水，田鼠害稼。（民國《宿松縣志》卷五三《祥異》）

春，風霾日起，蝗蝻復生。粮食一石值銀十兩，草根樹葉計斤易銀。瘟疫盛行，死者相枕。有自食兒女者，有買死人而食者，有掘新屍而食者，有殺活人而賣者，行人路絕，一村之中不相往來。（康熙《冠縣志》卷五《禠祥》）

春，旱，百室皆空，人掘草根、剝樹皮殆盡。夏無麥，六月斗米七百二十錢。八月、九月無雨，不播麥。（崇禎《内邱縣志》卷六《變紀》）

春，旱，無麥。秋，斗米八錢。（順治《易水志》卷上《災異》）

春，旱。夏，蝗。（康熙《永平府志》卷三《災祥》；康熙《昌黎縣志》卷一《祥異》；民國《昌黎縣志》卷一二《故事》）

春，旱。夏，無麥禾。饑民流移載道，死者枕藉。（雍正《鳳翔縣志》卷一〇《災異》）

春，人民相食，屍骸遍野。（康熙《天津衛志》卷三《災變》）

春，微雨，自麥至秋亢旱不雨，禾黍盡乾，一粒弗獲。斗米千錢，草根樹皮一望皆盡，至父子相食，妻孥不保，死者相枕藉，雞犬無聲，真亘古奇荒也。大率闔州百姓饑死者十之七八，病瘟及流亡在外者十之一二。（康熙《高唐州志》卷九《災異》）

春，淫雨兩月，麥無。秋冬，大饑。（光緒《沔陽州志》卷一《祥異》）

春，雨土，多風，麥盡枯。歲大凶。秋大荒，鄉民有身家者，多避居城內。冬，土寇竊發，各鄉烽火相接，人相食。（康熙《滑縣志》卷一〇《雜志》）

春，雨土，麥盡枯。四境寇生，瘟疫始行。（康熙《南樂縣志》卷九《紀年》）

春，雨雪兩月。（光緒《石門縣志》卷一一《祥異》）

春夏，百室皆空，人掘草根、剝樹皮殆盡。夏無麥，斗米七百二十錢。八月、九月無雨，不布麥。至十四年六月，猶不雨，斗米千二百錢，市有一合二合之量，民無所逃徙，少男少女相遇，不相滛而相食，甚有母子相食、夫婦相食者，餓死、瘟死、兵死、刑死無虛，曰："嗚呼！人性滅矣。"變至此極矣。至六月二十九日，始雨。七月，蕎麥種踴貴，每斗二千六百錢，後至三千六百錢。冬十月，民食百草子，每子一斗舂得草米可三升……昔未嘗有也。（道光《內邱縣志》卷三《水旱》）

春夏，不雨，大風沙霾，晝晦，蝗蝝大作，人相食，瘟疫，發帑賑饑。（乾隆《新鄉縣志》卷二八《祥異》）

春夏，不雨，斗米一兩。（道光《安定縣志》卷一《災祥》）

春夏，大旱，飛蝗遍野，害禾一空。未幾，子出小蝗遍境，附壁入室，衣物盡蛀，緣城進縣，民舍官廨悉為塞滿，釜竈掩閉，全不敢開。捕獲數百千石，而蝗愈勝。秋稼全壞，合境大饑。冬春數月，活人相食，父食其子，兄食其弟，夫食其妻，村疃親朋不敢往來。此實遇之非常奇災也。（康熙《郯城縣志》卷九《災祥》）

春夏，大旱，無麥。八月，隕霜殺禾。斗米千錢，人相食。（康熙《延津縣志》卷七《災祥》）

春夏，大旱。秋，蝗。（順治《郾城縣志》卷八《祥異》；乾隆《臨潁縣續志》卷七《灾祥》）

春夏，旱，苗枯，翻種花豆。（光緒《南匯縣志》卷二二《祥異》）

春夏，旱。秋，蝗，民多道死。冬，赤氛見。（道光《深州直隸州志》卷末《磯祥》）

春夏，全無雨，二麥微收。秋禾繼以蝗蝻食盡。七月始雨。八月二十四日，大霜，蕎麥盡枯。九月後，人相食。（順治《新鄭縣志》卷五《祥異》）

春夏，無雨，夏禾盡枯，秋種未佈，穀價騰踴，斗粟銀一兩，人相食。（乾隆《狄道州志》卷一一《祥異》）

春夏不雨，大風沙霾，晝晦。蝗蝝大作，人相食，瘟疫，發帑賑饑。蝗蝝結累渡河，上城垣如平地，麥食盡，無秋禾。死者枕藉，就食他鄉者亦斃於道。張縉彥陳請發帑金二萬以賑鄴與衛。（康熙《新鄉縣續志》卷二《災異》）

春夏不雨，首種不入。至於六月，蝗飛蔽天，既而蝗蝻相生，禾盡食卉，卉盡食樹葉，屋垣井竈皆滿。七月始雨，惟蕎布種。八月，隕霜殺蕎。十月，斗米錢二千，民大饑。是歲，井泉涸，菜不生，花不開，果不實，牛羊不字，雞鴨不卵，婦女不孕。十二月，人相食，初食已死，繼食未死；初食道路之殍，繼食閭巷之親，甚至父子、祖孫、兄弟、夫婦互相殺食，官不能禁，異變也。（康熙《曹州志》卷一九《災祥》）

春夏不雨。大饑，斗粟千錢，父子不相顧。（雍正《屯留縣志》卷一《祥異》）

春夏大旱，每日風霾，大無禾。斗米銀一兩二錢，民間食盡草子樹皮，至有父子、兄弟、夫婦相食，慘狀難悉。饑民為盜，蜂起焚掠，四境蕭然。（民國《莘縣志》卷一二《磯異》）

春夏大水。八月蝗害稼，米價一石三兩有奇。（乾隆《武康縣志》卷一《祥異》）

春夏秋，俱不雨，入冬，盜賊蜂起。（乾隆《東明縣志》卷七

《灾祥》)

春夏秋俱不雨，入冬，盜賊蜂起，會霜，沿途中凍死者枕藉。(乾隆《東明縣志》卷七《灾祥》)

大風。(民國《晉江新志》卷二《氣候》)

大風拔木發屋。(嘉慶《福鼎縣志》卷七《雜記》)

大風沙霾，晝晦，大荒。(民國《重修滑縣志》卷二〇《大事記》)

大風損稼，斗米銀一錢八分。(同治《安化縣志》卷三四《五行》)

大旱，(劉文渤)出米千桶爲糜，以食鄉人。(康熙《安福縣志》卷四《人物》)

大旱，本縣積儲可以僅足糊口，關中饑民流來求食者最多，分食於人，則戶虧於己。及成熟，餓屍遍野，流民十分之七，本縣民亦十分之三矣。(康熙《成縣志·灾異》)

大旱，蟲蝗。時斗米千錢，民剝樹皮以食，祖孫、父子、夫妻俱有相食者。(康熙《臨城縣志》卷八《機祥》)

大旱，蟲生。(順治《蕭縣志》卷五《灾異》)

大旱，春夏無雨，夏苗盡枯，秋禾未種。穀價騰湧，斗粟銀壹兩，每日餓斃人無數，人每相食，爲災甚烈。(康熙《臨洮府志》卷一八《祥異》)

大旱，寸草不生，餓莩接踵於道。(順治《含山縣志》卷四《祥異》)

大旱，大蝗，固境盜賊蜂起。斗米錢三千三百文，人相食，甚至父子、兄弟、夫妻有相食者。(康熙《固始縣志》卷一一《灾祥》)

大旱，大蝗，秋禾盡傷。青草野菜盡皆枯死，人相食，餓死者過半。(順治《襄城縣志》卷七《灾祥》)

大旱，大饑，大疫，民相食。(嘉慶《如皋縣志》卷二三《祥祲》)

大旱，大饑，人相食。(乾隆《鞏縣志》卷二《灾祥》)

大旱，地出"觀音粉"，民取食焉，多病腹脹。(光緒《鎮海縣志》卷三七《祥異》；民國《鎮海縣志》卷四三《祥異》)

大旱，地出"觀音粉"，民取食焉，食者多病腹脹。(乾隆《鎮海縣志》卷四《祥異》)

大旱，地出"觀音粉"，縣中饑民競取食，食者多病腹脹。（乾隆《鄞縣志》卷二六《祥異》）

大旱，斗米二千錢，饑民流離。（民國《渭源縣志》卷一〇《祥異》）

大旱，斗米二千錢，人死數萬。至次年六月漸止。（康熙《蘭州志》卷三《祥異》）

大旱，斗米二千錢，人相食。（道光《武陟縣志》卷一二《祥異》）

大旱，斗米二千錢。冬，人相食。（康熙《武陟縣志》卷一《災祥》）

大旱，斗米價銀五錢。死者甚眾，然未如六、七兩年之甚。（康熙《蒲縣新志》卷七《災祥》）

大旱，斗米一兩三錢，人相食。（康熙《韓城縣續志》卷七《祥異》）

大旱，斗米銀二兩。（康熙《河間縣志》卷一一《祥異》）

大旱，斗米銀二兩。人民相食，屍骸遍野。（乾隆《肅寧縣志》卷一《祥異》）

大旱，斗米銀一兩，父子兄弟妻子離散，老弱展轉溝壑，樹皮食盡，人將相食，死者七八。二百年來未見之奇荒也。（康熙增刻萬曆《棗強縣志》卷一《災祥》）

大旱，斗米銀一兩，人相食。（民國《棗強縣志》卷八《災異》）

大旱，斗粟二兩，米倍之。父子夫婦相食，遍地盜生，人死什八九。（順治《崇信縣志》卷下《災異》）

大旱，飛蝗蔽天，落地如崗阜，斗粟三兩，人有易子而食者。（乾隆《合水縣志》下卷《祥異》）

大旱，飛蝗蔽天，食草木皆盡，道殣相望。（康熙《興化縣志》卷一《祥異》）

大旱，飛蝗蔽天。（乾隆《合水縣志》卷下《祥異》；光緒《容城縣志》卷八《災異》）

大旱，飛蝗遍野，赤地千里。本年冬及十四年春，大饑，斗米三兩，餓死十之六七。（康熙《寧州志》卷五《紀異》）

大旱，飛蝗食草木，竹葉皆盡，斗米銀四錢。（雍正《揚州府志》卷三

《祥異》)

大旱，汾水竭，饑民逃者不絕，餓莩載路。有司官令鄉里掩埋，時有萬人坑數處。(康熙《汾陽縣志》卷七《災祥》)

大旱，穀苗盡槁。(康熙《德州志》卷一〇《紀事》)

大旱，禾稼全空，人食木皮草根，至骨肉相食，民死大半，村疃為墟。(乾隆《德平縣志》卷三《雜記》)

大旱，禾盡槁。(民國《德縣志》卷二《紀事》)

大旱，湖盡涸，蝗蝻遍野。七月，大風自西北來，三日不息，晝晦。八月朔，嚴霜殺草木。大饑，人相食，盜賊蜂起，遍地烽煙。(乾隆《魚臺縣志》卷三《災祥》)

大旱，蝗，斗粟錢二千有奇，正月賑。(光緒《臨朐縣志》卷一〇《大事表》)

大旱，蝗，秋禾盡傷，青草皆枯，斗米易錢二千文，人相食，餓死者大半。時民爭採桑槐等葉為食。是冬及次歲春，婦女自鬻於市，無有收者，有夫妻相食者，甚有易子而食者，有全家餓死者十分之七，逃亡者無算。(民國《許昌縣志》卷一九《祥異》)

大旱，蝗，秋禾盡傷，青草皆枯。斗米易錢二千文，人相食，餓死者大半，時民爭採桑槐芋葉為食。是冬及次歲春，婦女自鬻于市，無有收者，有夫妻相食者，甚有易子而食者，有全家餓死者十分之七，逃亡者無算。是歲，土賊蜂起。(康熙《許州志》卷九《祥異》)

大旱，蝗，人相食，有鼠千百為羣渡汝，踰山而南，鳥鵲盡南飛，樹巢一空，盜起。(咸豐《郟縣志》卷一〇《災異》)

大旱，蝗，人相食。(雍正《阜城縣志》卷二一《祥異》)

大旱，蝗，歲饑，人相食。(乾隆《鳳翔府志》卷一二《祥異》)

大旱，蝗。(順治《潁州志》卷一《郡紀》;乾隆《羅山縣志》卷八《災異》;同治《潁上縣志》卷一二《祥異》)

大旱，蝗。川澤竭，井涸。人相食。(民國《寧晉縣志》卷一《災祥》)

大旱，蝗。大饑，米騰貴，富室閉糴，饑民日日攘劫，一邑騷動。署篆杜同知勸富戶減價平糶，邑中稍安。（道光《平望志》卷一三《災變》）

大旱，蝗。斗米價銀兩餘，人相食，隻身不敢路行，至父子夫婦相食。（康熙《重修阜志》卷下《祥異》）

大旱，蝗。斗米三金，父子兄弟互相食，土寇蜂起，民飢而死者十之八九。（康熙《續修汶上縣志》卷五《災祥》）

大旱，蝗。蝗飛蔽天而下，廚廁皆滿，令洪孟纘拜禱，稍滅。去秋大饑，民食草木，復掘爛石，名“觀音粉”，人多病死。（康熙《全椒縣志》卷二《災祥》）

大旱，蝗。米價金餘一斗，父子相食，土賊蜂起。（嘉慶《魯山縣志》卷二六《大事記》）

大旱，蝗。秋七月，大風拔木。歲饑，五穀俱不實，民餓死十之五，流亡十之三四，田土自此始荒。（嘉慶《息縣志》卷八《災異》）

大旱，蝗。四月至七月不雨，河流竭，無禾。民饑流亡，人相食。（崇禎《泰州志》卷七《災祥》）

大旱，蝗。歲饑，人相食。（順治《扶風縣志》卷一《災祥》）

大旱，蝗飛蔽天而下，縣令洪孟欑拜禱，稍滅。（民國《全椒縣志》卷一六《祥異》）

大旱，蝗蝻遍地，寸草不收，饑民以樹皮為食。（康熙《盱眙縣志》卷三《祥異》）

大旱，蝗蝻遍野，民饑，以樹皮為食。（光緒《盱眙縣志稿》卷一四《祥祲》）

大旱，蝗蝻塞廨舍，大饑，人相食。（民國《臨沂縣志》卷一《通紀》）

大旱，蝗起，尋大疫。（嘉慶《南陵縣志》卷一六《祥異》；民國《南陵縣志》卷四八《祥異》）

大旱，蝗食草木葉皆盡，民饑。（弘光《州乘資》卷一《機祥》）

大旱，蝗食草木葉皆盡。（光緒《通州直隸州志》卷末《祥異》）

大旱，蝗食稻盡。陳明治竭力控各憲，以麥代米，桃民得蘇。（乾隆《重修桃源縣志》卷八《人物》）

大旱，蝗盈尺，飛撲人面，堆衢塞路，踐之有聲。至秋，田禾盡蝕，疫癘大作，行者在前，仆者在後，兵荒洊迫，民生愈蹙。（光緒《霍山縣志》卷一五《祥異》）

大旱，蝗蝝為災。斗米價至二兩，餓莩盈野，父子相食。（康熙《登封縣志》卷九《災祥》）

大旱，蝗災。斗米三兩，父子相食，土寇日熾，民饑而死者十之八九。（康熙《寧陽縣志》卷六《災祥》）

大旱，饑，人相食。（光緒《廣平府志》卷三三《災異》）

大旱，饑。（康熙《鍾祥縣志》卷一〇《災祥》；乾隆《白水縣志》卷一《祥異》；嘉慶《虞城縣志》卷一一《災祥》；光緒《仙居志》卷二四《災變》；民國《鞏縣志》卷五《大事紀》；民國《任縣志》卷七《紀事》）

大旱，饑。十月，斗米三錢，至次年春十倍其值，木皮皆盡，父子夫婦相刈啖。（雍正《高陵縣志》卷四《祥異》）

大旱，饑。西方紅氣亘天，至冬不變，人多餓死。（康熙《儀徵縣志》卷七《祥異》）

大旱，饑。疫。（康熙《邢臺縣志》卷九《災祥》）

大旱，絕禾稼，飢饉，人食草根樹皮，餓殍載道。（康熙《趙州志》卷一《災祥》）

大旱，流離遍野。（康熙《滁州志》卷三《祥異》）

大旱，六月始雨。八月，隕霜，飢民作亂。（光緒《內黃縣志》卷八《事實》）

大旱，麥米斗值二兩，百姓剝啖樹皮草根，至人相食。兼瘟疫相繼，餓莩盈野。（乾隆《華陰縣志》卷二一《紀事》）

大旱，民大饑。（民國《衢縣志》卷一《五行》）

大旱，民饑，草木根皮食盡。（康熙《五河縣志》卷一《祥異》；光緒《五河縣志》卷一九《祥異》）

大旱，民饑，粟價騰貴十倍，木皮石莶俱食盡。（康熙《洋縣志》卷一《災祥》）

大旱，民饑甚，採蕨根，淘粉雜糠覈食之。（嘉慶《西安縣志》卷二二《祥異》）

大旱，奇荒，人類相食。斗粟值銀一兩六錢，饑疫交加，一門一支絕亡不可勝數，永之凋敝至此極矣。（光緒《永壽縣志》卷一〇《述異》）

大旱，秋禾無苗。（康熙《寧遠縣志》卷三《災祥》）

大旱。秋後，蝗。（康熙《安平縣志》卷一〇《災祥》）

大旱，人掇草根木皮充腹，甚或易子而食，析骸而爨，流亡殆盡。時人有詩云：“水自東流日自斜，更無雞犬有鳴鴉。千村萬落如寒食，不見人煙空見花。”（乾隆《莊浪志略》卷一九《災祥》）

大旱，人饑。瘟疫流行，死者無算。（康熙《唐山縣志》卷一《祥異》）

大旱，人食草木，至有骨肉相食者。（光緒《德平縣志》卷一〇《祥異》）

大旱，人食梨核、棗核、樹皮、草子，四境多殍。（乾隆《衡水縣志》卷一一《機祥》）

大旱，人相食，草木俱盡。（乾隆《富平縣志》卷一《祥異》；民國《洛川縣志》卷一三《社會》）

大旱，人相食，殭死於道。（民國《東安縣志》卷九《機祥》）

大旱，人相食。（康熙《長清縣志》卷一四《災祥》；康熙《新城縣志》卷一〇《災祥》；乾隆《溫縣志》卷五《災祥》；乾隆《通許縣舊志》卷一《祥異》；道光《長清縣志》卷一六《祥異》）

大旱，人相食。春三月，紅風，日色皆赤，黑光摩盪。夏四月，蝗，無麥。秋八月，大霜殺禾。大饑，民相食。（乾隆《通許縣舊志》卷一《祥異》）

大旱，上臺捐資賑粥，全活者眾。（康熙《和州志》卷四《祥異附》）

大旱，粟價十倍，絕糴罷市。（康熙《城固縣志》卷二《災異》）

大旱，粟價騰湧，十倍其值，絕糴罷市，木皮石莶俱食盡。（民國《漢

南續修郡志》卷二三《祥異》)

大旱，歲洊饑。人相食，大疫。(乾隆《翼城縣志》卷二六《祥異》)

大旱，歲饑，人相食。(光緒《長治縣志》卷八《大事記》)

大旱，歲饑。(康熙《文水縣志》卷一《祥異》)

大旱，歲凶。民異姓者相食，骨肉相殘者有之。(康熙《獻縣志》卷八《祥異》)

大旱，無禾稼。人食草根樹皮，餓殍載道。(民國《南和縣志》卷一《災祥》)

大旱，無麥，洛水深不盈尺，流賊起，人相食。(乾隆《偃師縣志》卷二九《祥異》)

大旱，無麥，米大貴，民相食。(光緒《定興縣志》卷一九《災祥》；民國《新城縣志》卷二二《災禍》)

大旱，無麥。冬及次年春，米大貴，石銀六兩，流民至相食。(康熙《定興縣志》卷一《機祥》)

大旱，無青苗，斗粟五千錢，人相食。(康熙《孟津縣志》卷三《祥異》)

大旱，無秋。(雍正《恩縣續志》卷四《災祥》；宣統《恩縣志》卷一〇《災祥》)

大旱，五月方雨，晚禾未熟。八月，隕霜。歲饑。(康熙《清豐縣志》卷二《編年》)

大旱，夏秋無成。(康熙《兩當縣志·災異》)

大旱，□傳地出"觀音粉"，饑民競取食焉，其實即《禹貢》所謂厥土白壤之類，食之多病腹脹。(光緒《奉化縣志》卷三九《祥異》)

大旱，野斷青，飛蝗食木葉，蝗過蝻生，室之內外皆蝻。粟錢二兩，蓬子、榆皮、蘭根為市，牛馬為食，肆人相食，凍餓死者無算。(順治《汜志》卷四《祥異》)

大旱，野無青草，盜賊并起。冬，人相食。(康熙《堂邑縣志》卷七《災祥》)

大旱，野無青草，盜賊蜂起，米價騰踴，至冬人類相食。（順治《堂邑縣志》卷三《災祥》）

大旱，知縣李正春發廩賑。（同治《德化縣志》卷五三《祥異》）

大旱，自前秋七月至夏六月不雨，民大饑，食樹皮、草根、乾樹葉。（順治《雞澤縣志》卷一〇《災祥》；乾隆《雞澤縣志》卷一八《災祥》）

大旱，自正月至六月不雨。夏苗盡枯，秋種未佈，穀價騰踴，斗粟白金一兩。城門外瘞屍，掘大坑七八處，深三四丈，每日車拽屍骨無算，人相食。（康熙《河州志》卷四《災異》）

大旱。（康熙《定海縣志》卷六《災祥》；康熙《鄜州志》卷七《災祥》；康熙《臨湘縣志》卷一《祥異》；雍正《寧波府志》卷三六《祥異》；乾隆《通渭縣志》卷一《災祥》；乾隆《德安縣志》卷一四《祥祲》；嘉慶《蕭縣志》卷一八《祥異》；道光《遵義府志》卷二一《祥異》；同治《徐州府志》卷五下《祥異》；光緒《慈谿縣志》卷五五《祥異》；光緒《城固縣志》卷二《災異》；光緒《通渭縣志》卷四《災祥》；光緒《豐縣志》卷一六《災祥》；民國《萬泉縣志》卷終《祥異》；民國《太湖縣志》卷四〇《祥異》）

大旱。大饑，大疫，民相食。（康熙《如皋縣志》卷一《祥異》）

大旱。斗米銀二兩。（乾隆《任邱縣志》卷一〇《五行》）

大旱。二月初四日，異風自北來，兵刃、草樹皆出火光。夏秋，蝗蝻遍生田間，爭捕殺之，道傍積若丘陵，臭聞數十里。民大饑，斗米一金。人相食，所在流亡，或以婦子易錢百文、飯一餐，去不復顧。諸棉種、蓼種、蓬種、掃帚灰菜種，斗價三錢。（順治《新修豐縣志》卷九《災祥》）

大旱。飛蝗蔽天，害稼。饑饉，人相食。（光緒《費縣志》卷一六《祥異》）

大旱。飛蝗蔽天，傷稼，無秋。大饑，人相食。（光緒《棲霞縣續志》卷八《祥異》）

大旱。飛蝗蔽天，傷稼。秋，大饑。（光緒《文登縣志》卷一四《災異》）

大旱。蝗大起。尋又大疫。（乾隆《宣城縣志》卷二八《祥異》）

大旱。蝗盈尺。（光緒《霍山縣志》卷一五《祥異》）

大旱。夏，無麥。秋，無禾。（民國《陵川縣志》卷一〇《舊聞記》）

大旱。夏秋，蝗蝻徧野，人相食，流亡載道，或以婦子易錢百文、米數升，即去不顧。（民國《銅山縣志》卷四《紀事表》）

大旱。夏秋蝗蝻遍野，人爭捕殺，積道旁成丘，臭穢聞數十里。民饑甚，斗米千錢，棉菜及諸草種亦斗數百，人相食，流亡載道，非多徒眾持梃不敢晝行，或以婦子易錢百文、米數升即去，不復顧。諸縣皆然。（康熙《徐州志》卷二《祥異》）

大旱，蝗，大饑。（乾隆《震澤縣志》卷二七《災祥》）

大旱數月，民相食。（同治《平鄉縣志》卷一《災祥》）

大蝗，秋，盜起。十月，斗米千錢，人相食。（道光《輝縣志》卷四《祥異》）

大饑，大疫。其冬十二月晦日，大震電。（康熙《磁州志》卷九《祥異》）

大饑，群盜蜂起，一條龍、袁老山、小袁營、千金劉皆統眾數十萬，到處焚殺百姓。壯者皆從賊去，其餘老弱相食，甚有父子、兄弟、夫婦自相啖者。冬，大雪，路絕行人，城門堅閉。（順治《商水縣志》卷八《災變》）

大饑，人相食，四關村鎮設廠賑粥。土寇起，民皆城守露宿。大風，兵刃、旗幟生光。（光緒《永年縣志》卷一九《祥異》）

大饑，人相食。（康熙《沂水縣志》卷五《祥異》；康熙《永年縣志》卷一八《災祥》）

大饑，人相食。冬，大雪。（民國《項城縣志》卷三一《祥異》；民國《商水縣志》卷二四《雜事》）

大饑。是年春夏不雨，村農栽成禾苗，翻種花荳。至六月二十四日大雨，溝澮皆盈，復將花荳又翻禾苗。此後，至冬無雨，歲遂大饑。（乾隆《上海縣志》卷一二《祥異》）

大蜺。冬十月，晝暝，路人失措，雞犬驚散，五刻始復。冬十一月，桃

李盡花，穀價每石一兩。（道光《蒲圻縣志》卷一《災異并附》）

大水，自四月至五月雨，彌數旬。大旱，自六月至七月不雨。（康熙《休寧縣志》卷八《機祥》）

大水，被災田無收。（光緒《善化縣志》卷三三《祥異》）

大水，復大旱。冬，大雪，民多凍綏死。（康熙《望江縣志》卷一一《荒政》）

大水，復蝗。（康熙《太平府志》卷三《祥異》）

大水，蝗。（同治《長興縣志》卷九《災祥》；民國《當塗縣志·志餘》）

大水，饑。（同治《益陽縣志》卷二五《祥異》）

大水，京邑草廟、聶家、趙林等灘年年潰，連淹十五載。春，大風霾，雨沙，不見人。夏，旱，饑，垌塚民亂。（同治《漢川縣志》卷一四《祥祲》）

大水，圩破殆盡。（嘉慶《無爲州志》卷三四《機祥》）

大水，無禾。（光緒《寧河縣志》卷一六《機祥》）

大水。（康熙《武强縣新志》卷七《災祥》；道光《重修武强縣志》卷一〇《機祥》；光緒《嘉興府志》卷三五《祥異》；光緒《順天府志》卷六九《祥異》）

大水。蝗。（康熙《長興縣志》卷四《災祥》）

大水没禾。（康熙《德清縣志》卷一〇《災祥》）

大水入城，漂没兩河民居、牛隻、禾苗無數。（康熙《順慶府志》卷六《祥異》）

大水溢街市，田禾盡潲。民大饑，草根樹皮俱盡，人相食。（康熙《歸安縣志》卷六《災祥》）

大無禾麥，洛水深不盈尺。流賊起，人民相食。（乾隆《偃師縣志》卷二九《祥異》）

大雨雹，禾稼盡折，擊傷牛羊無算。六月，大旱。秋，大水。（光緒《諸暨縣志》卷一八《災異》）

德安府天雨魚。（道光《安陸縣志》卷一四《祥異》）

地屢震，海潮溢。（雍正《揭陽縣志》卷四《祥異》）

地震，大水。秋九月望，兩日出没。（道光《永州府志》卷一七《事紀畧》）

地震，大水。（光緒《零陵縣志》卷一二《祥異》）

冬，大雪三尺，米薪騰貴。（康熙《通州志》卷一一《災異》）

冬，沔陽水冰，歲大饑。（康熙《安陸府志》卷一《郡紀》）

多大風，有腥臭氣。（光緒《壽張縣志》卷一〇《雜事》）

飛蝗蔽日而下，一人日捕數石。（康熙《文安縣志》卷八《事異》）

飛蝗蔽天，大旱。（嘉慶《松江府志》卷八〇《祥異》；光緒《青浦縣志》卷二九《祥異》）

飛蝗蔽天，無禾。人相食。（嘉慶《商城縣志》卷一四《災祥》）

飛蝗蔽天。（康熙《當陽縣志》卷五《祥異》；乾隆《正寧縣志》卷一三《祥眚》；乾隆《新修慶陽府志》卷三七《祥眚》）

飛蝗食草木，竹葉皆盡。（乾隆《江都縣志》卷二《祥異》）

風霾，雨土。（道光《江陰縣志》卷八《祥異》）

風霾亢旱，煮粥賑饑。（康熙《定州志》卷五《事紀》；道光《定州志》卷二〇《祥異》）

旱，蝗。大歉，人相食。（光緒《麟遊縣新志草》卷八《雜記》）

旱，大飢，斗米銀八錢。（康熙《保定府志》卷二六《祥異》）

旱，大饑，斗粟千錢。知縣劉芳奕煮粥賑濟。（嘉慶《昌樂縣志》卷一《總紀》）

旱，大饑。（康熙《蒙城縣志》卷二《祥異》；民國《重修蒙城縣志》卷一二《祥異》；民國《霸縣新志》卷六《灾異》）

旱，風霾竟日，白洋淀竭。民饑，蠲逋賦。（道光《安州志》卷六《災異》）

旱，風霾竟日，高河竭。民饑，蠲逋賦。（雍正《高陽縣志》卷六《機祥》）

旱，蝗，大饑，人相食。（光緒《日照縣志》卷七《祥異》）

旱，蝗，大饑。汶、泗斷流。（道光《濟甯直隸州志》卷一《五行》）

旱，蝗，民多疫，果有人相食之事。（光緒《丹陽縣志》卷三〇《祥異》）

旱，蝗。（康熙《山海關志》卷一《災祥》；乾隆《平定州志》卷五《禨祥》；乾隆《清水縣志》卷一一《災祥》；光緒《大城縣志》卷一〇《五行》；民國《綏中縣志》卷一《災祥》）

旱，蝗。大饑，斗米千錢，人至相食。（同治《霍邱縣志》卷一六《祥異》）

旱，蝗。大饑，斗米千錢。冶山、靈巖山俱出石麵，爭取者日數千人。（康熙《江寧府志》卷三《祥異》）

旱，蝗。大饑，人相食，木棉諸樹葉每斤百錢。鳥鵲皆南飛，樹巢一空。郟邑有鼠，千百為群，渡汝踰山而南。（道光《汝州全志》卷九《災祥》）

旱，蝗。大饑，人相食。（康熙《高密縣志》卷九《祥異》）

旱，蝗。大饒〔饑〕，人相食。己卯夏，旱甚。秋，無禾稼，飛蝗蔽野，食樹葉幾盡。至冬，蝝生不絕，入人家，與民爭熟食。越明年春，析骸炊子，慘不忍聞。（順治《高平縣志》卷九《祥異》）

旱，蝗。大饑，野絕青草，斗米銀二兩九錢。以樹皮、白土、雁矢充饑，至以柿蒂、蒺藜、牛馬皮為市，骨肉相食，死者相繼，十室九空。（民國《新安縣志》卷一五《祥異》）

旱，蝗。斗米價銀兩餘，人相食，隻身不敢路行。（康熙《東光縣志》卷一《禨祥》）

旱，蝗。人相食，寇大作。（順治《光山縣志》卷一二《災祥》）

旱，蝗。人相食，有竊鄰之幼子而食者。三月，大疫，士民有一戶無一存者。（順治《光州志》卷一二《災祥》）

旱，飢，骨肉相殘，至親莫保。（乾隆《贊皇縣志》卷一〇《事紀》）

旱，九河俱乾。斗粟銀一兩五錢，人相食。（乾隆《新安縣志》卷七

《襪袘》）

旱，民大饑，知縣李正春發賑。（康熙《潯陽蹠醢》卷六《災祥》）

夏，蝗。麥顆粒無獲，民相率為盜，人相食。（乾隆《陳留縣志》卷三八《災祥》）

旱，圩田有秋。（民國《高淳縣志》卷一二《祥異》）

旱，疫氣盛行。歲大飢，穀一斗銀三錢。（雍正《高郵州志》卷五《災祥》）

旱，疫氣盛行。歲大饑，穀一斗銀三錢。（嘉慶《高郵州志》卷一二《雜類》）

旱，自此連旱三年。米石銀四兩，民死無算。（民國《金壇縣志》卷一二《祥異》）

旱。（順治《絳縣志》卷一《祥異》；乾隆《榆次縣志》卷七《祥異》；乾隆《霑益州志》卷三《祥異》；同治《黃縣志》卷五《祥異》；光緒《霑益州志》卷四《祥異》）

旱。六月，漕河涸。冬，大饑，人相食，始則食樹葉木皮，繼則父子骨肉相食，為前史所未聞。奉旨，關鄉各設粥廠賑之。（民國《清河縣志》卷一七《雜志》）

旱蝗，草木、獸皮、蟲蠅皆食盡。（乾隆《洛陽縣志》卷一〇《祥異》）

旱蝗，大饑，斗米千錢。（道光《上元縣志》卷一《庶徵》）

旱蝗，大饑，人相食。（民國《高密縣志》卷一《總紀》）

旱蝗，大饑疫，斗粟值一千四百錢，鬻妻賣子者相屬，人相食，命官賑濟。（民國《大名縣志》卷二六《祥異》）

旱蝗，大歉。（光緒《麟遊縣新志草》卷八《雜記》）

旱蝗，斗米值銀一兩五錢，人相食。（民國《青縣志》卷一三《祥異》）

旱蝗，民多疫，人果相食。（光緒《丹徒縣志》卷五八《祥異》）

旱蝗，人相食。（民國《光山縣志約稿》卷一《災異》）

旱蝗相集，禾稼盡傷，甚而母子、兄弟、夫婦相食，慘不忍言，人民死者以億萬計。（康熙《肥城縣志》卷下《災祥》）

旱饑，斗粟二千錢，父子兄弟自相食，中產以下多死絕。（乾隆《濟源縣志》卷一《祥異》）

大旱，夏無麥，秋無水。（乾隆《陵川縣志》卷二九《祥異》）

旱甚，斗米銀二兩，人相食。（光緒《吳橋縣志》卷一〇《災祥》）

旱災，斗米銀三錢。（雍正《南陵縣志》卷二《祥異》）

禾稻失收，下鄉更遭水患。冬，積雪成冰，一月不解其凍，飛禽走獸凍餒死者無數。（康熙《永定衛志》卷二《荒亂》）

合肥、舒城旱蝗，六安、霍山尤甚。無爲大水。（康熙《廬州府志》卷三《祥異》）

黃風大作。（嘉慶《平陰縣志》卷四《災祥》）

蝗，大饑，民懼法，不敢爲盜，皆食木皮草子，蕨藜每斗錢五十文。（同治《欒城縣志》卷三《祥異》）

蝗，大饑。（同治《黃安縣志》卷一〇《祥異》）

蝗，旱，大饑，斗米價銀三兩，瘟疫盛行，人相食。（康熙《單縣志》卷一《祥異》）

蝗，旱，綿蟲。大饑，人相食。土地荒蕪，村落丘墟，斗米銀一兩餘。（康熙《齊河縣志》卷六《災祥》）

蝗，旱，奇荒。斗麥二兩，瘟疫盛行，盜賊竊發，父子相食，人死過半。（康熙《滋陽縣志》卷二《災異》）

蝗，旱，五穀不登。斗米千文，饑疫者相望於道。（乾隆《句容縣志》卷末《祥異》）

蝗，旱。大飢。（康熙《霸州志》卷一〇《災異》）

蝗，旱。秋，大饑。（康熙《萊陽縣志》卷九《災祥》；乾隆《海陽縣志》卷三《災祥》）

蝗，民大饑。（嘉慶《舒城縣志》卷三《祥異》）

蝗，人相食。（乾隆《滄州志》卷一二《紀事》）

蝗。(康熙《莒州志》卷二《災異》；康熙《玉田縣志》卷八《祥眚》；雍正《山西通志》卷一六三《祥異》；乾隆《環縣志》卷一〇《紀事》；乾隆《蘄水縣志》卷末《祥異》；嘉慶《莒州志》卷一五《記事》；民國《重修莒志》卷二《大事記》)

蝗遍野盈尺，百樹無葉，赤地千里。斗麥貳千，民掘草根、剝樹皮，父子相食，骸骨縱橫，嬰兒捐棄滿道，人多自豎草摽求售，輾轉溝壑者無筭。次年春，復疫癘繼起，死亡過半。災變之異，從未甚於此者。(康熙《沂州府志》卷一《災異》)

蝗蟲蔽野。府學生員陸奇，字平侯，捐米二千石減價賑濟。(光緒《嘉善縣志》卷九《恤政》)

蝗旱，五穀不登，斗米千文，饑疫者相望於道。(乾隆《句容縣志》卷末《祥異》)

蝗蝻，人饑，斗粟銀兩餘。(順治《新泰縣志》卷一《災祥》)

蝗蝻遍野。秋冬大饑，人相食，凍餓死者枕籍道路。(康熙《遵化州志》卷二《災異》)

蝗蝻并作，食苗殆盡。(乾隆《棗陽縣志》卷一七《災異》)

蝗蝻積地盈尺，飛蝗蔽日，田禾食盡，野無青草。父子夫妻相食，屍體載道。(康熙《西平縣志》卷一〇《外志》)

蝗蝻生，食苗盡。(民國《鄑屋縣志》卷八《祥異》)

蝗蝻生，食苗盡。是歲冬，粟二斗白銀一兩。(乾隆《鄑屋縣志》卷一三《祥異》)

蝗生四月以嚙麥，霜飛八月而殺禾，致使斗米兩金。土賊蜂起，百姓之死于餓者不知凡幾，死於相食者不知凡幾，哀此殘黎，向之林林總總者，十僅存四五矣。(順治《祥符縣志》卷六《藝苑》)

蝗食草木葉皆盡。(光緒《泰興縣志》卷末《述異》)

積雨彌月，較之萬曆戊子更深二尺許，四望遍成巨浸……有樓者為安樂窩，無樓者或升於屋，或登於台……米價初不過一兩餘，漸至二兩餘。(《濮鎮紀聞》卷末《災荒紀事》)

計不雨者四閱月，通郡米貴，諸暨民食草木。（康熙《紹興府志》卷一三《災祥》）

江漲，船入板井巷，大南門內水深三尺。（道光《懷寧縣志》卷二《祥異》）

絳州、曲沃、太平、汾、潞，漳水竭……是年，省郡大饑，其至斗米千錢，人相食。（雍正《山西通志》卷一六三《祥異》）

京邑草廟、聶家、趙林等院堤潰，連淹十五載。春，大風霾，雨沙，不見人。（光緒《潛江縣志續》卷二《災祥》）

颶風拔木覆廬。（康熙《台州府志》卷一四《災變》；乾隆《黃巖縣志》卷一二《紀災》；光緒《黃巖縣志》卷三八《變異》）

颶風拔木覆屋，仙居旱。（民國《台州府志》卷一三四《大事略》）

颶風大作。癸卯又風，敵樓鋪垛盡壞。（民國《長泰縣新志》卷一二《城池》）

郡大旱，蝗起，尋大疫。（嘉慶《寧國府志》卷一《祥異附》）

控北橋……秋，水大漲，衝塌過半。（道光《偏關志》卷上《津梁》）

雷震布政司公署槐及東嶽各廟。（乾隆《延長縣志》卷一《災祥》）

連歲蝗，旱。斗米價銀三兩。瘟疫盛行，父子相食。（乾隆《兗州府志》卷三〇《災祥》）

連遭大旱，蝗蝻食苗，歲大饑饉。（乾隆《解州夏縣志》卷一一《祥異》）

洛水深不盈尺。（乾隆《洛陽縣志》卷一〇《祥異》）

孟夏，霪雨，水溢入城，淹沒民居甚眾。（民國《壽昌縣志》卷一《祥異》）

孟夏，霪雨彌月，二麥無秋，仲夏大疫。（民國《遂安縣志》卷九《災異》）

孟夏，霪雨，水溢入城，淹沒民居甚眾，二麥無收。仲夏大疫。（民國《壽昌縣志》卷一〇《祥異》）

孟夏，霪雨彌月。（道光《建德縣志》卷二〇《祥異》）

蝻。（康熙《鼎修霍州志》卷八《祥異》）

蝻生，食禾殆盡。大饑，人相食。（康熙《鄠縣志》卷八《災異》）

平、慶等處蝗飛蔽天，落地如岡阜。（光緒《甘肅新通志》卷二《祥異》）

夏，不雨。（光緒《盧氏縣志》卷一二《祥異》）

夏，大旱，斗米銀一兩，民食草木，樹無完膚。（光緒《懷來縣志》卷四《災祥》）

夏，大旱，飛蝗蔽天，草根樹皮俱盡，饑死者屍盈道路。（民國《英山縣志》卷一四《祥異》）

夏，大霍大旱，飛蝗蔽天。人相食。（光緒《六安州志》卷五五《祥異》）

夏，大旱，蝗。（光緒《安東縣志》卷五《民賦下》）

夏，大旱，饑。（康熙《西寧縣志》卷一《災祥》；同治《西寧縣新志》卷一《災祥》；民國《陽原縣志》卷一六《前事》）

夏，大旱。（康熙《龍門縣志》卷二《災祥》；康熙《彭澤縣志》卷二《郵政》）

夏，大旱。斗米銀一兩，民食草木，樹無完膚。（康熙《保安州志》卷二《災祥》；康熙《懷來縣志》卷二《災異》）

夏，大旱。秋，蝗。（民國《鄖城縣記》第五《大事篇》）

夏，大蝗。冬，饑，人相食，斗麥千錢。（民國《沛縣志》卷二《沿革紀事表》）

夏，大蝗。冬，饑，人相食。（乾隆《沛縣志》卷一《水旱祥異》）

夏，大水，城東武侯橋，荊頭鋪，惠政橋，武連、武功橋，柳溝橋同時崩壞。（民國《劍閣縣續志》卷三《事紀》）

夏，大水，漂没民居。冬，地震，自北而南，聲靖若雷。（乾隆《桂陽州志》卷二八《祥異》）

夏，大水。（嘉慶《東流縣志》卷一五《五行》；道光《武康縣志》卷一《邑紀》；光緒《海鹽縣志》卷一三《祥異考》）

夏，大水。潛山有野鳧，百萬爲群，飛蔽天日，競集水田食禾苗。宿松田鼠害稼。望江野多狐。（康熙《安慶府志》卷六《祥異》）

夏，地震。（康熙《增城縣志》卷三《事紀》）

夏，旱，風霾竟日，諸河水涸。（光緒《保定府志》卷四〇《祥異》）

夏，旱，蝗蝻生，食禾殆盡。斗米二兩五錢，人相食。冬，無雪。（順治《閿鄉縣志》卷一《星野》）

夏，旱，李生瓜。秋，蝗，大饑。（康熙《常州府志》卷三《祥異》）

夏，旱，洮湖竭。蝗傷禾，斗米二錢。（嘉慶《重刊宜興縣舊志》卷末《祥異》）

夏，旱。（道光《嵊縣志》卷一四《祥異》；同治《嵊縣志》卷二六《祥異》；同治《重修寧海州志》卷一《祥異》；民國《牟平縣志》卷一〇《通紀》；民國《嵊縣志》卷三一《祥異》）

大旱，蝗，歲飢，人相食。（乾隆《鳳翔府志》卷一二《祥異》）

夏，旱。秋，川江、清江兩水相鬪，湧高數丈。（康熙《宜都縣志》卷一一《災祥》）

夏，旱。秋，蝗。（民國《夏邑縣志》卷九《災異》）

夏，旱，蝗。秋，饑。（民國《萊陽縣志》卷首《大事記》）

夏，旱，饑。（道光《榮成縣志》卷一《災祥》）

夏，蝗，大饑。（康熙《灤志》卷二《世編》）

夏，亢旱，飛蝗蔽日，禾枯粮盡，民窮盜起。（民國《鄭州志》卷一《祥異》）

夏，陝、靈、閿、盧旱，蝗蝻生，食禾殆盡，斗米五千錢，人相食。冬無雪。（乾隆《重修直隸陝州志》卷一九《災祥》）

夏，陝、靈、閿、盧旱，蝗蝻生，食禾殆盡。冬，無雪。（民國《陝縣志》卷一《大事紀》）

夏，水，秋，蝗。（乾隆《銅陵縣志》卷一三《祥異》）

夏，水。秋，蝗，饑殍遍野，有剐肉以食者。（乾隆《銅陵縣志》卷一三《祥異》）

夏，水。秋，蝗。民大饑。（乾隆《池州府志》卷二〇《祥異》）

夏，霪雨彌月，二麥無收，繼而大疫。（民國《建德縣志》卷一《災異》）

夏，雨雹。秋，大蝗。（康熙《杞紀》卷五《繫年》；康熙《續安丘縣志》卷一《總紀》）

夏秋，大旱，斗米千錢，大饑。（乾隆《武安縣志》卷一九《祥異》）

夏秋，大旱，荒歉，斗粟一兩，道殣相望，人相食。有蝗。（康熙《雄乘》卷中《祥異》）

夏秋，大旱，歲大祲，石米價三兩零，民死無算。（光緒《金壇縣志》卷一五《祥異》）

夏秋，飛蝗蔽天，禾苗枯槁。民饑，死者大半。（康熙《静海縣志》卷四《災異》）

夏，不雨。七月，霜。父子相食，餓殍遍野，山崩川竭，逆闖倡亂中州。（光緒《盧氏縣志》卷一二《祥異》）

秋，大旱，蝗食禾略盡，湖地為陆。玖月貳拾叄日辛丑大寒，河渠凍。（《鎮江府金壇縣採訪冊・政事》）

秋，大旱，饑。（康熙《朝邑縣後志》卷八《災祥》）

秋，大旱，饑。十月，粟價騰貴，斗米三百錢。次年春，價至十倍，絶糶罷市。木皮石麵皆食盡，父子夫婦相割啖，十死八九，道殣相望。（乾隆《隴西縣志》卷一二《祥異》）

秋，大旱，饑。十月，粟價騰貴，其初斗米三錢。至次年春十倍其值，罷市。饑疫相困，木皮石麵皆盡，父子夫婦相割啖，道饉充積，十亡八九。（民國《重修咸陽縣志》卷八《祥異》）

秋，大旱，天雨豆。七月蝗，傷禾。（乾隆《無錫縣志》卷四〇《祥異》）

秋，大旱。（道光《寧陝廳志》卷一《星野》；民國《續修醴泉縣志稿》卷一四《祥異》）

秋，大旱。十月，粟日貴，斗米三錢，至次年春十倍其直，絶糶罷市。

木皮石薂皆食盡，父子夫婦相割啖，道殣重積，十死八九。（乾隆《醴泉縣志》卷四《舊聞》）

秋，大水，漂没稻穀。（康熙《餘干縣志》卷三《災祥》；同治《餘干縣志》卷二〇《祥異》）

秋，大水，務本里大風發屋。（民國《懷集縣志》卷八《縣事》）

秋，懷集大水，務本里大風發屋。（嘉慶《廣西通志》卷二〇四《前事》）

秋，大水害稼。（乾隆《諸暨縣志》卷七《祥異》）

秋，蝗大至，集屋盈二尺，集木柯枝皆折。（乾隆《錫金識小録》卷二《祥異補》）

容城飛蝗蔽天。（光緒《保定府志》卷四〇《祥異》）

知縣陳濟增修三門甕城。時倉卒完工，遇大風雨，三門盡圮，里甲苦於修葺，凡十餘載乃定。（光緒《石城縣志》卷三《城池》）

沙雞遍天。夏，旱蝗。秋，大饑，斗粟銀五錢，人相食。（道光《膠州志》卷三五《祥異》）

沙雞滿天。旱，蝗。饑，至人相食。（道光《重修平度州志》卷二六《大事》）

莎雞遍天，旱蝗，大饑，人相食。（乾隆《掖縣志》卷五《祥異》）

陝西大旱，人相食，草木俱盡。（光緒《永壽縣志》卷一〇《述異》）

旱蝗，民多疫，果有人相食之事。（乾隆《鎮江府志》卷四三《祥異》）

水，決城七十丈。（道光《廣東通志》卷一二七《城池》）

水旱不均，大饑。（光緒《奉賢縣志》卷二〇《災祥》）

水決，（縣城）衝毁。（雍正《廣東通志》卷一四《城池》）

水災。（同治《孝豐縣志》卷四《賑蠲》）

思南地震，遵義大旱。（乾隆《貴州通志》卷一《祥異》）

大旱，饑民多流亡。（康熙《泗州通志》卷三《祥異》）

天下大旱，黄河水涸，斗粟價至四錢，流亡載道，人相食。（康熙《睢

寧縣志》卷一《祥異》）

文昌橋在永安門北，崇禎十三年為水所壞。（康熙《龍游縣志》卷二《橋樑》）

西安縣大旱，饑。（康熙《衢州府志》卷三〇《五行》）

興安正月雨雪久凍，河水盡合，人畜皆渡。永豐雪凍，樹木、廬舍壓頹，人謂之樹冰。弋陽夏大旱。（同治《廣信府志》卷一《星野》）

休寧大水，復大旱，黟亦荒。（道光《徽州府志》卷一六《祥異》）

宜都夏旱。秋，川江、清江兩水相鬥，湧高數丈。（光緒《荊州府志》卷七六《災異》）

疫甚，死者無算。是歲，自春徂秋無雨。大饑，人相食。（乾隆《臨清直隸州志》卷一一《祥祲》）

有白氣一道，從東南方貫天者三月。四季無雨。三月初旬，陡起黑風，房舍飛掀，人迷路跡。夏生蝗蝻。八月降霜，九月水凍。米麥一斗價三兩五錢，人食人肉，饑死十有九，居民相劫為食。官役捕之，群入山為盜。從此四境嘯聚，歲歲不寧矣。（康熙《鄒縣志》卷三《災亂》）

有蝗從西北來，不雨者四月，米價騰貴。（康熙《會稽縣志》卷八《災祥》；康熙《山陰縣志》卷九《災祥》；嘉慶《山陰縣志》卷二五《禨祥》）

有食人之謠，上元日民間為米粉人，食之，應。是年旱蝗，民多疫，人果相食。（光緒《丹徒縣志》卷五八《祥異》）

又旱，而水乃盡。是歲二麥甫薄登，飛蝗為虐，三農搶地，即深林竹樹盡為枯槁，以致川原無色，米價騰湧，民不聊生。雖多產之家，所獲不足以償追呼，室廬盡空。斗米錢二千，民窮思亂，綠林嘯聚，白晝揭竿，所在殺人而食，出城不數武即殺人之場，生死止隔一牆耳。初，有司尚嚴禁之，漸成固然，甚而父食其子，夫食其婦，種種慘狀，未之前聞。（民國《夏邑縣志》卷九《雜文》）

又旱，蝗。（康熙《清水縣志》卷一〇《災祥》）

大雨水，無麥，斗米五錢。（乾隆《桐廬縣志》卷一六《災異》）

漳河竭。大饑，人相食。（康熙《長子縣志》卷一《災祥》）

漳水竭。大饑，人相食。（光緒《長子縣志》卷一二《大事記》）

枝江地震。（光緒《荆州府志》卷七六《災異》）

中州大水，河決，管河之官相顧無策，每出輒涕泣而返。（康熙《鄖署雜鈔》卷五《管河官》）

州縣旱蝗。太守喬遷高署，巡道率官民捕之，禾苗得以無害。（乾隆《直隸秦州新志》卷六《災祥》）

諸暨夏旱，秋水，大饑，斗米價五錢，人食草木，地中白土呼為"觀音粉"，食之。（乾隆《諸暨縣志》卷七《祥異》）

諸暨雨雹害稼，殺牛羊甚眾。（乾隆《諸暨縣志》卷七《祥異》；乾隆《紹興府志》卷八〇《祥異》）

自春徂秋無雨，蝗殺稼殆盡，人相食。（康熙《福山縣志》卷一《災祥》）

自春徂秋無雨，殺稼殆盡，人相食。（民國《福山縣志稿》卷八《災祥》）

自春徂夏，不雨。歲大饑，人相食，時斗米銀五錢，雖父子兄弟夫婦互相殺食，僻徑荒郊無人敢獨行。（康熙《黎城縣志》卷二《紀事》）

自春至秋不雨，無稼。（嘉慶《慶雲縣志》卷三《災異》）

大旱，飢，父子相食。（民國《澠池縣志》卷一九《祥異》）

自春至秋不雨。人相食，死者塞路。（乾隆《伏羌縣志》卷一四《祥異》）

自夏至秋，赤地千里，歲復大饑。（乾隆《鳳臺縣志》卷一五《藝文》）

歲終，無雨雪，郡屬俱大饑，盜賊滿郊外，井皆涸，長河有斷流者。米麥一斗銀至一兩三四錢不止，草根木皮剥掘殆盡，人相食。群狼隊行入外城，終夜鬼哭，日以為常。（康熙《彰德府志》卷一七《災祥》）

歲終，無雨雪，各處盜賊不下百萬，郊坰之外邈無安土。井或淺涸，帶泥汲炊，長河有斷流者。米麥一斗，銀至一兩三四錢不止。木皮草根剥掘殆盡，人相食，甚至父子夫婦互相殺食，僻巷無敢獨行者。群狼隊行入市，外

城終夜鬼哭，日以為常，人亦不以為異。雖有司煮粥賑粟，直如恒河之一沙，無救於死。（康熙《安陽縣志》卷一〇《災祥》）

蝗蝻遍野。秋冬大饑，人相食，凍餓死者枕藉道路。（乾隆《直隸遵化州志》卷二《災異》）

十三年、十四年大旱，人民相食。（嘉慶《備修天長縣志稿》卷九下《災異》）

十三年大旱，十四年又大旱，斗米錢千餘者，值銀二兩，人相食。先是，每見狗貓食青草，牛食磚瓦，已兆大旱矣。（民國《景縣志》卷一四《故實》）

十三年至十四年，多大風，腥臭之氣，昏霾不辨。大饑，大疫。（光緒《鄆城縣志》卷九《災祥》）

十三、四年揚州飛蝗蔽天，行人路塞，草木竹樹葉皆盡。（康熙《揚州府志》卷二二《災異》）

十三年、十四年大旱，蝗蔽天，疫癘大行。石麥二兩，民飢死無算。（光緒《鹽城縣志》卷一七《祥異》）

十四年，大旱，荐饑。民采草根樹皮以食。（光緒《仙居志》卷二四《災變》）

十三年、十四年，水旱頻仍，瘟疫盛行。（康熙《宿州志》卷一〇《祥異附》）

十三年、十四年大旱，人民相食。忽流言山出石麵，饑民取麵和榆屑食之，後皆瘇死。（康熙《天長縣志》卷一《祥異附》）

自去年七月至是年八月始雨，五穀種不入土。大饑，斗粟二千錢，人相食。（道光《河內縣志》卷一一《祥異》）

十三年、十四年旱，蝗冠，疫洊臻。米價騰湧，饑，人相食。（康熙《麻城縣志》卷三《災異》）

庚辰、辛巳，荒旱頻仍，斗米銀三錢。（王可崇）煮糜以賑，凡數月。（嘉慶《南陵縣志》卷九《懿行》）

崇禎十四年（辛巳，一六四一）

正月

壬寅，黃霧四塞，日青無光。夜，大雨。（《崇禎實錄》卷一四，第 396 頁）

元日，樹木凝冰，折圮。夏，大水，斗米二十文。（康熙《新淦縣志》卷五《歲眚》）

丁丑朔，黃霧四塞，日無光……冬大饑，斗米千錢，雪深三尺，民多凍死。（民國《確山縣志》卷二〇《大事記》）

朔，日食。初四日，日光摩盪。（光緒《荊州府志》卷七六《祥異》）

大雨雪，凝冰，樹木凍折，四山震響。夏，大水，饑。（民國《南昌縣志》卷五五《祥異》）

大雪。（民國《鹽城縣志》卷一一《災異》）

大雪，正月，深數尺，道有凍死者。二月中旬至末旬，又深數尺，僵死相望。（康熙《休寧縣志》卷八《機祥》）

大雨雪，民饑。（光緒《上虞縣志》卷三八《祥異》）

六日，大雷電，雨。（康熙《嘉定縣志》卷三《祥異》；光緒《月浦志》卷一〇《祥異》）

六日，大雷電，雨。夏秋大旱，四月至七月不雨，巨川大瀆涸。初秋隕霜，殺禾。（光緒《江東志》卷一《祥異》）

六日，大雷電，雨。四月不雨至於七月。（康熙《嘉定縣志》卷三《祥異》）

六日，大雷電，雨。夏秋，大旱，蝗，歲大祲。（光緒《寶山縣志》卷一四《祥異》）

雨雪不止。六月，蝗，大饑。（光緒《餘姚縣志》卷七《祥異》）

大雪經旬。（康熙《會稽縣志》卷八《災祥》）

大雪逾旬。（康熙《蕭山縣志》卷九《災祥》）

恒霾恒寒。（康熙《臨朐縣志書》卷二《災異》）

十七日，大雪，木冰。（光緒《靖江縣志》卷八《祲祥》）

雨雪。二月饑，民掠穀。（乾隆《嵊縣志》卷一四《祥異》）

蛟復出，江湧水壞船。夏大饑，冬大饑，民食榆皮土粉。（嘉慶《東流縣志》卷一五《五行》）

癸卯、甲辰、乙巳，三月戊寅、己卯，皆雨土。大旱，自春不雨至冬，溪河涸竭，蝗蝻復生，多去歲蟄者。民大飢，大疫，歿者不可勝瘗。（弘光《州乘資》卷一《禨祥》）

大雨雪，凝冰，樹木凍折，四山震響。夏，大水，通街深數丈，鄉城多疫。（道光《高安縣志》卷二二《祥異》）

大雪，樹介，二月方解。（道光《新昌縣志》卷三《紀異》）

雨，木冰。（康熙《豐城縣志》卷一《邑志》；同治《奉新縣志》卷一六《祥異》）

黃霧四塞，日皆無光。夏旱，蝗。冬十月癸卯朔，日食無光，晝不見人，大雨如注。（乾隆《天門縣志》卷七《祥異》）

二十日，大風旬日，揚沙蔽天。大旱蝗，四月至八月不雨。五月十八日巡撫黃希憲疏：入春以來，二麥在田，時當播蒔，烈日如焚，六旬不雨，坡塘盡成赤土，秧田盡見枯黃。又值天災流行，疫症甚虐，一巷百餘家，無一家僅免者，一門數十口，無一口僅存者，各營兵卒十有五病。（康熙《蘇州府志》卷二《祥異》）

二十日至三月，多大風揚沙，昏蔽天日。（崇禎《吳縣志》卷一一《祥異》）

二十六日夜，大雨城裂。（光緒《嘉興府志》卷三五《祥異》）

廿六日夜，大雨，延城如裂，聲震田郊。（康熙《秀水縣志》卷七《祥異》）

二十八日，福州雨水如黃泥。（乾隆《福州府志》卷七四《祥異》）

二十八日，夜，雨黃水。（道光《新修羅源縣志》卷二九《祥異》）

至三月，多大風。（民國《吴縣志》卷五五《祥異考》）

二月

壬子，諭各撫按捕蝗。（《崇禎實録》卷一四，第397頁）

丁卯，夜，山西偏頭関天鳴。（《崇禎實録》卷一四，第397~398頁）

雨土。（乾隆《静寧州志》卷八《祥異》）

黄塵蔽空，密室塵積寸餘。（光緒《唐縣志》卷一一《祥異》）

朔丙午，黑霧降。甲寅，雨黄沙，陰霾四塞。（嘉慶《松江府志》卷八〇《祥異》；光緒《青浦縣志》卷二九《祥異》）

朔丙午，黑霧四塞。甲寅，復有黄霧。（光緒《奉賢縣志》卷二〇《灾祥》）

朔丙午，降黑霧。甲寅，雨黄沙，陰晦四塞。（光緒《重修華亭縣志》卷二三《祥異》）

丙午朔，降黑霧。甲寅，雨黄沙，陰晦四塞。（乾隆《婁縣志》卷一五《祥異》）

朔，降黑霧。甲寅，雨黄沙。（光緒《川沙廳志》卷一四《祥異》）

興安大雨雹。（同治《廣信府志》卷一《星野》）

初四日申時，日光如血，照耀俱成赤色。次日復然。漳河竭。（乾隆《襄垣縣志》卷八《祥異》）

初五日，惡風竟夜，飛砂彌塞四野，屋舍俱空。（光緒《永城縣志》卷一五《灾異》）

初五日，天雨土，及暮，大風拔木。（康熙《嶧縣志》卷二《灾祥》）

大雨雹。（同治《興安縣志》卷一六《祥異》）

野漫黑霧，雨黄沙，陰晦四塞。（光緒《南匯縣志》卷二二《祥異》）

浦冰，清明無花。夏，旱。（光緒《臨朐縣志》卷一〇《大事表》）

二十五夜，流星十數，自空墜地，大者如盌，光玉色。有螟，石米四金。（民國《崇明縣志》卷一七《灾異》）

大風晝晦，城守兵器有火光。（乾隆《陳州府志》卷三〇《雜志》）

大雨雹如雞卵彈子，碎屋瓦，斃耕牛，飛鳥多死。（康熙《澄邁縣志》卷九《紀災》）

黃霧四塞。大飢，人相食。（康熙《保定府志》卷二六《祥異》）

黃塵四塞，密室內飛塵厚寸許。（康熙《唐縣新志》卷二《災異》）

朔，降黑霧，陰晦四塞。三月戊寅，風沙蔽天。夏，大旱，蝗，米粟湧貴，餓莩載道。（康熙《常熟縣志》卷一《祥異》）

二十七日，風雨驟至，雨過，聞空中鳥聲如笙簫，從西北來，或謂九頭鳥，主荒疫。後東省流移數萬，饑食糠秕人肉，屍橫城野五千餘人。（雍正《安東縣志》卷一五《祥異》）

至六月，不雨，河涸，禾盡槁。（光緒《海鹽縣志》卷一三《祥異考》）

三月

戊寅，風沙蔽天。夏，大旱，蝗，米粟踴貴，餓殍載道。（嘉慶《松江府志》卷八〇《祥異》）

蝗蝻生。（光緒《安東縣志》卷五《民賦下》）

戊寅，風沙蔽天。夏，大旱，飛蝗食稼，餓殍載道。（光緒《奉賢縣志》卷二〇《灾祥》）

戊寅，風沙蔽天。夏，旱，米大貴。（光緒《青浦縣志》卷二九《祥異》）

風霾蔽天日。夏，大旱，蝗，米粟湧貴，道殣相望。（民國《南匯縣續志》卷二二《祥異》）

戊寅，風沙蔽天。夏，大旱，蝗，米粟湧貴，餓莩載道。（乾隆《婁縣志》卷一五《祥異》；光緒《重修華亭縣志》卷二三《祥異》）

蝗蝻生。（雍正《安東縣志》卷一五《祥異》）

戊寅，風沙蔽天。夏，大旱，蝗，米湧貴，餓莩載道。（光緒《川沙廳志》卷一四《祥異》）

三日，雨沙竟日。（光緒《嘉興府志》卷三五《祥異》）

初三日戊寅，落沙，竟日如霧。（康熙《秀水縣志》卷七《祥異》）

四日，大霧，連日黃沙蔽天。（道光《新修羅源縣志》卷二九《祥異》）

辛巳，大風霾。（康熙《臨朐縣志書》卷二《災異》）

二十三日，雨土。夏，大熟。（乾隆《富平縣志》卷一《祥異》）

二十四日，午後大雨，雷擊縣治堂正壁，碎之。（嘉慶《旌德縣志》卷一〇《祥異》）

四月

天雨黑豆。（雍正《揭陽縣志》卷四《祥異》）

霜殺麥。（光緒《安東縣志》卷五《民賦下》）

蝗蝻食麥。（乾隆《濟源縣志》卷一《祥異》）

丙寅，地震。（嘉慶《巴陵縣志》卷二九《事紀》）

地震。（民國《新纂康縣縣志》卷一八《祥異》）

霜。（雍正《安東縣志》卷一五《祥異》）

不雨，至於七月，水涸，河底鑿井不得泉。飛蝗蔽天。（康熙《嘉定縣志》卷三《祥異》）

夜，大雨雷電。（康熙《新城縣志》卷一〇《災祥》）

癸丑，雷火起薊州西北，焚及趙家谷，延二十餘里。（《明史·五行志》，第 436 頁）

三日申時，大雷雨。（道光《新修羅源縣志》卷二九《祥異》）

二十日，地震。（光緒《階州直隸州續志》卷一九《祥異》）

二十四日，兩日摩盪，如是者三日，始滅。（乾隆《射洪縣志》卷八《雜記》）

大水。（同治《德安縣志》卷一五《祥異》）

蝗入城。是年四月，天雨塵，房屋草木積灰寸許。（雍正《應城縣志》卷七《祥異》）

蝗蝻生，無麥。八月，蓬蒿成實，人賴以活。（乾隆《陽武縣志》卷一

二《災祥》)

至六月，不雨，歲大旱。秋，蝗，食粟盡，饑殍載路。(同治《彭澤縣志》卷一八《祥異》)

不雨，至於七月，水涸，河底鑿井不得泉。既罷種，七月忽雨，旁江海田竭本力且插蒔，復旱。間有稻，八月中可長尺五，方秀，白露日下苦霧，盡不實。蝗起，遂赤地。棉花至秋獨嬌好，驟生蟲五色，長寸許，食花葉無遺。冬，米價湧貴，僵死滿道。次年春，米斗錢千一百文，民相食，東鄉有食子者。遺惠祠及隆福寺集饑民千餘，日死無算。稅粮急，幸漕米許三之一改麥，然折價石一兩五錢。(崇禎《太倉州志》卷一五《災祥》)

至七月，大旱，水涸，鑿井不得泉。間或有稻，飛蝗蔽天，食之盡。棉花正在結鈴，生五色蟲，長寸許，亦食之盡。冬，米價騰貴，斗米錢千一百文。(光緒《月浦志》卷一〇《祥異》)

五月

初三日，大風，天降雀飴。(光緒《永城縣志》卷一五《災異》)

初六日，大水，敘浦縣風雨驟作。次日，河水漲，民屋漂流，禾盡淹没，濱河居民溺死萬計。嗣亦頻有水災，已而大旱。(乾隆《辰州府志》卷六《機祥》)

十四日，大風，學宮門坊俱倒。(光緒《盱眙縣志稿》卷一四《祥祲》)

二十日，大水，潯城及半。(乾隆《福州府志》卷七四《祥異》)

大旱，斗米三錢。(光緒《嘉善縣志》卷三四《祥眚》)

大水決大路寶，害稼。寶當西江上游。(嘉慶《三水縣志》卷一三《災祥》)

大水。(嘉慶《永安州志》卷四《祥異》；光緒《藤縣志》卷二一《雜記》；光緒《平樂縣志》卷九《災異》；民國《昭平縣志》卷七《祥異》)

癸卯，得雨，自後雨澤霑足，秋田薄收。(光緒《蠡縣志》卷八《災祥》)

　　大風拔樹。（光緒《南陽縣志》卷一二《祥異》）

　　春，疫甚，大旱。五月，蝗蔽天，穀極貴，饑殍載道。（光緒《丹徒縣志》卷五八《祥異》）

　　大水，傷禾稼。（同治《江西新城縣志》卷一《襪祥》）

　　雨雹。（民國《無棣縣志》卷一六《祥異》）

　　霪雨。（嘉慶《介休縣志》卷一《兵祥》）

　　蝗至，不傷禾。（光緒《海鹽縣志》卷一三《祥異考》）

　　大旱，米價湧貴。（康熙《蕭山縣志》卷九《災祥》）

　　怪風暴雨，拔樹圮屋。（康熙《深澤縣志》卷一〇《祥異》）

　　二十一日，飛蝗蔽天。（光緒《金壇縣志》卷一五《祥異》）

　　蝗蔽天，穀極貴，饑殍載道。（乾隆《鎮江府志》卷四三《祥異》；光緒《丹陽縣志》卷三〇《祥異》）

　　大水。饑。（康熙《豐城縣志》卷一《邑志》）

　　大旱，斗米三錢。（光緒《嘉善縣志》卷三四《祥眚》）

　　大水，傾倒城牆五處。（崇禎《清江縣志》卷二《營建》）

　　大水。七月，城外大火，自鎖龍橋焚至西門下，米價忽貴，民心驚惶。（乾隆《梧州府志》卷二四《襪祥》）

　　旱，蝗。大疫。（光緒《沔陽州志》卷一《祥異》）

　　汾河乾。八月，大旱，野無青草。斗米至一兩有奇，次年人相食。（乾隆《河津縣志》卷八《祥異》）

　　蝗食麥。至秋八月，農人苦無耕牛，竭四肢力。（乾隆《儀封縣志》卷一《祥異》）

　　大旱。（順治《庇村志·異紀》）

　　大水，白蓮、隆安、義豐等處地裂田没，山崩屋圮，傷人數十。（乾隆《將樂縣志》卷一六《災祥》）

　　雨雹，傷麥，人多疫死。（嘉慶《海豐縣志》卷三《災異》）

　　雨雹，無麥。人多疫，死者枕藉。（康熙《慶雲縣志》卷一一《災祥》）

　　二十八日，飛蝗蔽天，道殣相望。（光緒《平湖縣志》卷二五

《祥異》）

至六月，不雨。（康熙《臨朐縣志書》卷二《災異》）

五、六月亢旱無雨，蝗來。米價每石貴至三兩有奇。秋初，蝗復生蝻，禾稼食盡。復生五色大蟲，噆菽類亦無存，米益騰貴。（崇禎《吳縣志》卷一一《祥異》）

五、六月，旱蝗。（民國《吳縣志》卷五五《祥異考》）

五月、六月、七月不雨，河竭，無禾，蝗疫。（崇禎《泰州志》卷七《災祥》）

至九月，大水，米一斗四錢，麥一斗三錢。（康熙《重修平遥縣志》卷八《災異》）

六月

癸酉，兩京、山東、河南、浙江旱蝗，多飢盜。（《崇禎實錄》卷一四，第406~407頁）

月初始雨。（乾隆《湯陰縣志》卷一〇《雜志》）

初三日，風雨駢集，水浸民居，丹桂等十八堡悉被淹沒，三水大路峽水勢建瓴，一概衝決。（康熙《南海縣志》卷三《災祥》）

初旬，飛蝗驟至，食苗幾半。至末旬，蝻生，積地三五寸。（民國《冠縣志》卷一〇《祲祥》）

大水。（康熙《延綏鎮志》卷五《紀事》；嘉慶《延安府志》卷六《大事表》；咸豐《順德縣志》卷三一《前事畧》；民國《龍山鄉志》卷二《災祥》；民國《橫山縣志》卷二《紀事》）

旱。（乾隆《杞縣志》卷二《祥異》；道光《尉氏縣志》卷一《祥異附》）

大旱，蝗，民饑。（光緒《金陵通紀》卷一〇下）

決吉家等口，沒禾民飢。（雍正《安東縣志》卷一五《祥異》）

雷震宣府西門城樓。（乾隆《宣化府志》卷三《星土》）

南畿大旱，蝗，民饑。（同治《上江兩縣志》卷二下《大事下》）

大旱，蝗，洊饑。（民國《增修膠志》卷五三《祥異》）

旱蝗，寇起。（乾隆《諸城縣志》卷二《總紀上》）

有蝗。（乾隆《白水縣志》卷一《祥異》）

二十九日，飛蝗滿天，食禾殆盡。（光緒《嘉興府志》卷三五《祥異》）

浙江大旱，蝗。（同治《湖州府志》卷四四《祥異》）

朔，飛蝗蔽天。秋蝗，入水為魚。（光緒《嘉善縣志》卷三四《祥眚》）

飛蝗食禾。（光緒《上虞縣志》卷三八《祥異》）

旱，飛蝗害稼，民大饑，知府陸自巖有祈雨驅蝗文申詳，不及疏聞。（光緒《歸安縣志》卷二七《祥異》）

旱，有蝗。（光緒《石門縣志》卷一一《祥異》）

河決吉家口，無禾。（光緒《安東縣志》卷五《災異》）

大旱。（康熙《海寧縣志》卷一二上《詳異》；乾隆《杭州府志》卷五六《祥異》；民國《山東通志》卷一〇《通紀》）

大旱，飛蝗蔽天，食草根幾盡，人饑且疫。（民國《杭州府志》卷八四《祥異》）

十二日，大雨二日，河盡滿。（光緒《海鹽縣志》卷一三《祥異考》）

丙午，雷震宣府西門城樓。（《明史·五行志》，第436頁）

飛蝗蔽日，食禾至盡。民大饑，相食。（乾隆《榆次縣志》卷七《祥異》）

敬一亭，六月為烈風所傾，無存。（宣統《陳留縣志》卷五《學校》）

旱，蝗。大饑，土寇紛起。（乾隆《曲阜縣志》卷三〇《通編》）

二十九日癸酉，未正一刻飛蝗蔽天，城中怖異，自北飛至東南，所過恣食，禾稻無存。旱魃倍于往歲。（康熙《秀水縣志》卷七《祥異》）

大旱，蝗，霧繼之，禾盡萎。瘟疫盛行，所患病狀奇怪不測……大饑。（光緒《烏程縣志》卷二七《祥異》）

南畿大旱，蝗，民饑。（民國《首都志》卷一六《大事表》）

飛蝗食苗盡，入城，陰翳障天。是年大疫。（乾隆《黄岡縣志》卷一九《祥異》）

蝗飛蔽野。旱，饑，大疫。（光緒《溧水縣志》卷一《庶徵》）

有蝗，苗大半損壞。斗米九百錢，城中死者載道。而吾地賴二麥有秋，得稍支持。至七、八月旱如故，湖地水不盈尺。大蝗，平地高尺許，飛則天為之黑，所至苗輒食盡，遂成大荒。是冬至春，鄉人無食米者，糟糠湧貴，有掘蘆根野草而活命，此百年來所未見之災也。（順治《庵村志·異紀》）

六月，暴風毀槽渠，遂以廢。（民國《續修陝西通志稿》卷六一《水利》）

至九月，蝗，禾苗食盡。（同治《枝江縣志》卷二〇《災異》）

七月

戊寅，臨清運河涸。（《崇禎實錄》卷一四，第 407 頁）

初一，夜，大風拔木發屋，官署民廬盡燬。（乾隆《福州府志》卷七四《祥異》）

一日，酉時，怪風大雨，沿海村民溺死六十四人。（道光《新修羅源縣志》卷二九《祥異》）

朔，颶風大作，有火光，發屋拔木，壞民居無算，縣署譙樓亦圮。（民國《連江縣志》卷三《大事記》）

運河涸。（民國《清平縣志》第一冊《紀事篇》）

臨清運河涸。（乾隆《臨清直隸州志》卷一一《祥祲》）

霪雨連綿，至九月終止，秋禾傷。（乾隆《平陸縣志》卷一一《祥異》）

水，禾稼盡，没人城市廬舍。（光緒《綏德直隸州志》卷三《祥異》）

十四日，孝豐大水。（同治《湖州府志》卷四四《祥異》）

十四日，大水。（同治《孝豐縣志》卷八《災歉》）

二十九夜，黄渡鎮大雨，及明，蝗積數寸厚。（康熙《嘉定縣志》卷三《祥異》）

信、豐地震，冬十一月，復震。（同治《贛州府志》卷二二《祥異》）

蝗子生，食苗盡。月杪苗復苗，蝗子復生，食禾。民大饑。（光緒《海鹽縣志》卷一三《祥異考》）

大蝗。（康熙《鍾祥縣志》卷一〇《災祥》）

二十九夜，黃渡鎮大雨，及晨明，蝗積數寸厚。已，又生五色蟲，如蠶狀，視人若怒，捉之觸手皆爛，食苗棉葉俱盡。（康熙《嘉定縣志》卷三《祥異》）

大雨雪，螺髻山崩，普應溪水溢，冲没田廬。（康熙《河西縣志》卷一《災祥》）

恒雨至十月。冬無雪。（康熙《益都縣志》卷一〇《祥異》）

恒雨至於十月。冬無雪。（康熙《臨朐縣志書》卷二《災異》）

八月

海潮，日三至。是月大風雨，冰害稼。（嘉慶《松江府志》卷八〇《祥異》）

潮，日三至。是年春，大饑，斗米銀三四錢。（同治《上海縣志》卷三〇《祥異》）

海潮，日三至。（光緒《奉賢縣志》卷二〇《灾祥》）

十六日，卓午胸山穿魚洞，西北峰忽作霹靂聲，白氣貫天，而山崩，下小峰亦擊碎。（嘉慶《海州直隸州志》卷三一《祥異》）

戊午，海潮，日三至。是月，大風雨，冰害禾稼。（乾隆《華亭縣志》卷一六《祥異》；乾隆《婁縣志》卷一五《祥異》；光緒《重修華亭縣志》卷二三《祥異》）

海潮，日三至。是月，大風雨，水害禾稼。（光緒《川沙廳志》卷一四《祥異》）

地震。（民國《洛川縣志》卷一三《社會》）

初一日，大風，拔木飄瓦，壞廬舍甚多。（乾隆《長樂縣志》卷一〇《祥異》）

海潮，日三至，大風害稼。（康熙《常熟縣志》卷一《祥異》）

飛蝗蔽天。民大饑，疫。斗米千錢，死者日以數百計，人相殘食，日晡不敢獨行。（民國《太湖縣志》卷四〇《祥異》）

十九日，雨雹。（光緒《溧水縣志》卷一《庶徵》）

九月

大水。（嘉慶《介休縣志》卷一《兵祥》）

朔，日食，既，晝晦。（同治《都昌縣志》卷一六《祥異》）

甲午，四川地震。（嘉庆《四川通志》卷二〇三《祥異》）

朔，日食，既，晝晦，鷄栖。（同治《湖口縣志》卷一〇《祥異》）

九日，吳川地震。（光緒《高州府志》卷四八《事紀》）

大雨雹，殺稼。（咸豐《安順府志》卷二一《紀事》）

大雨雹，稻穀一空。（道光《安平縣志》卷一《災祥》）

十月

雷鳴，地震。是年，大饑。（光緒《潮陽縣志》卷一三《災祥》）

朔，日食，既，晝晦，見星。（光緒《鎮海縣志》卷三七《祥異》）

朔，日食，既，見星。（嘉慶《山陰縣志》卷二五《禨祥》）

初一日，晝晦如夜。（同治《營山縣志》卷二七《雜類》）

雷鳴。冬，歉。（雍正《揭陽縣志》卷四《祥異》）

十一日……是日也，天色霽朗，忽而凝凍，六花繽紛，雪深一尺。比邱弟子檀越紳士交口稱慶，以爲瑞雪。（乾隆《玉屏縣志》卷一〇《藝文》）

大雪，山林城市間樹林皆冰結，其上如戰鬥形。（道光《鄰水縣志》卷一《祥異》）

二十四夜，地震，聲如雷，二十九又震。（乾隆《潮州府志》卷一一《災祥》）

知府程峋以旱荒於四境設廠賑粥，至次年二月止。（光緒《丹陽縣志》

卷九《恤政》）

十一月

辛卯，遼東大雪丈餘，清軍中粮匱俱盡。（《崇禎實錄》卷一四，第415頁）

初一日戌時，黑風大作。（光緒《肥城縣志》卷一○《祥異》）

（初六）遼東大雪丈餘。（民國《奉天通志》卷二七《大事》）

十八日，大雪。（道光《巢縣志》卷一七《祥異》）

十二月

二十一日，大雷震，雨雹如磚如拳。晚稻、麥俱無登，民告流移。是年自夏徂冬，疫癘遍鄉城。（康熙《新淦縣志》卷五《歲眚》）

是年

白崖湖竭。宋時阜頭峰崩，其下出水，亭泓數百頃，時以海眼，禱雨輒應，人不敢投以石者，疑為蛟龍所居，以靈湫弗測也。至崇禎十四年大旱，湖竭，自岸至底僅二丈餘，有鯉魚大不過十斤，復無異物，人盡捕之，湖底悉黃壤，民各分畦耕種。年餘，湖水復盈，大淵森如昔。（民國《華縣縣志稿》卷一《大事記》）

百里斷絕烟火，麥禾盈野，無人收穫，虞田地多隸城東，邑遂荒不支。春夏大疫，死者枕藉，有闔家數口不遺一人者。（光緒《虞城縣志》卷一○《災祥》）

春，不雨，斗米千錢，糠粃亦斗值百錢。（嘉慶《東昌府志》卷三《五行》）

春，大旱，夏饑。（乾隆《新泰縣志》卷七《災祥》）

春，大饑，復大旱。（康熙《汾陽縣志》卷七《災祥》）

春，大饑，疫。三年之內，蝗旱頻仍，疫癘大作，父食其子，夫啖其妻，每饑民在道，息猶存，而肌肉已盡。又或行路遇操刀凶人，健者逐不及

得脱，弱者即時斃刃下。合境逃散，百里無人煙。夏，大旱，蝗。(民國《英山縣志》卷一四《祥異》)

春，大雪，僵死相望。又大饑，歙斗米五錢，休寧、婺源斗米四錢，祁門斗米三錢，民多挖土以食，至有人相食者。績溪亦蝗，休寧復火燒一千三百餘家及譙樓。(道光《徽州府志》卷一六《祥異》)

春，大雪，僵死相望。又大饑，歙斗米五錢，休寧、婺源斗米四錢，祁門斗米三錢，民多挖土以食，至有人相食者。績溪亦蝗……是歲黄山生竹實數十石，可食。(康熙《徽州府志》卷一八《祥異》)

春，大雪。(同治《湖州府志》卷四四《祥異》；光緒《歸安縣志》卷二七《祥異》；光緒《烏程縣志》卷二七《祥異》)

春，大雪。秋，蝗自寧國來境，蝻集障天，至雄路臨溪止，後因春雨自滅。(嘉慶《績溪縣志》卷一二《祥異》)

大疫，復旱。(乾隆《无为州志》卷二《灾祥》)

春，饑殍枕藉，民采草樹為糧，以待麥秋。麥未登而疫作，囂市晝静，巷無行人，城中出骸如蝟。二麥雖稔，收棄相半，民有絕户而不得刈者。夏，復大旱，蝗蝻所至，草無遺根，民間衣被皆穿，羹釜俱穢。(光緒《六安州志》卷五五《祥異》)

春，大疫。秋，蝗蝻蔽天，所過稻粟一空。(道光《蒲圻縣志》卷一《灾異并附》)

春，大雨雹。春夏不雨。至九月大雨兼旬，穀菜俱傷，饑饉洊至。(乾隆《寧鄉縣志》卷八《灾祥》)

夏，大旱，蝗。(光緒《南匯縣志》卷二二《祥異》)

春，福州大旱。(民國《福建通志》卷八《通紀》)

春，黑霾四塞，晝晦，歲歉，斗米千錢。(道光《重修武强縣志》卷一〇《機祥》)

春，黄霧四塞。夏，旱，蝗。(光緒《潛江縣志續》卷二《灾祥》)

春，人食木皮草子。夏，蝗蝻為害，食麥禾皆盡。(民國《續修范縣縣志》卷六《灾異》)

春，人食樹皮草子。夏，蝗蝻為害，食麥禾皆盡。（康熙《范縣志》卷中《災祥》）

春，水大至，木以盡亡。（光緒《龍巖州志》卷一七《藝文》）

春，瘟疫大作，死十存一二，蝗蝻蔽野……至有父子相食。（順治《封邱縣志》卷三《祥災》）

春，無雨，蝗蝻食麥盡，瘟疫大行，人死十之五六。歲大凶，時斗米錢一千七百文，草木樹皮無有存者，人食菜子苟活，旦夕骨肉相食，遍野榛莽，有數村不見一人者。夏，無雨。秋初，始種蕎，蕎種每石錢五十千文。（乾隆《滑縣志》卷一四《雜志》）

春，無雨，蝗蝻食麥盡，瘟疫大行，人死十之五六。夏，無雨。（民國《重修滑縣志》卷二〇《大事記》）

春，無雨，蝻食麥，歲大歉。斗粟千錢，人相食。（康熙《南樂縣志》卷九《紀年》）

春，西門外城壕冰結如花。夏六月，旱，蝗。（乾隆《諸城縣志》卷二《總紀上》）

春，疫甚，大旱。（乾隆《鎮江府志》卷四三《祥異》；光緒《丹陽縣志》卷三〇《祥異》）

春，又不雨，斗米千錢，糠粃亦斗直百錢。盜掘食新死人，至父子相食。夏，大疫，死者相枕。秋，蝗起蔽天，人死者十八九，井里蕭然。（康熙《堂邑縣志》卷七《災祥》）

春，又不雨，斗米千錢，穀粃亦斗值百錢。盜掘食新死人，至父子相食。夏，大疫，死者相枕。秋，蝗起蔽天，人死者十八九，井里蕭然。（光緒《堂邑縣志》卷七《災祥》）

春，州東南大雨，有龍步行，兩目金大如斗之方，所過塘池為鱗甲吸盡，久之復滿，行數里，有龍接之升天。（順治《光州志》卷一二《叢紀》）

春夏，大旱，斗粟二金，人相食，瘟疫大作，死者枕藉，十村九墟，人煙幾絕。（康熙《陽信縣志》卷三《災祥》；民國《濟陽縣志》卷二〇《祥

異》；民國《陽信縣志》卷二《祥異》）

春夏，大旱，疾疫盛行。（光緒《蠡縣志》卷八《災祥》）

春夏，大旱，疾疫盛行。五月癸卯得雨，自後雨澤霑足，秋田薄收。（崇禎《蠡縣志》卷八《災祥》）

春夏，大旱，民以樹皮草根充饑，百姓流離，餓莩載道。秋田薄收。（康熙《雄乘》卷中《祥異》）

春夏，大水。秋，大旱而蝗，米石三兩，民多饑死。（乾隆《無錫縣志》卷四〇《祥異》；光緒《無錫金匱縣志》卷三一《祥異》）

春夏，旱，斗米千錢。人食草根木皮，殍殣相望，人相食，間有殺人而食者。（順治《饒陽縣後志》卷五《事紀》）

春夏間，連雨三月，晝晦，對面不見物，江水濁如泥，臭不可食者二晝夜，或謂之翻江。（光緒《武昌縣志》卷一〇《祥異》）

春夏間，瘟疫盛行，甚至戶滅村絕。秋大蝗，來自東南，平地叢積尺餘，越城踰屋，所過樹木壓折，草禾皆空。（民國《莘縣志》卷一二《機異》）

大旱，赤地千里。秋，蝗蝻爲災，斗米千文，民食樹皮草根。榆桐皮、茨實諸粉鬻於市，每升價至五十文，死者相望。（康熙《京山縣志》卷一《祥異》）

大旱，赤地數千里。（乾隆《東安縣志》卷九《機祥》；民國《安次縣志》卷一《地理》）

大旱，蟲，疫。（民國《宿松縣志》卷五三《祥異》）

大旱，蟲，疫。北方流民覓食者計數萬，未幾俱斃，屍填道路。（康熙《桐城縣志》卷一《祥異》）

大旱，大饑，疫。（康熙《如皋縣志》卷一《祥異》；嘉慶《如皋縣志》卷二三《祥祲》）

大旱，斗米千文，民益困。婦女之無賴者，插標於市，人莫之顧。炊骨啖肉，民多以速死爲幸，衣錦者每餓於荒煙斷垣之中。至有因盜正法，群逐如膻，相屠而食者；有暮行餓於街巷，曉視之則骨者；有誘至於家掩殺而食者；有死而不葬，葬而盜發之烹食者。比鄰隱若敵國，甚則婦食其夫，父食其子，人而禽獸，殘止矣。（康熙《衡水縣志》卷六《事紀》）

大旱，斗米錢四百。（乾隆《江都縣志》卷二《祥異》）

大旱，飛蝗蔽天，官長下令捕之，日益甚。米價驟貴，每石銀四兩，流丐滿道，多枕藉而死，民間以糟糠腐渣為珍味，或屑榆樹皮食之。各處設廠施粥，啖者日以數千萬計。（康熙《吳江縣志》卷四三《祥異》）

大旱，飛蝗蔽天，或夫婦父子相食，死亡畧盡。（乾隆《肅寧縣志》卷一《祥異》）

大旱，飛蝗蔽天，死徙流亡略盡。（光緒《吳橋縣志》卷一〇《災祥》）

大旱，飛蝗蔽天。（乾隆《震澤縣志》卷二七《災祥》）

大旱，飛蝗食麥，疫氣盛行，死大半。斗米踰千錢，民饑，互相殺食，土寇蜂起，道路不通。（民國《大名縣志》卷二六《祥異》）

大旱，飛蝗食麥。瘟疫，人死大半，互相殺食。（康熙《元城縣志》卷一《年紀》）

大旱，飛蝗食麥。瘟疫大作，人死強半，互相殺食，接連數村不見人跡。（康熙《開州志》卷四《災祥》）

大旱，飛蝗食麥。瘟疫餓殍，人死七八，互相殺食。（康熙《長垣縣志》卷二《災異》）

大旱，穀貴，餓殍載道。（乾隆《青浦縣志》卷一一《荒政》）

大旱，荒，斗米四錢。民掘蜀崗下黃土，如麵食，呼曰"觀音粉"。（康熙《揚州府志》卷二二《災異》）

大旱，蝗，父子夫妻相食，大疫流行，死無棺斂者，不可悉數。（光緒《豐縣志》卷一六《災祥》）

大旱，蝗，穀貴民饑，設賑如前。（嘉慶《高郵州志》卷一二《雜類》）

大旱，蝗。（民國《太倉州志》卷二六《祥異》）

大旱，蝗。冬，桃李實。（乾隆《歷城縣志》卷二《總紀》）

大旱，蝗。父子夫妻相食，大疫流行，死無棺殮者不可悉數。（順治《新修豐縣志》卷九《災祥》）

大旱，有蝗。四月至十一月不雨，疫癘大作。饑民就山取白土爲食。（民國《高淳縣志》卷一二《祥異》）

大旱，蝗。歲飢，穀貴，仍設賑如前。（雍正《高郵州志》卷五《災祥》）

大旱，斗米銀四錢。（康熙《興化縣志》卷一《祥異》）

大旱，蝗飛蔽天，人相食。（乾隆《任邱縣志》卷一〇《五行》）

大旱，蝗飛蔽天，食草根幾盡。民人饑，疫。鬻子女，售田舍，野有餓殍……較萬曆戊申之災為尤甚焉。（康熙《杭州府志》卷一《祥異附》）

大旱，飢，人相食。（道光《東阿縣志》卷二三《祥異》）

大旱，饑，斗粟二金，殍骨盈野，人相食幾絕。（光緒《霑化縣志》卷一四《祥異》）

大旱，饑，瘟疫大作。斗米銀四錢。蜀崗有白土，饑民掘取食之，名"觀音粉"。疫氣作，死者過半。（康熙《儀徵縣志》卷七《祥異》）

大旱，饑。（光緒《乾州志稿》卷二《紀事沿革表》）

大旱，疾疫。（康熙《德清縣志》卷一〇《災祥》）

大旱，立秋前二日始雨。（乾隆《雞澤縣志》卷一八《災祥》）

大旱，民饑。（乾隆《桐廬縣志》卷一六《災異》）

大旱，米價每石三兩。（道光《江陰縣志》卷八《祥異》）

大旱，民採草根樹皮為食。（康熙《台州府志》卷一四《災變》）

大旱，民採草根樹皮以食。（民國《台州府志》卷一三四《大事略》）

大旱，民飢。（光緒《新樂縣志》卷一《災祥》）

大旱，民饑餒，有父子兄弟相殘食者，幸稷不種而自生，先穀成熟，人賴以生。（民國《南宮縣志》卷二五《雜志篇》）

大旱，民饑。夏，大疫，死亡塞路。（順治《真定縣志》卷四

《災祥》）

大旱，民且大疫，死者無筭。（咸豐《晉州志》卷一〇《事紀》）

大旱，荐饑，民採草根樹皮以食。（光緒《仙居志》卷二四《災變》）

大旱，人民相食，忽流言山出石麵，饑民取麵和榆屑食之，後皆瘇死。（康熙《天長縣志》卷一《祥異附》）

大旱，人食人。（康熙《博野縣志》卷四《祥異》）

大旱，人相食，瘟疫大行，死者枕藉。（康熙《趙州志》卷一《災祥》；民國《南和縣志》卷一《災祥》）

大旱，蘇松等府漕米改兌麥折三分。（光緒《常昭合志稿》卷一二《蠲賑》）

大旱，瘟疫大作，人相食，盜賊充斥。（康熙《安平縣志》卷一〇《災祥》）

大旱，瘟疫盛行，民死過半。（康熙《臨城縣志》卷八《禨祥》）

大旱，溪河竭。疫。（嘉慶《重刊宜興縣舊志》卷末《祥異》）

大旱，疫。（民國《沙河縣志》卷一一《祥異》）

大旱，諸閘筧俱高，不能洩水。（雍正《浙江通志》卷五三《水利》）

大旱，至七月乃雨。疫癘大作，死者無數。（康熙《高邑縣志》卷中《災異》）

大旱，致和塘、吳淞江皆涸。夏，大疫，死者相枕藉，斗米銀三錢。秋，蝗，民屑榆皮為食，饑民相聚剽劫。太倉知州錢肅樂攝縣事，嚴繩以法，仍設粥平糶，民稍定。（乾隆《崑山新陽合志》卷三七《祥異》）

大旱，螽，疫。（民國《潛山縣志》卷二九《祥異》）

大旱，螽，疫。人相食，死者枕藉。（康熙《安慶府志》卷六《祥異》）

大旱，螽，疫。是冬，賊遍四野，城中死者屍積如山，井水皆汙。（道光《桐城續修縣志》卷二三《祥異》）

大旱，自春不雨，至冬溪河涸竭，蝗螟復生，民大饑疫。（光緒《通州直隸州志》卷末《祥異》）

大旱，自三月十八日雨，至六月初八日乃雨，地赤土焦，河湖亦枯坼。秋七月，螽飛蔽天……大疫，道殍無算……十二月，人相食。（順治《新修望江縣志》卷九《災異》）

大旱。（康熙《安慶府志》卷六《祥異》；康熙《嘉興縣志》卷八《外紀》；康熙《臨海縣志》卷一一《災變》；乾隆《望江縣志》卷三《災異》；道光《重修寶應縣志》卷九《災祥》；道光《武寧縣志》卷二七《祥異》；民國《洪洞縣志》卷一八《祥異》；民國《寧晉縣志》卷一《災祥》）

大旱。疫，死者無數。（嘉慶《邢臺縣志》卷九《災祥》）

大旱。疫，死者相繼。（乾隆《武安縣志》卷一九《祥異》）

大旱。詔漕米改兌麥折三分。（嘉慶《旌德縣志》卷五《蠲賑》）

大蝗，大旱。（順治《襄城縣志》卷七《災祥》）

大蝗。（乾隆《新鄉縣志》卷二八《祥異》）

大蝗食麥。秋，野無寸草。（乾隆《衛輝府志》卷四《祥異》）

大蝗食麥。大疫，死者十之八九，村莊盡成邱墟。（道光《輝縣志》卷四《祥異》）

大饑，斗米千錢。瘟疫復熾，旱，蝗。（嘉慶《平陰縣志》卷四《災祥》）

大饑，蝗蟲徧野，瘟疫橫生，死者十之九，赤地千里，人相食。（民國《茌平縣志》卷一一《天災》）

大潦，民饑。是年撫按題請改折南粮。（乾隆《南昌府志》卷二八《祥異》）

大水，風雨駢聚，水浸民居，丹桂等十八堡悉被淹没。（乾隆《新修廣州府志》卷五九《磯祥》）

大水。（崇禎《南海縣志》卷二《災異》；康熙《新喻縣志》卷六《歲眚》；乾隆《峽江縣志》卷一〇《祥異》）

郡縣旱。（乾隆《大同府志》卷二五《祥異》）

大雪。斗米四錢，令朱統鈺募賑饑民。（康熙《休寧縣志》卷八《磯祥》）

大疫，大旱，飛蝗蔽天，饑民枕藉。（康熙《含山縣志》卷三《祥異》）

大疫，復旱蝗。（嘉慶《無爲州志》卷三四《禨祥》）

大疫，復旱蝗。羣鼠銜尾，自江南牽渡江北，數日斃。（乾隆《无为州志》卷二《灾祥》）

大疫，蝗。冬，大饑。（民國《沛縣志》卷二《沿革紀事表》）

大疫，死者十之七。春，無雨，蝻食麥。歲大歉，斗米千錢，人相食。（光緒《南樂縣志》卷七《祥異》）

大疫。冬，大寒，樹木枯。（光緒《亳州志》卷一九《祥異》）

大有，雨水和調，遍地竹花盛開。（康熙《安鄉縣志》卷二《災祥》）

大雨雹，飛蝗蔽日。（乾隆《伏羌縣志》卷一四《祥異》）

冬，大饑，斗米千錢，雪深三尺，民多凍死。（民國《確山縣志》卷二〇《大事記》）

冬，大饑，米麥斗錢千二百，雪深三尺，民多凍死流徙。（順治《汝陽縣志》卷一〇《禨祥》；康熙《汝陽縣志》卷五《禨祥》）

飛蝗蔽天，大旱。草根樹皮皆盡。（光緒《直隸和州志》卷四《祥異》）

飛蝗蔽天，害禾稼。（康熙《臨湘縣志》卷一《祥異》）

飛蝗蔽天。（乾隆《新修慶陽府志》卷三七《祥眚》；乾隆《正寧縣志》卷一三《祥眚》）

飛蝗徧野，斗米價千錢。（光緒《諸暨縣志》卷一八《災異》）

淝河水溢，壞民廬舍。（順治《潁州志》卷一《郡紀》）

浮盜阻河，舟楫不通，糧食騰貴，斗米銀三錢，人掘土以食，俗名“觀音土”，食後多有死者。（同治《祁門縣志》卷三六《祥異》）

復旱，蝗，父子夫婦相食，村落間杳無人煙。（乾隆《平原縣志》卷九《災祥》）

復旱，蝗。所遺飢民十之二，俱赴河南就食。（順治《淇縣志》卷一〇《灾祥》）

復旱，人家貓犬皆食草，牛犢銜瓦礫食之。（民國《獻縣志》卷一九《故實》）

贛榆、沭陽旱蝗，大疫。（嘉慶《海州直隸州志》卷三一《祥異》）

旱，飛蝗蔽空，邑令漆園捕蝗三十石，民之饑者食之。（光緒《寧河縣志》卷一六《機祥》）

旱，蝗，疫。米價每石三兩，餓殍載塗。雨豆。（康熙《武進縣志》卷三《災祥》）

旱，蝗，有麥無禾，河竭。春夏疫死者無算，麥石價一兩八錢，米石價五兩。運河有蟶。（嘉慶《東臺縣志》卷七《祥異》）

旱，蝗。（康熙《長興縣志》卷四《災祥》；康熙《薊州志》卷一《祥異》；乾隆《許州志》卷一〇《祥異》；乾隆《淮安府志》卷二五《五行》）

旱，蝗。大饑，人相食。疫。（道光《濟甯直隸州志》卷一《五行》）

旱，蝗。大疫，病亡者無人收瘞。（順治《邯鄲縣志》卷八〇《雜事》）

旱，蝗。歲大饑，兼病疫，道殣相望。（康熙《太平府志》卷三《祥異》）

旱，饑，人相食。（乾隆《樂陵縣志》卷三《祥異》；道光《臨邑縣志》卷一六《紀祥》；道光《商河縣志》卷三《祥異》；光緒《惠民縣志》卷一七《災祥》）

旱，饑。（道光《浮梁縣志》卷一五《義行》；同治《鄞縣志》卷六九《祥異》）

旱，升米銀四分，有攫人於市，聚眾焚劫者洪孟纘擒治之。（民國《全椒縣志》卷一六《祥異》）

旱，升米銀四分，有攫人於市，聚眾焚劫者。（民國《全椒縣志》卷一六《祥異》）

旱，至七月初二日始雨。（民國《青縣志》卷一三《祥異》）

旱。（乾隆《霑益州志》卷三《祥異》；光緒《懷仁縣新志》卷一《祥

異》；光緒《霑益州志》卷四《祥異》；民國《漢南續修郡志》卷二三《祥異》；民國《無棣縣志》卷一六《祥異》）

夏秋，遠近皆旱。自十四年至十六年連歲旱，民甚困。（康熙《紹興府志》卷一三《災祥》）

旱魃為虐，自三月不雨，至七月河底迸裂，赤地千里。斗米千錢，饑饉載道，易子而食。（崇禎《外岡志》卷二《祥異》）

旱魃為祟，四鄉盜匪揭竿而起。（光緒《保定府志》卷四八《列傳》）

旱魃為災，河流盡竭。米價自二兩驟至三兩，鄉人竟斗米四錢。（《濮鎮紀聞》卷末《災荒紀事》）

旱荒，民多疫，桃竹實。（康熙《新建縣志》卷二《災祥》）

旱，蝗，大疫。（光緒《贛榆縣志》卷一七《祥異》）

旱，蝗，歲大饑，兼病疫，道殣相望。（康熙《太平府志》卷三《祥異》）

旱，蝗。（康熙《內鄉縣志》卷一一《災祥》；同治《長興縣志》卷九《災祥》；民國《許昌縣志》卷一九《祥異》）

旱蝗更甚。（光緒《霍山縣志》卷一五《祥異》）

旱蝗更甚，野無青草，人相食。次年春，斗麥千四百錢，山中草根樹皮皆盡，有易子析骸以食者。（光緒《霍山縣志》卷一五《祥異》）

旱蝗為災。（道光《泌陽縣志》卷三《災祥》）

旱蝗尤甚，疫疾大作。（乾隆《銅陵縣志》卷一三《祥異》）

黑風入城，白晝頓晦。（乾隆《太康縣志》卷八《祥異》）

湖廣旱，赤地千里，民食樹皮草根。榆桐皮諸粉鬻于市，每升五十文，死者相望。（民國《湖北通志》卷七五《災異》）

黃霧四塞，日無光。是年大饑，斗米二千餘錢，死者大半，人相食。（光緒《棲霞縣續志》卷八《祥異》）

黃霧四塞，日無光。夏旱，蝗。（同治《漢川縣志》卷一四《祥祲》）

蝗，大疫。冬，大饑。（乾隆《沛縣志》卷一《水旱祥異》）

蝗，饑，人多相食。（嘉慶《舒城縣志》卷三《祥異》）

蝗，農輟耕。民謠云：草無實，樹無皮，宰卻耕牛罷卻犁，孤負蝗蟲來盛意，可憐枵腹過黃陂。（同治《黃安縣志》卷一〇《祥異》）

蝗，疫，大饑。（民國《臨沂縣志》卷一《通紀》）

蝗。（乾隆《環縣志》卷一〇《紀事》）

蝗遍入宅及釜竈，大疫。（光緒《孝感縣志》卷七《災祥》）

蝗蟲遍野。（康熙《瀏陽縣志》卷九《災異》）

蝗蟲來，寧彌山遍野，秋稼少收。（民國《寧國縣志》卷一四《災異》）

蝗飛蔽天，民大饑。穀貴，石價一兩。（乾隆《漢陽縣志》卷四《祥異》）

蝗復生，食麥，忽有群蜂飛遂之，嚙其背，穴土掩之。逾日而蜂自蝗腹出，轉轉生化。旬餘，滿郊原，蝗遂絕。（康熙《新鄉縣續志》卷二《災異》）

蝗蝻生，瘟疫大作，亂屍橫野，地荒過半。（道光《河內縣志》卷一一《祥異》）

蝗入城，女牆爲滿。是歲大祲。（道光《安陸縣志》卷一四《祥異》）

蝗入城，是歲大祲。（光緒《咸甯縣志》卷八《災祥》）

蝗生，大饑，繼以疫，民死甚眾。（康熙《五河縣志》卷一《祥異》；光緒《五河縣志》卷一九《祥異》）

蝗生子蝻，食禾稼。苦饑，屍相枕藉。（民國《華縣縣志稿》卷九《天災》）

蝗食麥，人相食。瘟疫大作，死者甚眾，田多荒蕪。（道光《武陟縣志》卷一二《祥異》）

蝗食麥。大疫，人死者十之九。（康熙《延津縣志》卷七《災祥》）

饑，蝗蝻徧野，瘟疫橫生，死者十分之九，赤地千里，人相食。（康熙《茌平縣志》卷一《災祥》）

亢旱，人民饑餒，至有父子兄弟相殘食者。（康熙《南宮縣志》卷五《事異》）

沆陽，蝗害稼。歲大祲。（康熙《沭陽縣志》卷一《祥異》）

澇且旱，歲大歉。（乾隆《新化縣志》卷二五《祥異》）

澧州、安、華、石門飛蝗蔽天，食禾苗，既入廬舍，食衣服，已，乃北去。（康熙《岳州府志》卷二《祥異》）

連歲旱蝗，大無禾。（民國《芮城縣志》卷一四《祥異考》）

連歲旱蝗，大無禾。是春，米麥每斗價至一兩五錢，人相食，死亡載道，閭里皆墟。（乾隆《解州芮城縣志》卷一一《祥異》）

兩浙旱、蝗、疫癘交作，斗米千錢，人民死者數萬計。（康熙《浙江通志》卷二《祥異附》）

龍泉水口，大水蛟出，晬十餘丈，角爪皆具，漂没田禾民舍。（光緒《吉安府志》卷五三《祥異》）

虐旱如焚，蝗自北飛至，食稻禾及竹木葉俱盡。官出示羅捕，里之氓多以米袋裝蝗至城，賣得官錢幾文。三冬益苦艱食，入春更甚，流離餓殍，阡途相望。余少時及侍故老多目擊者，數百年中僅見之慘也。（康熙《紫堤村小志》卷之後《江村新言》）

秋，大水。（康熙《萬載縣志》卷一二《災祥》；康熙《宜春縣志》卷一《災祥》；康熙《萍鄉縣志》卷六《祥異》；民國《萬載縣志》卷一《祥異》；民國《昭萍志略》卷一二《祥異》）

三春無雨，怪風頻起。歲又大饑，斗米萬錢，民茹草木，路絕行人。（康熙《鄒縣志》卷三《災亂》）

山西潞水北流七晝夜，勢如潮湧。（《明史·五行志》，第455頁）

春，旱，人食木皮樹葉幾盡。夏復蝗，麥穗被嚙落，斗麥一兩七錢。（康熙《朝城縣志》卷一〇《災祥》）

復旱，湖水涸。（道光《巢縣志》卷一七《祥異》）

賓、遷、柳、慶旱燠為虐，民饑死者大半。（光緒《遷江縣志》卷四《祥異》）

冬，縣治西營潴水結冰成花。（康熙《安陽縣志》卷一〇《災祥》）

水口地方大水湧，蛟出，身長十餘丈，角爪皆具，浸没田禾民舍。（乾

隆《龍泉縣志》卷末《祥異》）

（安鄉橋）（水）又圮。（康熙《上杭縣志》卷二《津梁》）

歲大饑，人相食。公甫下車，雨大降，旋令民種晚田，復設法賑濟。（康熙《文水縣志》卷七《人物》）

歲旱，大浸，担米肆兩，欲鬻其身者無售。（《鎮江府金壇縣採訪冊·政事》）

歲秒，飛蝗自北來，颮如風雨，苗禾樹葉蘆葦草根一下便盡，棲集人家瓦房，至秋生子百倍。米價騰踊，石至四兩，餓民于西城上剮人肉以充食。（康熙《嘉興縣志》卷八《外紀》）

歲仍大旱，斗米千錢，人相食。鄰舍不敢往來，道路不敢單行，甚至有骨肉相食者，有發新塚食者。又兼瘟疫大作，十死八九。（雍正《深州志》卷七《事紀》）

天夕黑風陡至，對面不見。是年，瘟疫大作，人死大半，滿街穢氣薰蒸，路無行人。（康熙《東平州志》卷六《災祥》）

天下大旱，疫。蘄、黃等處蝗蟲蔽天，斗米銀四錢，民死過半。十四年、十五年夏秋，蘄州多蠅，飛集孔道，團結行轉。是年大疫，殍屍載道。（康熙《蘄州志》卷一二《災異》）

王家禎《見聞雜錄》云：是年大旱，冬，米石四兩，餓死載道，河中浮屍滾滾，古墓壙墓間不可勝計。城門巷口拋棄小兒百十為群，或有人引去，或視其僵死。死者盡棄之叢冢，或聚而焚之，或掘坑埋之，蓋不勝數。幸不死者，屑榆樹皮為餅，糠皮為粥，一望村落樹皮削盡，天下之奇荒無過是年者。（宣統《太倉州志》卷二六《祥異》）

武定、陽信、海豐、樂陵、霑化旱饑，人相食。（乾隆《樂陵縣志》卷三《祥異》）

夏，大旱。（道光《崑新兩縣志》卷三九《祥異》）

夏，大旱，飛蝗滿地。米一石價四兩五錢，有割人肉貨賣者。（康熙《桐鄉縣志》卷二《災祥》）

夏，大旱，骨肉相食，人亡大半。（乾隆《萬泉縣志》卷七《祥異》；

民國《萬泉縣志》卷終《祥異》)

　　夏，大旱，禾苗盡枯。(康熙《漢陰縣志》卷三《災祥》)

　　夏，大旱，蝗，米粟湧貴，餓莩載道。八月戊午，海潮日三至。是年春大饑，斗米至三四錢，民食草木根皮俱盡，拋妻子，死者相枕。有薛得倡首燒劫，白晝搶奪于市，知縣章光岳捕至，立杖，殺之示眾。賣婆□氏抱人子女，至家殺之以供飽啖，鄰人聞所烹肉甚香，啟鍋視之，手足宛然，鳴官獲之，立斃。(乾隆《上海縣志》卷一二《祥異》)

　　夏，大旱，蝗，米粟湧貴，餓殍載道。(同治《上海縣志》卷三○《祥異》)

　　夏，大旱，蝗，米粟踴貴，餓莩載道。旱田翻種赤豆，有蟲如蠶，大逾指，長三四寸，食豆幾盡。有青黃五色者，鄉人冒霧捉而殺之，然不勝殺也。(光緒《常昭合志稿》卷四七《祥異》)

　　夏，大旱，蝗飛蔽天，石米四兩五錢，民雜草芽樹皮為食。(光緒《桐鄉縣志》卷二○《祥異》；民國《烏青鎮志》卷二《祥異》)

　　夏，大旱，饑。秋，漳水決，注成安，毀贊宮。(光緒《廣平府志》卷三三《災異》)

　　夏，大旱，三月不雨。(光緒《平湖縣志》卷二五《祥異》)

　　夏，大旱，至和塘吳淞江皆涸，天雨豆，色赤而味苦，澀民大疫，死者相枕藉，斗米銀三錢，秋蝗，民屑榆皮為食，饑民相聚，剽劫太倉。知州錢肅樂攝縣事，嚴懲以法，仍設粥平糶，民稍定。(光緒《崑新兩縣續修合志》卷五一《祥異》)

　　夏，大旱。三月不雨。五月二十八日，飛蝗蔽天，道殣相望。不逞輩伺有孤行者，剽奪之，致周城外絕人往來。(光緒《平湖縣志》卷二五《祥異》)

　　夏，旱，斗粟錢七百文，老稚餓死數萬。(康熙《安肅縣志》卷三《災異》)

　　夏，旱，柳生煙。秋，漳水入城，毀學宮。(康熙《成安縣志》卷四《總紀》)

夏，旱，疫。（康熙《昌化縣志》卷九《災祥》；乾隆《昌化縣志》卷一○《祥異》；民國《昌化縣志》卷一五《災祥》）

夏，三月淫雨不止，忽一日午時，城崩二百餘丈。（康熙《龍門縣志》卷九《災祥》）

夏秋間，蝗蝻食禾，蔽空而南。歲大饑。（乾隆《荊門州志》卷三四《祥異》）

秋，蝗蔽〔蔽〕天。（順治《襄陽府志》卷一九《災祥》）

秋，蝗飛蔽日，經旬不停。後小蝗復起，禾苗盡食，民多殍死。（康熙《宜都縣志》卷一一《災祥》）

秋，蝗飛蔽日，經旬不停。小蝗復起，食禾苗盡。民多莩死。（同治《長陽縣志》卷七《災祥》）

秋，霪雨，凡十七日。是歲豐稔。（乾隆《長治縣志》卷二一《祥異》）

秋，霪雨凡十七日。是歲豐稔。（康熙《潞城縣志》卷八《災祥》）

天雨連綿，漳水漲溢，潦崩北城一百八十丈。（光緒《臨漳縣志》卷二《城池》）

縣西北水泉盡竭。（民國《郟縣志》卷一○《災異》）

宣府邊地旱。（乾隆《宣化府志》卷三《灾祥附》）

以累歲大旱，洊饑。（民國《浮山縣志》卷三七《災祥》）

又大旱，斗米錢千餘值銀二兩。人相食。（康熙《景州志》卷四《災變》）

又大旱，蝗。人相食，道無行人。夏，大疫，死無棺殮者不可數計。（康熙《徐州志》卷二《祥異》；同治《徐州府志》卷五下《祥異》；民國《銅山縣志》卷四《紀事表》）

雨土，雨泥。（光緒《綏德直隸州志》卷三《祥異》）

雨血。（咸豐《開縣志》卷一四《祥異》）

晝晦如暮，巳〔巳〕、午不見人。秋，大疫，死者山積。（光緒《江夏縣志》卷八《祥異》）

蝗徧野。（乾隆《諸暨縣志》卷七《祥異》）

自春不雨至冬，溪河涸竭。蝗蝻復生，民大饑，疫。（光緒《泰興縣志》卷末《述異》）

自春至秋乃雨，無麥禾，斗米至銀一兩三錢。大饑，瘟疫盛行，人死大半。（順治《曲周縣志》卷二《災祥》）

自春至夏連雨三月，忽晝晦，人對面不見。又大江水污穢如泥，臭不可食者二晝夜，識者謂之翻江。（康熙《武昌縣志》卷七《災異》）

自去年八月至今年六月，不雨，米斗千二百錢。六月二十九日，始雨……七月，蕎麥種踴貴。（崇禎《内邱縣志》卷六《變紀》）

十四、十五年，每日申未之交，西南方天色如血。未幾，諸邑遂有斗柶亂民之變。（乾隆《晉江縣志》卷一五《祥異》）

十四、十五年連旱。（民國《新昌縣志》卷一八《災異》）

十四年、十五年，連旱，民大困，蕭山淫雨，塘壞，諸暨蝗遍野。（乾隆《紹興府志》卷八〇《祥異》）

十四年至十六年癸未，俱大旱。（嘉慶《山陰縣志》卷二五《機祥》）

十四至十六年，蝗蟲遍野，兼瘟疫盛行，饑饉相仍，民人父子、兄弟、夫婦難顧恩義，炊骨而食。（道光《鉅野縣志》卷二《編年》）

崇禎十五年（壬午，一六四二）

正月

朔，大雪，以客歲無年，民饑，多疫死。（道光《江陰縣志》卷八《祥異》）

元旦，風霾晝晦，道絕往來。（民國《襄垣縣志》卷八《祥異》）

初一日，雨土泥。（康熙《文縣志》卷七《災變》；光緒《階州直隸州續志》卷一九《祥異》）

朔，雨土泥。（民國《新纂康縣縣志》卷一八《祥異》）

元旦，風霾晝晦，道絕往來。（乾隆《襄垣縣志》卷八《祥異》；乾隆《長治縣志》卷二一《祥異》）

元旦，風霾晝晦。（康熙《潞城縣志》卷八《災祥》）

朔，鍾祥雷鳴。（康熙《安陸府志》卷一《郡紀》）

十四日淫雨，至二月七日方止。（道光《新修羅源縣志》卷二九《祥異》）

木冰。（康熙《益都縣志》卷一〇《祥異》）

二月

大風，拔木壞廬舍。（康熙《萊陽縣志》卷九《災祥》）

二十三日，河水溢，民大饑。（光緒《石門縣志》卷一一《祥異》）

黃塵四塞。（光緒《保定府志》卷四〇《祥異》）

大風，拔木壞屋。（光緒《增修登州府志》卷二三《水旱豐饑》）

大風，拔木壞廬。（乾隆《海陽縣志》卷三《災祥》）

二十五日，冰雹大如盂缽，入地三寸許，擊死牛畜不可勝計。（崇禎《淮安府實錄備草》卷一八《祥異》）

雨土。（嘉慶《延安府志》卷六《大事表》；道光《榆林府志》卷一〇《祥異》；民國《橫山縣志》卷二《紀事》）

二月、五月相繼大水，二月傾倒城牆十三處，五月傾倒城牆十四處。（崇禎《清江縣志》卷二《營建》）

三月

三日，天鼓大鳴，雨雹形如鵝卵，約重半斤十兩，打斃人物無數。（光緒《會同縣志》卷一四《災異》）

初三日，桃花水發。立夏大霜。（雍正《安東縣志》卷一五《祥異》）

十二日，天雨沙。日生兩耳。（光緒《海鹽縣志》卷一三《祥異考》；《海昌叢載》卷四《祥異》）

至六月不雨。（乾隆《長沙府志》卷三七《災祥》）

十三日，南岳接龍橋水漲溢，洗夲（同"去"）岳廟注生宫。（康熙《衡州府志》卷二二《祥異》）

興安大雨，岑山池水湧丈餘，人以爲蛟。（同治《廣信府志》卷一《星野》）

三月連雨，岑山池水湧丈餘。（同治《興安縣志》卷一六《祥異》）

雨雹。二十三日，地震。（民國《陽信縣志》卷二《祥異》）

陰霾，雨土，日無光。（雍正《鳳翔縣志》卷一〇《災異》）

黑眚，至冬十月，有火星自西南流於西北，散爲五。（光緒《潮陽縣志》卷一三《灾祥》）

風霾雨土。（光緒《麟遊縣新志草》卷八《雜記》）

民乏食，以桑椹延生，野蠶成繭。（光緒《菏澤縣志》卷一八《雜記》）

雨雹。（民國《濟陽縣志》卷二〇《祥異》）

興安大雨，岑山池水湧丈餘，人以爲蛟。（乾隆《廣信府志》卷一《祥異》）

四月

雨潦水溢，大饑。（乾隆《揭陽縣正續志》卷七《事紀》）

雨雹損麥，大饑。（光緒《零陵縣志》卷一二《祥異》）

贛榆風雹，殺人畜。（嘉慶《海州直隸州志》卷三一《祥異》）

癸卯，雷震孝陵樹，群鼠渡江，晝夜不絶。（同治《上江兩縣志》卷二下《大事下》）

初四日，魯谷水衝中城，後寨官泉漂溺人畜。（乾隆《直隸秦州新志》卷六《災祥》）

初六日，黃霧四塞。（同治《奉新縣志》卷一六《祥異》）

十五日辰刻，大風起東北，須臾黑氣彌天，晝晦，人無所見，倐忽見星。（康熙《深澤縣志》卷一〇《祥異》）

十六日，雨雹大如卵。（康熙《德州志》卷一〇《紀事》）

二十四日，申時，異風東南來。（順治《蕭縣志》卷五《災異》）

大雨雹。（民國《德縣志》卷二《紀事》）

隕霜，殺麥。（嘉慶《介休縣志》卷一《兵祥》）

熒惑犯歲星。五月，犯鎮星。（康熙《陽春縣志》卷一五《祥異》）

二十四日，天鼓鳴。（光緒《豐縣志》卷一六《災祥》）

二十四日，天鼓鳴，有大星隕，其光亙天。（同治《徐州府志》卷五下《祥異》）

熒惑犯歲星。五月，犯鎮星。八月，地震。（道光《新會縣志》卷一四《祥異》）

冰雹如雞卵，傷麥田無數。五月，渭清三日。（順治《重修臨潼縣志·災異》）

雪。（光緒《大寧縣志》卷七《災祥》）

陽信、商河大雨雹。霜化旱，蝗。（咸豐《武定府志》卷一四《祥異》）

二十四日，雹大如斗，傷人。（雍正《安東縣志》卷一五《祥異》）

大雨雹，麥盡傷。（乾隆《新泰縣志》卷七《災祥》）

癸卯，雷震南京孝陵樹，火從樹出。（《明史·五行志》，第436頁）

風雹殺人畜，蝗子化為黑蜂，與蝝并出，食蝝盡，鄉民取蝝覆釜中，次日啟視，俱化蜂飛去。（光緒《贛榆縣志》卷一七《祥異》）

雨，穉麥大熟。蝗蝻復生，隨有黑蜂群起，嘬其腦而斃之，弗為害。（光緒《菏澤縣志》卷一八《雜記》）

隕霜殺麥苗。秋，旱。（康熙《介休縣志》卷一《災異》）

雨潦水溢，大饑。冬，豐稔。（乾隆《潮州府志》卷一一《災祥》）

恒風霾。（光緒《臨朐縣志》卷一〇《大事表》）

五月

朔日夜雨，至曉，蝦蟆滿城。（乾隆《靜寧州志》卷八《祥異》）

大風雹，城頹四十餘丈，盧龍學宮盡圮，大樹皆拔，惟先師神位不動。（民國《盧龍縣志》卷二三《史事》）

諸縣怪風，麥禾俱傷。（光緒《廣平府志》卷三三《災異》）

大旱，蟲蝝生。（光緒《武昌縣志》卷一〇《祥異》）

雨雹，初如雞卵，繼如升斗，最後則大如柱礎，屋宇頹敗，牛羊盡死，人避不及者，死于郊原。越數日，雹方消，地陷數寸。（光緒《淮安府志》卷四〇《雜記》）

大水，人民漂歿，田禾盡淹，十六日萍實橋圮。（民國《昭萍志略》卷一二《祥異》）

大水漂没人民田禾甚眾，穀石八九錢。（民國《萬載縣志》卷一《祥異》）

大旱。五月不雨，至冬十月。（民國《鹽城縣志》卷一一《災異》）

大水，西江塘壞，田禾淹没。（康熙《蕭山縣志》卷九《災祥》）

西南有青、紅、白氣冲天。（嘉慶《無爲州志》卷三四《禨祥》）

丙戌，兩廣地震。（同治《番禺縣志》卷二一《前事》；宣統《南海縣志》卷二《前事補》）

大風雨雹，城頹四十餘丈，盧龍學宮盡圮，大樹皆拔。（康熙《永平府志》卷三《災祥》）

初七日午前，大熱。俄而西北風起，卷沙走石，江雲四布，冰雹隨至，先如雞卵，後如升斗，繼則大如柱礎。從申至酉，牛羊盡死，屋宇傾消，地陷數寸。（乾隆《山陽志遺》卷二《遺事》）

静寧州夜雨，次日曉，蛤蟆滿城。（乾隆《平涼府志》卷二一《祥異》）

十二日至十八日，大雷雨，潛山起蟄蛟千百，漂没田畝民舍無數。（民國《潛山縣志》卷二九《祥異》）

十三日，茗山再起蛟數千，雷雨異常，有陸沉之勢。秋螽，田鼠遍野。（順治《新修望江縣志》卷九《災異》）

十四日，大雨雹。秋，半稔。（崇禎《泰州志》卷七《災祥》）

十五日，大雪竟日，傷稼。（光緒《永壽縣志》卷一〇《述異》）

雨雹，破屋廬，殺牛畜。（嘉慶《東臺縣志》卷七《祥異》）

雷劈鼓樓大柱，火起。（乾隆《鳳陽縣志》卷一五《紀事》）

雨，滅蝗。（康熙《貴池縣志略》卷二《祥異》）

大水，人民漂没無算，田禾盡没。穀每石八九錢。（康熙《宜春縣志》卷一《災祥》）

大水，人民漂没無算。九月，復大水。（民國《分宜縣志》卷一六《祥異》）

洪水為災，新化、歐陽一帶平原人户水卷一空。（嘉慶《黄平州志》卷一《祥異》）

大水。（嘉慶《澄海縣志》卷五《災祥》）

西南有青、紅、白氣衝天數日。（乾隆《无为州志》卷二《灾祥》）

十五日，大水，人民漂没，禾盡湮。十六日，萍實橋圮。（嘉慶《萍鄉縣志》卷九《祥異》）

六月

辛酉，黄州大水。（《國榷》卷九八，第5931頁）

大旱。（光緒《定興縣志》卷一九《災祥》）

河決邢家等口十餘處。（光緒《安東縣志》卷五《民賦下》）

初三日夜半，地大震，壞城垣民居，初九、十三兩日復震。（乾隆《平陸縣志》卷一一《祥異》）

初四日，地震。（民國《臨晉縣志》卷一四《舊聞記》）

四日丑時，地震有聲。（民國《平民縣志》卷四《災祥》）

初八日，壺東鄉崇賢一里地方冰雹如碗，厚尺許。邑侯檢踏賑之。（康熙《壺關縣志》卷一《災祥》）

初九日，水災異常，東北鄉田園廬舍漂流殆盡。（康熙《遂昌縣志》卷一〇《災眚》）

地大震，從西北起，聲如雷，官民舍俱傾，數十日方止。（乾隆《解州安邑縣運城志》卷一一《祥異》）

十六日，大雨三日，江水復進如前，重種禾苗，又淹没無遺，道府及山會知縣看塘督修。（康熙《蕭山縣志》卷九《災祥》）

地震，有聲如雷。（同治《陽城縣志》卷一八《兵祥》）

大風，拔木飄屋瓦。（光緒《撫寧縣志》卷三《前事》）

二十日，決邢家等口十數處，陸地行舟，王公祠没于水。（雍正《安東縣志》卷一五《祥異》）

大水。六月初旬，迄七月，大雨不止，泗水暴發，淮堤橫衝，一望滔天，禾盡沉没。（道光《重修寶應縣志》卷九《災祥》）

南康烈風，傾縣譙樓。（同治《南安府志》卷二九《祥異》）

水災異常，東北鄉川廬蕩盡。（雍正《處州府志》卷一六《雜事》）

旱。六月初一日飛蝗至，又生蟓蟲，飛則蔽空，如蝗，積地至寸餘，路壅不可行。（光緒《金壇縣志》卷一五《祥異》）

大旱。（康熙《定興縣志》卷一《機祥》；光緒《定興縣志》卷一九《災祥》；民國《新城縣志》卷二二《災禍》）

大風拔木，飄屋瓦。（康熙《撫寧縣志》卷一《災祥》）

大旱，大風，晝晦如夜。（光緒《保定府志》卷四〇《祥異》）

大雨連綿不止。七、八月，俱大雨。（順治《沈丘縣志》卷一三《災祥》）

烈風，忽傾縣譙樓。（康熙《南康縣志》卷一三《祥異》）

七月

乙亥，氣不撓，始稍霽。（《崇禎實錄》卷一五，第438頁）

丁丑，旱。（《崇禎實錄》卷一五，第439頁）

霖雨，山多崩。地震。（道光《高要縣志》卷一〇《前事》）

霖雨，地震。八月，大水。（道光《肇慶府志》卷二二《事紀》）

地震有聲。（乾隆《海陽縣志》卷三《災祥》）

地震。（嘉慶《績溪縣志》卷一二《祥異》）

大風。（光緒《榮昌縣志》卷一九《祥異》；光緒《永川縣志》卷一〇《災異》）

初八日，夜，至三更陡然颶風大作，拔木擁塵，瓦屋皆飛。須臾，火自東起，延焚南北，火星飛河，又燒西岸。龍鎮六排三百餘戶俱遭其殃，衣錦化作飛灰，屋房陡成赤地，老幼兒女罄為烏炭，人畜大亂，裸裎逃脱，焚死百七十餘口，帶傷三十餘丁。(乾隆《大足縣志》卷一一《藝文》)

大雨雹，傷禾殆盡。(乾隆《重修懷慶府志》卷三二《物異》)

黄河決，復衝没焉。(乾隆《柘城縣志》卷二《建置》)

縣堂有伏雷衝擊左柱，時正起送鄉試。(康熙《宜春縣志》卷一《災祥》)

八月

戊申，泗州水浸及陵牆。(光緒《盱眙縣志稿》卷一四《祥祲》)

大水。(康熙《安陸府志》卷一《郡紀》；民國《湖北通志》卷七五《災異》；道光《高要縣志》卷一〇《前事》)

旱。(乾隆《揭陽縣正續志》卷七《事紀》)

晦，有大星如斗，小星數十隨之，自西北至東南，墜地有聲，光芒數十丈，幽暗皆明。(光緒《海鹽縣志》卷一三《祥異考》)

黄河竭，流賊決水南注，失陷汴梁，河遂斷流。(乾隆《碭山縣志》卷一《祥異》)

旱，至冬十一月驟雨。又旱，至次年正月始雨。(乾隆《潮州府志》卷一一《災祥》)

九月

庚寅，河決，開封城陷。先五日，決朱家寨，溢城北。至是，水大至灌城。周王恭枵及諸王走磁州，以巡按御史王漢舟迎之也。巡撫高名衡等俱北渡，文武吏卒各奔避，士民湮溺死者數十萬人，城俱圮，官私官府廬舍一朝成巨浸。賊所屯地高獨全。蓋黄河秋時嘗漲，開封推官黄澍鑿渠導之，忽横溢，水大半入泗入淮，與故河分流，邳、亳皆災。(《崇禎實録》卷一五，第 447~448 頁)

晦，大雷電。(康熙《建寧縣志》卷一二《災異》)

霆雨。（嘉慶《介休縣志》卷一《兵祥》）

十一日，地震。（光緒《豐縣志》卷一六《災祥》）

二十五日，河決，新舊兩城皆陷。（康熙《睢州志》卷七《祥異》）

闖賊決河灌汴，鹿邑平地水深逾丈，人民沒溺殆盡。（光緒《鹿邑縣志》卷六下《民賦》）

大雷電。（同治《攸縣志》卷五三《祥異》）

霖雨。冬，有黑氣見城北，狀如連城三日。（順治《曲周縣志》卷二《災祥》）

癸未望，夜半（黃河）二口并決。天大雨連旬，黃流驟漲，聲聞百里。丁夫荷鍤者隨堤漂沒十數萬，賊亦沉萬人。河入自（開封）北門，貫東南門以出，流入于渦水。（高）名衡、永福乘小舟至城頭，周王率其宮眷及寧鄉諸郡王避水棲城樓，坐雨絕食者七日。……（開封）城初圍時百萬戶，後饑疫死者十二三。（《明史·高名衡傳》，第 6885 頁）

霆雨。冬，雨雪異常。（康熙《介休縣志》卷一《災異》）

復大水。（康熙《宜春縣志》卷一《災祥》）

十月

一日，大風，吹倒徐氏門首石牌坊上層。（康熙《蒲城志》卷二《祥異》）

初四日午時，雷電。（康熙《寧化縣志》卷七《灾異》；康熙《清流縣志》卷一〇《祥異》）

江陵有怪風縈結。（光緒《荆州府志》卷七六《災異》）

丙午至夜，疾雷烈風，大雨折木飛瓦。（嘉慶《松江府志》卷八〇《祥異》）

冬至夜半，疾雷迅風，大雨，折木飛瓦，米遂騰貴，斗價三錢九分。時錢法濫惡，每千價三錢六分。（同治《上海縣志》卷三〇《祥異》）

冬至夜，疾雷迅風，雨如注，折木飛瓦，米斗值銀三錢九分。明年夏五月至七月，不雨，河港水盡涸。冬至夜，大雷電以雨。又明年正月元日，大風霾。夏，亢旱，水泉竭。（光緒《南匯縣志》卷二二《祥異》）

冬至夜半，疾雷迅風，澍雨，折木飛瓦。（光緒《重修華亭縣志》卷二三《祥異》）

冬至夜半，疾雷迅風，澍雨，折木飛瓦。（乾隆《婁縣志》卷一五《祥異》）

冬至夜半，疾雷迅風，大雨，折木飛瓦，米遂騰貴，斗價三錢九分，時錢法濫惡，每千價三錢六分。（光緒《川沙廳志》卷一四《祥異》）

地震。（嘉慶《巴陵縣志》卷二九《事紀》）

大風水，海船多溺。（康熙《惠州府志》卷五《郡事》）

黃、蘄、德安諸郡縣淫雨。（《明史·五行志》，第476頁）

桃李華。（康熙《蘭州志》卷三《祥異》；民國《渭源縣志》卷一〇《災異》）

丙午，冬至夜半，疾雷迅風，澍雨，折木飛瓦。米貴，斗價三錢九分。（乾隆《上海縣志》卷一二《祥異》）

有怪風，縈結塵埃槁葉，狀如坊如堞，直衝南門入，飄搖升降，突至府廳事前，旋繞而去。（光緒《江陵縣志》卷六一《祥異》）

十一月

初一日，颶風。夏秋之交，颶風常發，至冬月尤其變也，沿海漁舟，多遭沉溺。（雍正《惠來縣志》卷一二《災祥》）

驟雨，又旱，至次年正月始雨。（民國《揭陽縣正續志》卷七《事紀》）

長至大雷電。（光緒《杭州府志》卷八四《祥異》）

黑氣壓城，如霧。（光緒《菏澤縣志》卷一八《雜記》）

夜半，風起水溢，漂沒禾把、廬舍、棺槨不計其數。（乾隆《潮州府志》卷一一《災祥》）

城濠冰，結梅花葉分明如畫圖，長可丈許，自東方震方綿至異也。（乾隆《陽武縣志》卷一二《災祥》）

長至大雷電，是日如溽暑，夜即嚴寒大雪。（乾隆《杭州府志》卷五六《祥異》）

閏十一月

十七日，初更後，城內外黑氣蔽塞，高可二三丈餘，十八日晚亦然。（康熙《保定府祁州束鹿縣志》卷九《災祥》）

十二月

初五夜，東南方飛出一物，電光燜爍，聲若雷鳴，歸西北方。（康熙《羅源縣志》卷一〇《雜記》）

初九日夜，地震。（光緒《豐縣志》卷一六《災祥》）

多風霾。（乾隆《太平縣志》卷八《祥異》）

是年

白氣見於西方，始為紅，次變為白，滅。（民國《華縣縣志稿》卷一《大事記》）

冰霜殺禾。（雍正《安定縣志·災祥》；道光《安定縣志》卷一《災祥》）

春，不雨，至六月初二雨。秋，大熟。（光緒《榆社縣志》卷一〇《災祥》）

春，大風霾，雨沙，不見人。（光緒《潛江縣志續》卷二《災祥》）

春，大旱。（乾隆《陽武縣志》卷一二《災祥》）

春，大饑，路多凍死。大水。（同治《漢川縣志》卷一四《祥祲》）

春，大雪，怪風傷麥禾。（民國《新城縣志》卷二二《災禍》）

春，大雪，麥多死。（康熙《保定府志》卷二六《祥異》；康熙《定興縣志》卷一《機祥》）

春，大雪傷麥。（光緒《定興縣志》卷一九《災祥》）

春，地震。（康熙《萬載縣志》卷一二《災祥》；民國《萬載縣志》卷一《祥異》；民國《分宜縣志》卷一六《祥異》）

春，風霾，雨土。（順治《扶風縣志》卷一《災祥》）

春，旱，無麥。（順治《易水志》卷上《災異》）

春，旱，昭陽湖水涸。秋，霖雨，昭陽湖水溢。（民國《沛縣志》卷二《沿革紀事表》）

春，旱，昭陽湖水涸。五月麥大稔。秋，霖雨，昭陽湖水溢。（乾隆《沛縣志》卷一《水旱祥異》）

春，旱。（嘉慶《東臺縣志》卷七《祥異》）

春，蝗蝻生，遇雨化為鰍蟹。（乾隆《婁縣志》卷一五《祥異》；嘉慶《松江府志》卷八〇《祥異》；光緒《川沙廳志》卷一四《祥異》；光緒《重修華亭縣志》卷二三《祥異》）

春，蝗蝻生，遇雨化爲鰍蟹。（光緒《青浦縣志》卷二九《祥異》）

春，蝗蝻遇雨，化為鰍蝦。（光緒《常昭合志稿》卷四七《祥異》）

春，蝗蝻遇雨，化為鰍蟹。（乾隆《上海縣志》卷一二《祥異》）

春，米貴，民饑。夏，大疫，人多暴死。（光緒《嘉善縣志》卷三四《祥眚》）

春，霪雨，斗米二十文。鄉城患疫，白骨盈野，夏乃安。（康熙《新淦縣志》卷五《歲眚》）

春夏，大旱，麥一斗三千錢。（乾隆《雞澤縣志》卷一八《災祥》）

春夏，大旱。秋，霖雨。（光緒《廣平府志》卷三三《災異》）

春夏，旱，七月二十六日立秋乃雨。蕎麥一斗值價三千文。（民國《肥鄉縣志》卷三八《災祥》）

春夏間，米價騰湧，斗粟六錢，民多餓殍。（康熙《臨縣志》卷一《祥異》）

大赤風，天赤如血。（同治《平鄉縣志》卷一《災祥》）

大風，白晝如夜，相對不相見。（康熙《博野縣志》卷四《祥異》）

夏，大旱。丁亥春，大風拔木。（光緒《零陵縣志》卷一二《祥異》）

夏，大水，驛東民居六十餘間盡頹入水。（民國《建德縣志》卷一《災異》）

夏，大水，直至三元坊上。秋，蟲食禾。（康熙《建德縣志》卷九

《災祥》）

夏，大水。（乾隆《建德縣志》卷一〇《機祥》；道光《建德縣志》卷二〇《祥異》）

夏，大水。秋，旱，蝗。春，米騰貴，饑殍路者不可勝數。（順治《銅陵縣志》卷七《祥異》）

夏，大水。秋，旱，蝗。米價騰貴，饑疾殍路者無算。（乾隆《銅陵縣志》卷一三《祥異》）

夏，旱。（同治《續修寧鄉縣志》卷二《祥異》）

夏，蝗，如煙似霧，木葉草根一過如掃。（光緒《大城縣志》卷一〇《五行》）

夏，蝗。（康熙《石埭縣志》卷二《祥異》）

夏，霾。（順治《鄧州志》卷二《郡紀》）

夏，武定府大旱。（民國《祿勸縣志》卷一《祥異》）

夏秋，大旱，積屍橫道，朝所見屍，及暮見之，非復前屍矣。（康熙《平湖縣志》卷一〇《災祥》；光緒《平湖縣志》卷二五《祥異》）

大旱，饑，石生毛。（光緒《永年縣志》卷一九《祥異》）

大旱，饑。（康熙《定海縣志》卷六《災祥》；雍正《寧波府志》卷三六《祥異》；乾隆《鎮海縣志》卷四《祥異》；光緒《鎮海縣志》卷三七《祥異》；光緒《慈谿縣志》卷五五《祥異》；民國《鎮海縣志》卷四三《祥異》）

大旱，饑。春夏之交疫大作。（民國《鄞縣通志》第四《災異》）

大旱，歲饑。（康熙《文水縣志》卷一《祥異》）

大旱。（康熙《丘縣志》卷八《災祥》；康熙《沅陵縣志·災祥》；康熙《彰德府志》卷一七《災祥》；乾隆《漢陽縣志》卷三《五行》；乾隆《邱縣志》卷七《災祥》）

大飢。霪雨彌旬，五月猶寒，穀豆不登，民間饑甚。（道光《寶慶府志》卷四《大政紀》）

大饑，斗米四錢，人食草木，路殍相望。（光緒《嘉興府志》卷三五

《祥異》)

大饑，疫，茗山再起蛟數千，雷雨異常。(乾隆《望江縣志》卷三《災異》)

大饑，疫。詔明年以麥代漕，後令折，尋蠲。時連歲旱蝗，寇兵交訌，饑殍之慘，有母啖其亡子者。(康熙《宿松縣志》卷三《祥異》)

大雷，震死石寶寨做假銀者二人。(乾隆《忠州志》卷六《災祥》)

大水。(萬曆《龍游縣志》卷一《通紀》；順治《石城縣志》卷八《紀事》；康熙《新喻縣志》卷六《歲眚》；乾隆《直隸澧州志林》卷一九《祥異》；乾隆《峽江縣志》卷一〇《祥異》；光緒《沔陽州志》卷一《祥異》；民國《龍游縣志》卷一《通紀》)

大水。六月初旬迄七月大雨不止，泗水暴發，淮堤橫衝，一望滔天，禾盡沉沒。(康熙《寶應縣志》卷三《災祥》)

大水如前。(嘉慶《蘭谿縣志》卷一八《祥異》)

大水入城市。天啟二年暴水滿入城市，崇禎十五年大水如前。(光緒《蘭谿縣志》卷八《祥異》)

大疫，飛蝗蔽天。(光緒《興國州志》卷三一《祥異》)

大疫，十室九死，河溢，大饑，人相食。冬至，夜半，疾風，迅雷，暴雨。(光緒《桐鄉縣志》卷二〇《祥異》)

德化雨水如血。(乾隆《永春州志》卷一五《祥異》)

地震，人多死，麥熟至無刈者。(光緒《榮河縣志》卷一四《祥異》)

地震。(乾隆《蒲州縣志》卷二三《事紀》；乾隆《重修直隸陝州志》卷一九《災祥》；乾隆《重修懷慶府志》卷三二《物異》；民國《陝縣志》卷一《大事紀》)

二麥吐花，蝻復生，邑迤北食麥無遺。(乾隆《東明縣志》卷七《灾祥》)

風霾雨土。(光緒《麟遊縣新志草》卷八《雜記》)

復大旱，蝗。(光緒《霑化縣志》卷一四《祥異》)

復大旱。(康熙《會稽縣志》卷八《災祥》)

復大旱連年。桃李冬花，民饑。（康熙《會稽縣志》卷八《災祥》）

各處雨水如血，處有處無，或一屋之溜左白而右紅者，有人家承溜舉桶皆紅者，見者驚疑，以瓶承空中亦紅白不等。（康熙《德化縣志》卷一六《祥異》）

旱，兵亂。（同治《通城縣志》卷二《祥異》）

旱，發帑金賑饑。（康熙《定州志》卷五《事紀》；道光《定州志》卷二〇《祥異》）

旱，飛蝗蔽天而下。（康熙《德清縣志》卷一〇《災祥》）

旱，蝗蔽天而下。（同治《長興縣志》卷九《災祥》；光緒《歸安縣志》卷二七《祥異》）

旱，麥槁。（雍正《安東縣志》卷一五《祥異》）

旱，明年復旱。（嘉慶《商城縣志》卷一四《災祥》）

旱，疫。大饑。（康熙《當塗縣志》卷三《祥異》）

旱，晝晦。蠲逋賦。（雍正《高陽縣志》卷六《機祥》；道光《安州志》卷六《災異》）

旱。飛蝗集地數寸，草木呼吸皆盡，洊饑，民強半餓死。秋大饑，民多疫，死者枕藉，杭城尤甚。（民國《杭州府志》卷八四《祥異》）

旱。蝗蔽天而下，所集之處禾立盡，田岸蘆葦亦盡。民削樹皮木屑，雜糠秕食，或掘山中白泥為食，名曰“觀音粉”。沈某《奇荒紀略》：十五年元旦，大雪。春後大疫，屍骸載道。是年芒種得雨，將次插秧，忽六月中旬連朝大雨，水勢經月不消，百千圩岸悉成沼地。（同治《湖州府志》卷四四《祥異》）

旱。命應天巡撫黃希憲賑蘇、松、常、鎮四府饑民。（民國《金壇縣志》卷四《賑濟》）

旱魃為災，蟲蟓生。（康熙《武昌縣志》卷七《災異》）

旱蝗。（光緒《上虞縣志》卷三八《祥異》）

旱蝗。秋，大饑。（乾隆《杭州府志》卷五六《祥異》）

旱蝗蔽天。（同治《湖州府志》卷四四《祥異》）

旱蝗且疫。是時連歲旱蝗，稅斂繁重，民不聊生，而國亂矣。（康熙《大冶縣志》卷四《災異》）

旱疫并作。（康熙《江寧府志》卷一八《宦績》）

旱災，五月不雨。至冬十月，盜賊蜂起，所在劫掠為患。（康熙《新昌縣志》卷六《災祥》）

河流涸。（康熙《武進縣志》卷三《災祥》）

河清。雨土，雨泥。大疫。（順治《綏德州志》卷一《災祥》）

河水竭，水澱數百里盡涸。民種麥，盡被鼠食。（康熙《雄乘》卷中《祥異》）

河溢。（民國《太康縣志》卷一《通紀》）

河溢。大饑，斗米四錢，人相食，盜賊蜂起。又大疫，十室九死。（民國《烏青鎮志》卷二《祥異》）

黑風彌天。（康熙《續修汶上縣志》卷五《災祥》）

洪水，衝圮（練溪橋），石俱漂蕩無存。（康熙《長樂縣志》卷一《橋樑》）

蝗，大水。（民國《高淳縣志》卷一二《祥異》）

蝗，既而大潦。（康熙《內鄉縣志》卷一一《災祥》）

蝗，食麥苗。（民國《重修滑縣志》卷二〇《大事記》）

蝗。（康熙《萬泉縣志》卷七《祥異》；乾隆《鎮江府志》卷四三《祥異》；光緒《丹徒縣志》卷五八《祥異》；光緒《丹陽縣志》卷三〇《祥異》；民國《萬泉縣志》卷終《祥異》）

蝗蟲自北來，蔽天掩日，禾苗食盡。（康熙《羅田縣志》卷七《災異》）

蝗飛蔽日，集樹則枝為之折。（康熙《滋陽縣志》卷二《災異》）

蝗食麥苗，有黑頭（蜂）蔽空而下，食蝗，蝗隨滅。（順治《衛輝府志》卷一九《災祥》）

雷火焚彌羅宮東嶽、城隍二廟古木，皆數百年物。（同治《宜昌府志》卷一《祥異》）

立夏日，大霜，雨雹大如斗，傷人。（光緒《安東縣志》卷五《民賦下》）

兩廣地震。(民國《東莞縣志》卷三一《前世略》)

民大疫，十室九死。冬至，夜半，疾雷，迅風澍雨。(康熙《桐鄉縣志》卷二《災祥》)

蝗災。知縣陸一鵬捐俸倡賑，并募米設五廠煮粥以賑。(乾隆《崇明縣志》卷六《蠲賑》)

壬午，大疫，十室九死。河溢，大饑，人相食。冬至夜，疾風、迅雷、暴雨。(光緒《桐鄉縣志》卷二〇《祥異》)

仍大旱。(乾隆《德安縣志》卷一四《祥祲》)

是冬，地大震數次。(光緒《潮陽縣志》卷一三《灾祥》)

水。(永曆《寧洋縣志》卷三《恤政》)

泰州雨雹，破人屋廬。(雍正《揚州府志》卷三《祥異》)

吾鄉大罹水患，自六月至八月霪雨，幾八九十日。睢州以東暨乎徐、沛，禾盡潡没。先是，二麥薄收，繼以秋禾之没，民遂嗷嗷無所得食。(光緒《睢州志》卷九《藝文》)

先旱後水，穀貴。(嘉慶《沅江縣志》卷二二《祥異》)

延長雷震布政司。(嘉慶《延安府志》卷六《大事表》)

霪雨大水，五月猶寒，歲大饑。分守道黃公輔設法賑濟，普倡紳士殷庶糜粥以活饑民，民賴全活。(康熙《寶慶府志》卷二二《五行》)

霪雨大水，五月猶寒，歲歉。(康熙《新化縣志》卷一一《災異》)

霪雨大作，城垣傾圮。(同治《營山縣志》卷二《城池》)

雨水如血。(乾隆《晉江縣志》卷一五《祥異》；道光《晉江縣志》卷七四《祥異》)

雨水如血，以甕承屋溜，皆紅。(乾隆《德化縣志》卷一七《五行》)

隕霜，形如戈戟。(康熙《江都縣志》卷四《祥異》)

自春徂夏不雨，民大饑。(道光《桐城續修縣志》卷二三《雜記》)

冬，無冰。(乾隆《順德府志》卷一六《祥異》)

冬，雪深三尺。(乾隆《桐廬縣志》卷一六《災異》)

十四至十六年，蝗蟲遍野，兼瘟疫盛行，饑饉相仍，民人父子、兄弟、

夫婦難顧恩義，炊骨而食。（道光《鉅野縣志》卷二《編年》）

十五、十六年大旱。（雍正《辰谿縣志》卷四《災祥》）

十五年、十六年，黃河水泛城中，壞民廬舍。（順治《蒙城縣志》卷六《災祥》）

崇禎十六年（癸未，一六四三）

正月

飛蝗蔽野。自春徂夏，雨霖百日，蝗乃絶。（嘉慶《涇縣志》卷二七《災祥》）

朔，日食既。（民國《永和縣志》卷一四《祥異》）

朔，黑雲蔽日，大雪。初三日，無雲而雷。（宣統《涇陽縣志》卷二《祥異》）

朔，大風飄瓦木，日亙於西北。（道光《安定縣志》卷一《災祥》）

初一日午，大晦如夜，相視不見人，途有人奔走失陷，雞犬喧跳，五刻始復。（乾隆《崇陽縣志》卷一〇《災祥》）

元旦，冷風淒慘，黑霧迷，七日始止。（康熙《石埭縣志》卷二《祥異》）

初二日，日赤無光，又有兩日相盪。十一日，太白晝見。（民國《濟陽縣志》卷二〇《祥異》）

太白亙于西北。（嘉慶《延安府志》卷六《大事表》）

雪片大如拳，晝晦。（光緒《保定府志》卷四〇《祥異》）

雷電，大雨雪。是歲，縣境皆水，村落一空，蓬藋、豹狼、野豬之屬皆生焉。（乾隆《杞縣志》卷二《祥異》）

庚子，雷。壬寅，又雷，旱。（民國《沛縣志》卷二《沿革紀事表》）

二日，日赤無光，歷四十餘日，又有兩日相盪。冬，太白晝見。（光緒《霑化縣志》卷一四《祥異》）

初七日，大雨雹。（乾隆《直隸商州志》卷一四《災祥》）

初七日，雷電交作，雪深尺餘。（乾隆《鞏縣志》卷二《災祥》）

十八日夜，白虹見西南。（嘉慶《無爲州志》卷三四《祥》）

二十日，大風暴起，人不得立，就臥平地，猶滾轉不能安。（康熙《深澤縣志》卷一〇《祥異》）

二十一日丙辰，大雷。（《鎮江府金壇縣採訪册·政事》）

二十五日，雪片大如拳，晝巳時晦如夜，午時方明。（乾隆《新安縣志》卷七《禨祚》）

冱寒結冰，壓倒房屋樹木無算。（康熙《上高縣志》卷六《災祥》）

雷鳴。（康熙《開封府志》卷三九《祥異》）

二十五日夜，蘄蒙霧黑氣四塞，漏一鼓大雪。（康熙《蘄州志》卷一二《災異》）

二月

戊辰，上祭大社大稷。先一日，清霽。至期，大風雨，五色炬盡滅，諸闈幕黃布劈紙障之，拜訖而退還宮，仍清霽。（《崇禎實錄》卷一六，第463~464頁）

戊子，京師大風霾。夜，震西長安街石坊，天津城門自開。（《崇禎實錄》卷一六，第465頁）

邯鄲大風揚沙。（光緒《廣平府志》卷三三《災異》）

烏龍山霧，其色綠。（民國《建德縣志》卷一《災異》）

初五日，晴空雷鳴數刻。（乾隆《平定州志》卷五《禨祥》）

大水，蠲賑。（道光《濟甯直隸州志》卷一《五行》）

二十日，大風霾，天地晝晦。（順治《潁州志》卷一《郡紀》；同治《霍邱縣志》卷一六《祥異》）

二十四日，大風揚塵，白晝如晦，數日不息。（民國《肥鄉縣志》卷三八《災祥》）

二十六日，夜，大風。（順治《真定縣志》卷四《災祥》）

二十八日，大風飛砂。（光緒《永城縣志》卷一五《災異》）

二十八日，黑風自東北起，狂吼怒號，白晝晦冥。（民國《項城縣志》卷三一《祥異》）

大風霾，晝晦。（嘉慶《息縣志》卷八《災異》）

大風雨。冬，始雪。（順治《饒陽縣後志》卷五《事紀》）

大風沙，至内（室）土積數寸。（康熙《邯鄲縣志》卷一〇《災異》）

三十日，風霾，晝晦如夜。（乾隆《邢臺縣志》卷八《災祥》）

城東南赤色，自地起大風，城頭軍器俱出火。（光緒《正定縣志》卷八《災祥》）

雨土，始霰，晝晦。（康熙《開封府志》卷三九《祥異》）

三月

大雨，麥爛。（順治《汝陽縣志》卷一〇《機祥》）

大雪。（乾隆《樂陵縣志》卷三《祥異》）

東湖水赤，三日始清。（民國《建德縣志》卷一《災異》）

甘露降。（光緒《石門縣志》卷一一《祥異》）

初一日，黑風自南來，塵土蔽天，對面不見人形。（道光《内邱縣志》卷三《水旱》）

初一日，柳瞳雨血，甚腥。（康熙《昌邑縣志》卷一《祥異》）

二日，兩日相盪。（道光《安定縣志》卷一《災祥》）

大風霾，晝晦。（康熙《高邑縣志》卷中《災異》）

二十八日，大風拔木發屋，大雨雪。（康熙《丘縣志》卷八《災祥》；乾隆《邱縣志》卷七《災祥》；乾隆《東昌府志》卷三《總紀》）

濰、涓、扶淇三水忽竭，逾日復故。（乾隆《諸城縣志》卷二《總紀上》）

日午時，風霾晝晦。（乾隆《榆次縣志》卷七《祥異》）

大風猝至。（康熙《汲縣志》卷一〇《機祥》）

朔日，隕霜殺麥。（民國《重修臨潁縣志》卷一三《災祥》）

大雨壞麥。八月，隕霜，秋禾枯死。（光緒《曹縣志》卷一八《災祥》）

蒼梧大水。（康熙《廣西通志》卷四〇《祥異》）

大水。（同治《藤縣志》卷二一《雜記》）

復風霾。（順治《潁州志》卷一《郡紀》；同治《霍邱縣志》卷一六《祥異》）

至八月不雨。民大饑，米價騰貴，葛根採食殆盡，爭掘土中白泥，名曰"佛粉"，食者多以哽塞病死。（乾隆《辰州府志》卷六《機祥》）

四月

壬午，是月，鄢陵隕霜殺麥，飢民食蓬實。（《崇禎實錄》卷一六，第472～473頁）

十四日晚，霆氣獨現于城內，一赤一絲相間，自南城樓起，繞鼓樓至東城樓止。十月初七至初九連日晚，城之內外街巷遍地黑氣且臭，高不過屋簷，至八蠟前，氣愈甚，人相見不睹其面。（乾隆《衡水縣志》卷一一《機祥》）

二十四日，颶風作，大雨如注，其風拔木毀屋，二晝夜乃息，飛浪覆舟，溺死者甚眾。（康熙《新安縣志》卷一一《災異》）

二十八日，大風雨，龍見。（光緒《石門縣志》卷一一《祥異》）

群蟻接翅而飛，望之若雲霧。（光緒《菏澤縣志》卷一八《雜記》）

隕霜殺麥，民皆獲蓬實以為生。（順治《鄢陵縣志》卷九《祥異》）

青蠅蝐集城郭，道塗間幾不可行。（乾隆《武昌縣志》卷一《祥異》）

龍戰，一自東林至龍潭，一自南洋至急水，風雲擁護，望之尾爪畢現。（嘉慶《澄海縣志》卷五《災祥》）

颶風三晝夜。（宣統《南海縣志》卷二《前事補》；民國《龍山鄉志》卷二《災祥》）

雨草實，大者如皂莢子，小者如草決明，可食。（咸豐《安順府志》卷二一《紀事》）

大雷雨雹電，遍地有霰，大者如皂莢子，小者如草決明。（道光《安平縣志》卷一《災祥》）

至九月不雨，歲大旱，瘟疫行。（嘉慶《常德府志》卷一七《災祥》）

不雨，抵秋九月烈暴如熾，歲大旱。是年，疫流行。（光緒《龍陽縣志》卷一一《災祥》）

五月

五月，寧洋大水，青雲橋圮，城外居民溺死數百，田廬湮没。（道光《龍巖州志》卷二〇《雜記》）

十三日，大水。次年饑，署縣事惠州通刊〔判〕汪國瞻賑之。（咸豐《興甯縣志》卷一二《災祥》）

朔，漢陽大雨雹。（乾隆《漢陽府志》卷三《五行》）

晦，大雨雹，有龍墜於地。（光緒《江夏縣志》卷八《祥異》）

旱。甲申正月，大雨雹。乙酉五月，雨三日夜，水數丈，湮民廬舍無數，橫港、惠德、安濟各橋，大士、真君二閣盡没。（同治《江西新城縣志》卷一《機祥》）

大旱。（民國《分宜縣志》卷一六《祥異》）

大旱，邑令不為意。（民國《昭萍志略》卷一二《祥異》）

大旱。袁州自四月至七月不雨，苗焦卷無復蘇者，民相向泣曰“魃旱”。（同治《宜春縣志》卷一〇《祥異》）

大風，白晝晦。（康熙《河間縣志》卷一一《祥異》）

旱。（同治《江西新城縣志》卷一《機祥》；民國《南豐縣志》卷一二《祥異》）

夜大水，青雲橋元坡外居民溺死數百人，田廬淹没不可勝計。（康熙《寧洋縣志》卷一〇《祥異》）

大雨，冰雹如雞卵，自鹽官至石堡城禾苗湮没無存。次歲大饑。（康熙《西和縣志·災祥》）

日中見星。（民國《太湖縣志》卷四〇《祥異》）

霆雨連旬，至十七晚大雨如注，溪中水溢數丈，漂没民間廬舍，山川崩裂。是歲無收。（康熙《平遠縣志》卷四《災異附》）

四川雨，霑衣如血。（光緒《内江縣志》卷一五《祥異》）

旱。（道光《南城縣志》卷二七《祥異》）

至七月，不雨，河水盡涸，而泖水忽增數尺。（嘉慶《松江府志》卷八〇《祥異》）

至七月，不雨，河水盡涸。冬至夜半，大雷電以雨。（同治《上海縣志》卷三〇《祥異》）

至七月，不雨，河水盡涸，而泖水忽長起數尺。（光緒《青浦縣志》卷二九《祥異》）

至七月，不雨，河水盡涸。（光緒《川沙廳志》卷一四《祥異》）

不雨，至於八月，民大饑。（道光《綦江縣志》卷一〇《祥異》）

六月

丁丑，夜，大雷雨。（《崇禎實録》卷一六，第481頁）

丁丑，夜，大雷雨，震奉先殿左鴟吻，流火鎔插劍銅鐶，火星入殿繞三匝。（《國榷》卷九九，第5981頁）

大雨雹。（順治《鄧州志》卷二《郡紀》）

雨雹。（乾隆《長沙府志》卷三七《災祥》）

朔，民束槁禾塞于堂，向午始散，雨雹大如拳。（民國《昭萍志略》卷一二《祥異》）

大旱，禾槁。（光緒《石門縣志》卷一一《祥異》）

初一日，大雨雹。（康熙《湘鄉縣志》卷一〇《兵災附》）

初一日，未時，大風折木。（道光《建德縣志》卷二〇《祥異》）

有星大如斗，自東南至西北滅，聲如雷。（民國《沛縣志》卷二《沿革紀事表》）

二十二日，潮溢。七月，雨白毛。（民國《崇明縣志》卷一七《災異》）

大旱。冬十一月至前一日，雷電不已。（順治《高淳縣志》卷一《邑紀》）

初三日，雨雪，止雅山紅寮數民家瓦上有之。（康熙《平陽縣志》卷一二《祥異》）

六日，大雨雹。（乾隆《永興縣志》卷一二《祥異》）

丁丑，乾州雨雹，大如牛，小如斗，毀傷牆屋，擊斃人畜。（《明史·五行志》，第 433 頁）

川竭。（康熙《貴池縣志略》卷二《祥異》）

獅山鳴。（康熙《雲南通志》卷二八《災祥》）

二十三日，夜至二更，路孔河岸雷聲震地，大雨如注，次日辰時方止。山溪無路，平地成河，岸上三村止剩二屋，人家衝沒崩陷者以千計，稻禾沙淹泥壅，十傷七八，到處喊聲不絕。某棄乘徒步，延覽詢問，始知漂沒人民約百餘口。一老人云：某生七十有三，曾未見此水。誠地方之橫災、百姓之奇禍也。路孔河一帶連年饑荒，又遇不測。（乾隆《大足縣志》卷一一《藝文》）

朔，大雨雹。是歲民饑，大旱，邑侯不喜言旱。至六月朔一日，饑民無告，各帶旱禾一束於縣堂乞驗，頃刻饑民旱禾堆積蔽衙。民怨於下，大變因之。午刻饑民甫散，天降雨雹，大者如雞卵，小者如栗子。（康熙《萍鄉縣志》卷六《祥異》）

大旱禾槁，運河坼裂，田禾盡枯，老婦哀號祈禱，閱兩月始雨。（光緒《石門縣志》卷一一《祥異》）

六、七月，有星晝見南方。（光緒《邵武府志》卷三〇《祥異》）

七月

大雨壞禾。是歲大疫，死者無數。（民國《確山縣志》卷二〇《大事記》）

大雨，無秋。（順治《汝陽縣志》卷一〇《機祥》）

朔，大雨雹，大者如石榴，小者如梅李。（康熙《上猶縣志》卷二

《祥異》）

大風雨。歲歉。（民國《龍門縣志》卷一七《縣事》）

上猶大雨雹。（同治《南安府志》卷二九《祥異》）

蝗飛蔽天，不傷稼。（康熙增刻萬曆《棗強縣志》卷一《災祥》）

田鼠害稼，自江南銜尾而渡，害等蝗螟。（道光《桐城續修縣志》卷二三《祥異》）

雨雹，大如卵。（順治《潁州志》卷一《郡紀》；嘉慶《息縣志》卷八《災異》）

雨白毛。（康熙《崇明縣志》卷七《禨祥》）

大雨壞禾。是歲大疫，死者無數。（乾隆《確山縣志》卷四《禨祥》）

七月十七夜二更旹，臨武地震有聲，起自卤北，至東南，數刻乃定。（康熙《衡州府志》卷二二《祥異》）

八月

丙子，大雨雪。（《國榷》卷九九，第5987頁）

壬午，大雷雨。（《國榷》卷九九，第5988頁）

太白經天，申時見西北方，焰屋與地如雪。（雍正《處州府志》卷一六《雜事》）

霪雨七晝夜。（順治《潁州志》卷一《郡紀》；同治《霍邱縣志》卷一六《祥異》）

九月

壬寅，孫傳庭自朱仙鎮而南，大雨六日。（《國榷》卷九九，第5990頁）

雨七日夜不止。（《明史·孫傳庭傳》，第6791頁）

十一日，地震有聲。（光緒《豐縣志》卷一六《災祥》）

十八夜，地震有聲。二十二日，復震。（康熙《羅源縣志》卷一〇《雜記》）

地震。十二月，又震。（同治《徐州府志》卷五下《祥異》）

地震有聲。冬十二月，地復數震。（民國《沛縣志》卷二《沿革紀事表》）

河決，入渦河。先是四月，闖寇李自成圍汴，決河灌汴，水但繞城隍而已。九月十七日，夜雨大風，河自朱家寨南決，壞汴北門及曹、宋二門而出，南入於渦。（康熙《河南通志》卷九《河防》）

十月

戊寅，鳳陽地屢震。（《崇禎實錄》卷一六，第 499 頁）

朔癸卯，黃霧四塞。（康熙《常熟縣志》卷一《祥異》；乾隆《婁縣志》卷一五《祥異》；嘉慶《松江府志》卷八〇《祥異》；光緒《重修華亭縣志》卷二三《祥異》）

朔，黃霧四塞。冬至夜半，大雷電以雨，木棉每斤三百文，准銀一錢。（光緒《川沙廳志》卷一四《祥異》）

黃霧四塞。（乾隆《金山縣志》卷一八《祥異》）

雷震，東方天裂數丈，白光如電。（康熙《潋水志林》卷一五《祥異》）

大雨，雷電。（光緒《溧水縣志》卷一《庶徵》）

朔，黃霧四塞。米麥騰價，民不聊生。（康熙《桐鄉縣志》卷二《災祥》）

長星見東北。（民國《太湖縣志》卷四〇《祥異》）

初三日，黃河水一夕驟合，香山寇因之渡河，劫擾鎮靖、柔遠二堡。（乾隆《中衛縣志》卷二《祥異》）

十五日，雨綿，如絮遍飛。（順治《光州志》卷一二《叢紀》）

十一月

晡時，有流星，光芒丈餘，自西南入東北有聲。（同治《番禺縣志》卷二一《前事》；宣統《南海縣志》卷二《前事補》）

東南天鼓鳴，群雞夜驚。（乾隆《濟源縣志》卷一《祥異》）

地震。（民國《德縣志》卷二《紀事》）

晡，有流星，光芒丈餘，自西南入東北，有聲。（道光《高要縣志》卷一〇《前事》）

雷大震。（光緒《泰興縣志》卷末《述異》）

十一日，大霧雷雹。（康熙《崇明縣志》卷七《祲祥》）

冬至前一日，氣蒸如初夏，雷電交作，乍晴乍雨，雨如注。（康熙《太平府志》卷三《祥異》）

十二日，震電，雨雪。揚子江乾一日，至夜復流。（光緒《直隸和州志》卷三七《祥異》）

十二日壬寅冬至，大雪大雷。（康熙《巢縣志》卷四《祥異》）

冬至，夜，雷大震。（嘉慶《如皋縣志》卷二三《祥祲》；光緒《通州直隸州志》卷末《祥異》）

冬至，大雷雨。（康熙《安慶府志》卷六《祥異》；民國《宿松縣志》卷五三《祥異》；民國《潛山縣志》卷二九《祥異》）

十三日冬至，酉時大雨雷電。（乾隆《小海場新志》卷一〇《災異》）

十二月

初二日丑時，地震，屋宇皆動。（同治《潁上縣志》卷一二《祥異》）

初三日，地震，自子至寅。（雍正《安東縣志》卷一五《祥異》）

三日丑時，地震。（同治《霍邱縣志》卷一六《祥異》）

初六日，復震。（光緒《豐縣志》卷一六《災祥》）

初六日，地震。（嘉慶《蕭縣志》卷一八《祥異》）

十一日寅時，地震有聲，自西北來，移晷乃止。（光緒《溧水縣志》卷一《庶徵》）

十四日，地震。（嘉慶《重刊宜興縣舊志》卷末《祥異》）

十七日，雷震，地裂。正月朔，大雪，晝晦如夜。（光緒《盧氏縣志》卷一二《祥異》）

會昌雨血。（同治《贛州府志》卷二二《祥異》）

十七日，盧氏雷震地裂。（乾隆《重修直隸陝州志》卷一九《災祥》）

除夕，雷雨大作。（康熙《長山縣志》卷七《災祥》；乾隆《樂陵縣志》卷三《祥異》；嘉慶《長山縣志》卷四《災祥》；光緒《霑化縣志》卷一四《祥異》；民國《無棣縣志》卷一六《祥異》；民國《濟陽縣志》卷二〇《祥異》；民國《陽信縣志》卷二《祥異》）

除夕，疾雷霆雨。（光緒《德平縣志》卷一〇《祥異》）

大雪。（民國《上杭縣志》卷一《大事》）

除夜，天大雨，雷震霹靂有聲。（康熙《京山縣志》卷一《祥異》）

有冰數處，悉成錢形。（民國《潛山縣志》卷二九《祥異》）

大雪深丈許，樹盡介。（《明史‧林日瑞傳》，第6800頁）

除夕，雷雨。（乾隆《德平縣志》卷三《雜記》）

河隍冰結樹紋。（民國《無棣縣志》卷一六《祥異》）

城中除夕三更雨血，曉起人家粉牆著雨點如朱，溝地水皆赤。（乾隆《會昌縣志稿》卷三四《雜志》）

是年

半年不雨。（同治《安福縣志》卷二九《祥異》）

三夏亢旱，黍禾無望，至立秋後數日方雨，有人種穀數十畝，俱成。（順治《蘭田縣志》卷四《紀事》）

春，旱。（道光《新修羅源縣志》卷二九《祥異》）

春，黑風自東北起，狂吼怒號，白晝晦冥。（順治《項城縣志》卷八《災祥》）

春，火災。時人民廻邑，旋結茅爲屋，天旱，屢遭火焚，燒強半。黃河絕流，夏旱。（光緒《虞城縣志》卷一〇《災祥》）

春，南康水、大疫。（同治《南安府志》卷二九《祥異》）

春，疫。夏，大旱。秋，大疫。（乾隆《萬全縣志》卷一《災祥》）

春，疫。夏，大旱。秋，又大疫。（康熙《龍門縣志》卷二《災祥》；康熙《西寧縣志》卷一《災祥》；乾隆《宣化縣志》卷五《災祥》；乾隆

《懷安縣志》卷二二《灾祥》；同治《西寧縣新志》卷一《災祥》；民國《陽原縣志》卷一六《前事》）

　　春，雨黑豆。冬，雨黑雪。（嘉慶《備修天長縣志稿》卷九下《災異》）

　　春徂夏，大旱。（順治《泗水縣志》卷一一《災祥》）

　　春夏，旱，至七月始雨。（光緒《莘縣志》卷四《機異》；民國《莘縣志》卷一二《機異》）

　　春至夏六月，亢旱不雨。（康熙《遷安縣志》卷七《災異》；民國《遷安縣志》卷五《記事篇》）

　　大風，海溢，漂廬舍，淹禾稼，壞捍海土塘。（光緒《重修華亭縣志》卷二三《祥異》）

　　大風，壞文廟前興賢坊。（康熙《江都縣志》卷四《祥異》）

　　大風，晝晦。（乾隆《肅寧縣志》卷一《祥異》；民國《獻縣志》卷一九《故實》）

　　大風，晝晦如夜，金鐵皆生火。（康熙《香河縣志》卷一〇《災祥》）

　　大風霾，行夫皆仆。（乾隆《雲南通志》卷二八《祥異》）

　　大旱，半年不雨。祈禱無靈，百姓饑饉，趁亂搶奪。（康熙《安鄉縣志》卷二《災祥》）

　　大旱，蝗傷稼。民饑。（康熙《臨高縣志》卷一《災祥》）

　　大旱，饑。（乾隆《澧志舉要》卷一《大事記》；同治《續修永定縣志》卷一〇《祥異》）

　　大旱，家井盡絕，饑疫載道。（民國《醴陵縣志》卷一《大事記》）

　　大旱，江湖不漲，溪澗皆枯。（同治《湖口縣志》卷一〇《祥異》）

　　大旱，米價騰貴。（道光《宣威州志》卷五《祥異》）

　　大旱，田禾盡枯。（光緒《桐鄉縣志》卷二〇《祥異》）

　　大旱，溪澗皆枯。（同治《都昌縣志》卷一六《祥異》）

　　大旱，竹生米，村民競取食之。（康熙《松溪縣志》卷一《災祥》）

　　大旱，自三月至七月始雨，早秋全無，蕎麥種斗價六千文，歲又大饑。

（康熙《新鄭縣志》卷四《祥異》）

大旱，自三月至七月始雨。早秋全無，蕎種斗價六千。歲又大饑，至次年人相食。（順治《新鄭縣志》卷五《祥異》）

大旱，自三月至十月，斗米值白金二兩四錢。（乾隆《滇黔志略》卷四〇《五行》）

大旱。（雍正《辰谿縣志》卷四《災祥》；康熙《湘鄉縣志》卷一〇《兵災附》；康熙《桃源縣志》卷一《祥異》；康熙《甌寧縣志》卷一《祲祥附》；康熙《廬陵縣志》卷二《災祥》；康熙《耒陽縣志》卷八《機祥》；康熙《建寧府志》卷四六《災祥》；康熙《衡州府志》卷二二《祥異》；乾隆《湖州府志》卷三八《祥異》；乾隆《農部瑣録》卷一三《事紀》；嘉慶《沅江縣志》卷二二《祥異》；同治《安化縣志》卷三四《五行》；光緒《吉安府志》卷五三《祥異》；光緒《耒陽縣志》卷一《祥異》；光緒《天柱縣志》卷一《祥異》；民國《建甌縣志》卷三《災祥附》）

大旱。明末連歲旱，斗米價至一金，兵荒洊至，疫氣盛行，死者相枕藉道路，民間幾無孑遺。（嘉慶《安仁縣志》卷一三《災異》）

大旱。晝暝，沙霧四塞，癸未先後數年皆有之。（光緒《湘潭縣志》卷九《五行》）

大旱。自四月上旬晴起，至八月方雨，赤地千里，顆粒無收。民多挈家覓食他郡別邑，苟全性命。（乾隆《會同縣志》卷九《災祥》）

大旱無收，民皆遠出逃生，夫妻母子流離不堪。（光緒《會同縣志》卷一四《災異》）

大水，米每石一兩五錢。（康熙《萬載縣志》卷一二《災祥》）

大水，米石一兩五錢。（民國《萬載縣志》卷一《祥異》）

大水，鄉田半收。（乾隆《佛山忠義鄉志》卷三《紀略》）

大水。（康熙《贛縣志》卷一《祥異》；同治《贛縣志》卷五三《祥異》；同治《贛州府志》卷二二《祥異》）

大疫。冬，白虹見，西南首尾至地。（嘉慶《郴州總志》卷四一《事紀》）

德興雨黑黍，形如苜蓿。（同治《饒州府志》卷三一《祥異》）

地屢震。雪後飛灰如墨。（道光《來安縣志》卷五《祥異》）

冬，大雷電。（嘉慶《東流縣志》卷一五《五行》）

冬，每夕西望，天盡赤。（光緒《壽張縣志》卷一〇《雜事》）

冬，太白晝見，雷雨大作。（光緒《惠民縣志》卷一七《災祥》）

冬，天雨沙，凡白衣遇沙皆黑，青衣皆白。（同治《荊門直隸州志》卷一《祥異》）

冬，夜半地震。（嘉慶《臨武縣志》卷四五《祥異》）

冬至，夜，雷大震。（康熙《如皋縣志》卷一《祥異》；乾隆《直隸通州志》卷二二《祥祲》）

復旱。（康熙《商城縣志》卷八《災祥》）

公安旱蝗。（光緒《荊州府志》卷七六《災異》）

旱，蝗。日無光。（康熙《公安縣志》卷二《災異》）

旱，饑。（乾隆《鄞縣志》卷二六《祥異》；光緒《慈谿縣志》卷五五《祥異》）

旱，饑如故。（乾隆《鎮海縣志》卷四《祥異》）

旱，蠲逋賦。（雍正《高陽縣志》卷六《禨祥》）

旱，民窮盜起，蠲逋賦。（道光《安州志》卷六《災異》）

旱，水西流。（順治《嘉善縣纂修啟禎條款》卷二《災異》）

旱。（雍正《常山縣志》卷一二《拾遺》；康熙《新淦縣志》卷五《歲眚》；康熙《新喻縣志》卷六《歲眚》；康熙《岳州府慈利縣志》卷二《祥異》；乾隆《峽江縣志》卷一〇《祥異》；乾隆《諸暨縣志》卷七《祥異》；同治《江山縣志》卷一二《祥異》；同治《臨江府志》卷一五《祥異》；光緒《常山縣志》卷八《祥異》；民國《慈利縣志》卷一八《事紀》；民國《吳縣志》卷五五《祥異考》；民國《浙江續通志》卷四《大事記》）

旱蝗，日無光。（同治《公安縣志》卷三《祥異》）

旱饑。（雍正《寧波府志》卷三六《祥異》；光緒《慈谿縣志》卷五五

《祥異》）

旱饑如故。（光緒《鎮海縣志》卷三七《祥異》；民國《鎮海縣志》卷四三《祥異》）

河水淺可步，生蛙。（康熙《德州志》卷一〇《紀事》）

黑風竟日，夜刀槍俱有火光，如燈燭。是歲，井泉俱枯。（順治《平陰縣志》卷八《災祥》）

恒風，連見火災。十六、七年連旱。（康熙《瀏陽縣志》卷九《災異》）

紅雨降於從順里西塘張玠家，盛之，色如朱。（康熙《同安縣志》卷一〇《祥異》）

黃河決，由亳、蒙、渦河入淮，漂没民房田廬無算。（雍正《懷遠縣志》卷八《災異》）

黃河水泛城中，壞民廬舍。（順治《蒙城縣志》卷六《災祥》）

黃河溢，由渦入淮，漂没廬舍。（乾隆《鳳陽縣志》卷一五《紀事》）

蝗不為災。（乾隆《富平縣志》卷一《祥異》）

會同縣雨雹如斗大。（道光《瓊州府志》卷四二《事紀》）

開封河決，淮溢害稼。（康熙《五河縣志》卷一《祥異》）

開封河決，黃水溢，由渦入淮，漲漫害稼，漂没廬舍。（光緒《五河縣志》卷一九《祥異》）

亢旱。（康熙《諸暨縣志》卷三《災祥》）

雷擊縣堂楹柱及中柱，劈龍亭。（同治《安化縣志》卷三四《五行》）

流寇李自成決河灌汴城，奪渦入淮，桃源河渠淤塞，運道艱阻。（民國《泗陽縣志》卷九《河渠》）

猊江水溢。（咸豐《嶍峨縣志》卷二七《祥異》）

乾州諸縣冰雹大如斛，毀民廬。（光緒《永壽縣志》卷一〇《述異》）

諸縣饑，雹大如斛，損民廬。（光緒《乾州志稿》卷二《紀事沿革表》）

清明後，大雪。（康熙《鹽山縣志》卷九《災祥》；民國《鹽山新志》卷二九《祥異表》）

清明後，曲江地震有聲。是歲，夏秋大旱。（同治《韶州府志》卷一一《祥異》）

夏秋大旱，闔城各官步禱月餘。（康熙《曲江縣志》卷一《水旱》）

霜，松成方枝。（民國《歙縣志》卷一六《祥異》）

霜成方枝。（順治《歙志》卷一四《災祥》）

水。（道光《西鄉縣志》卷四《祥異》）

水凍，居民見赤龍上天。（光緒《定遠廳志》卷二四《五行》；民國《漢南續修郡志》卷二三《祥異》）

水決邢家口。（雍正《安東縣志》卷一五《祥異》）

睢地久荒，蒲蘆暢茂，野柳蒙密，開墾實艱。忽生異鼠，遍野穿地作穴，草木根盡嚙斷之，不一年間荒地不耕自熟，民賴以生。（康熙《睢寧縣舊志》卷九《災祥》）

天愁。旱，蝗。春夏，大疫。（康熙《具區志》卷一四《災異》）

天雨黑水。（乾隆《嘉禾縣志》卷二一《祥異》）

田鼠為災，形小於常鼠，色微紅，行甚疾，剪穗及莖，夜聚田間以數百計。人有破穴視之者，大如阱，稻積其內，逾年乃絕。（乾隆《古田縣志》卷八《祥異》）

通濟橋，崇禎十六年又圮于水。（康熙《溧水縣志》卷三《橋渡》）

夏，大旱，饑，人相食，斗米四百錢。（同治《湖州府志》卷四四《祥異》；光緒《歸安縣志》卷二七《祥異》）

夏，大旱，民不堪饑，相率而掠有米之家，逼糶官米。（康熙《平湖縣志》卷一〇《災祥》；光緒《平湖縣志》卷二五《祥異》）

夏，大旱，民饑，人相食。斗米四百錢。（康熙《歸安縣志》卷六《災祥》）

夏，大旱。（康熙《萍鄉縣志》卷六《祥異》；康熙《雲南通志》卷二八《災祥》；民國《龍門縣志》卷一七《縣事》）

夏，大水，圩田間有存者。（康熙《巢縣志》卷四《祥異》；乾隆《无為州志》卷二《灾祥》）

夏，大水。（康熙《長樂縣志》卷七《災祥》；康熙《平遠縣志》卷四《災異附》）

夏，大水没圩。（嘉慶《無爲州志》卷三四《機祥》）

夏，大雨，壞民屋。（乾隆《任邱縣志》卷一〇《五行》）

夏，旱。（康熙《嵊縣志》卷三《災祥》；同治《嵊縣志》卷二六《祥異》；民國《嵊縣志》卷三一《祥異》；民國《夏邑縣志》卷九《災異》）

夏，水變，時死者十六七。（康熙《興安州志》卷三《名宦》）

夏，雨雹於雙溝之東，大者一，入地尺餘，以席覆之不盡，如碌軸者甚多。邑令親往觀焉。（乾隆《淄川縣志》卷三《災祥》）

夏秋，大旱，闔城各官步禱月餘。（光緒《曲江縣志》卷三《祥異》）

湘鄉旱。（乾隆《長沙府志》卷三七《災祥》）

熒惑逆行失度。十一月，有流星，光芒丈餘，自西南入東北有聲。十二月朔，日無光，星晝見。（道光《新會縣志》卷一四《祥異》）

雨雹，大如斗。（康熙《瓊郡志》卷一《災祥》）

雨雹，大如磚。（乾隆《畢節縣志》卷七《祥異》）

雨雹，有大如斗者。（嘉慶《瓊東縣志》卷一〇《紀災》）

雨雹。（康熙《定安縣志》卷三《災異》）

雨黑黍，形如苜蓿。（康熙《德興縣志》卷九《災祥》）

雨黑雨。（同治《桂陽直隸州志》卷三《事紀》）

雨絲。冬，地大震，有聲如雷。（乾隆《僊遊縣志》卷五二《祥異》）

雨土霾，行人著衣皆黃。（光緒《嚴州府志》卷九《災異》；民國《遂安縣志》卷九《災異》）

雨血，大雨霑衣如血。（同治《德陽縣志》卷四二《災祥》）

秋，潮災。（乾隆《崇明縣志》卷五《祲祥》）

秋，鳳翔縣鸚鵡大至，棲城樹皆滿，旬日乃去。扶風遍地生鼠，有大如貓者。（乾隆《鳳翔府志》卷一二《祥異》）

秋，蝗生蛹，有黑蟲狀如蜂，食蛹殆盡。（康熙《開州志》卷四《災祥》）

秋，蝻生，旋有黑虫狀如蜂，食蝻殆盡。（民國《大名縣志》卷二六《祥異》）

秋冬，不雨，前河水三處斷流，後河魯公堰斷流一里許。（道光《建德縣志》卷二〇《祥異》）

崇禎十七年（甲申，一六四四）

正月

庚寅，朔，大風霾。鳳陽地震。（《崇禎實錄》卷一七，第513頁）

壬子，夜，星入月中，占云："國破君亡。"（《崇禎實錄》卷一七，第516頁）

乙卯，南京地震。（《崇禎實錄》卷一七，第517頁；光緒《金陵通紀》卷一〇下）

庚寅，大風霾，占曰："風從乾起，主暴兵至，城破，臣民無福。"（《國榷》卷一〇〇，第6012頁）

元旦，風霾，樹有火光。夏，旱，無麥。（光緒《廣平府志》卷三三《災異》）

朔，盧氏大雨雪，晝晦如夜。（乾隆《重修直隸陝州志》卷一九《災祥》）

朔，大雨雪，震電。（乾隆《重修懷慶府志》卷三二《物異》）

元旦，五鼓，西北有雷鳴。（民國《肥鄉縣志》卷三八《祥異》）

朔，大風。（光緒《昌平州志》卷六《大事表》）

朔，日無光。（民國《確山縣志》卷二〇《大事記》）

大雪，雪深三尺，是歲斗麥錢三千，人食樹皮、草子，以紙爲衣。（民國《鄾城縣記》第五《大事篇》）

朔，大風霾。夏，亢旱水竭。（同治《上海縣志》卷三〇《祥異》；光緒《川沙廳志》卷一四《祥異》）

朔，大風霾，霾街市中對面不相見。（宣統《續纂山陽縣志》卷一五《雜記》）

朔，大風，日無光，雨土。夏，大旱，民饑，人相食。（康熙《龍門縣志》卷二《災祥》）

朔，大風晝晦。（民國《高密縣志》卷一《總紀》）

朔，大風霾，晝晦。（乾隆《掖縣志》卷五《祥異》；道光《膠州志》卷三五《祥異》）

元旦，日無光。（康熙《畿輔通志》卷一《祥異》；民國《重修滑縣志》卷二〇《大事記》）

大風蔽日。（乾隆《武鄉縣志》卷二《災祥》）

初二日，天無雲而雷，聲震百里。（乾隆《臨潼縣志》卷九《祥異》）

二十四日，夜，有巨星入月。（光緒《東光縣志》卷一一《祥異》）

二月

丁卯，大風霾，五色遞變，闇室照之，赤如血。（《崇禎實錄》卷一七，第520頁）

庚辰，大寒。（《國榷》卷一〇〇，第6029頁）

上丁日府學明倫堂中樑忽墜，同日縣學明倫堂雷劈棟柱。（光緒《吉安府志》卷五三《祥異》）

大風雨土。初八日，大風復作，晝晦，雨土，行人衣盡沾泥。（乾隆《武鄉縣志》卷二《災祥》）

初一日，白虹貫日。（光緒《平湖縣志》卷二五《祥異》）

初九日，大風。（民國《襄垣縣志》卷八《祥異》）

又震。（康熙《羅源縣志》卷一〇《雜記》）

地震。（民國《萬載縣志》卷一《祥異》）

丁日，大風，屋瓦皆飛，文廟燈火盡滅，祭不成禮。（光緒《大城縣志》卷一〇《五行》）

朔，戌時，地震。（乾隆《潮州府志》卷一一《災祥》；光緒《潮陽縣

志》卷一三《灾祥》）

大風霾，晝晦。（乾隆《羅山縣志》卷八《災異》）

三月

丙申，大風霾，晝晦，風腥不可觸。（《崇禎實錄》卷一七，第 537 頁）

癸卯，風晦。（《崇禎實錄》卷一七，第 539 頁）

丙午，大雷電，雨雹。（《崇禎實錄》卷一七，第 542 頁）

丁未，昧爽，天忽雨，俄微雪，須臾城陷。（《國榷》卷一○○，第 6047 頁）

地震。（道光《高要縣志》卷一○《前事》；道光《肇慶府志》卷二二《事紀》；宣統《南海縣志》卷二《前事補》）

太白經天，大疫。（光緒《通州直隸州志》卷末《祥異》）

大風晝晦。（康熙《續安丘縣志》卷一《總紀》；康熙《杞紀》卷五《繫年》；光緒《臨朐縣志》卷一○《大事表》；民國《齊東縣志》卷一《災祥》）

大風飛沙，扳樹伐屋。（雍正《安東縣志》卷一五《祥異》）

唐縣星隕大如輪。（康熙《畿輔通志》卷一《祥異》；光緒《保定府志》卷四○《祥異》）

大風晝晦，白氣沖天。（民國《遷安縣志》卷五《記事篇》）

十八日，月赤如血。（道光《江陰縣志》卷八《祥異》）

廣東地震。（民國《東莞縣志》卷三一《前世略》）

不雨。（光緒《沔陽縣志》卷一《祥異》）

丙辰，大風晝晦，白氣衝天。（民國《盧龍縣志》卷二三《史事》；民國《昌黎縣志》卷一二《故事》）

深澤大風陰霾。是月二十日辰時，風行空際，黑沙蔽天，陰霾。至午，日暗無光。（咸豐《深澤縣志》卷一《編年》）

己亥三日，并見雨土，晝晦。是年春，大饑。冬，大雪。（民國《確山縣志》卷二○《大事記》）

縣境水涸。（乾隆《杞縣志》卷二《祥異》）

初八日，大風晝晦，人不相見，其風自西北來，觸人腥惡，濛濛欲沾衣。（民國《續修博山縣志》卷一《祥異》）

大風。初八日，本年春凡大風者四。（乾隆《武鄉縣志》卷二《災祥》）

初九日，晝晦，紅風起，西北映牆壁皆赤，腥臭竟日。（嘉慶《長山縣志》卷四《災祥》）

初九日，風起西北，晝晦。（康熙《新城縣志》卷一〇《災祥》）

十七日，大風晝晦，腥氣蒙蔽，咫尺莫辨。（民國《壽光縣志》卷一五《大事記》）

丙午，大風晝晦。（民國《鄒平縣志》卷一八《災祥》）

黑風自西北來，晝如晦，屋宇動搖。（道光《重修博興縣志》卷一三《祥異》）

四月

甲申，大霾霧。（《國榷》卷一一〇，第 6078 頁）

隕霜，豆苗凍死。（乾隆《武鄉縣志》卷二《災祥》）

霜。（民國《襄垣縣志》卷八《祥異》）

五月

初九日午時，無雲而雷。（民國《芮城縣志》卷一四《祥異考》）

地震三次。（光緒《潮陽縣志》卷一三《灾祥》）

不雨，至於是月（九月）。（光緒《金陵通紀》卷一〇下）

六月

丁巳朔，淮安風霾。（《國榷》卷一二〇，第 6110 頁）

太白經天，下午乃見。（光緒《潮陽縣志》卷一三《灾祥》）

蝗。（民國《大名縣志》卷二六《祥異》）

朔，日有食之。（光緒《靖江縣志》卷八《祲祥》）

十一日，連夜空中響，如萬馬奔騰。（民國《增修膠志》卷五三《祥異》）

十六夜，上杭、勝運里雷電震閃，不雨，而水從石山出。頃刻，平地丈餘，到處皆有火光，溺死者五六千人，田廬畜産無算。（乾隆《汀州府志》卷四五《祥異》）

二十夜，龍巖大水，龍津橋壞，東西二門城俱崩，近西田廬漂没，居民溺死者百有餘人。（道光《龍巖州志》卷二〇《雜記》）

二十七夜，城外大水，漂民居害禾。（民國《連城縣志》卷三《大事》）

二十七日，子時，大風。（道光《新修羅源縣志》卷二九《祥異》）

流賊已陷京師，至四月十六日未時，有風自西北來，黑氣如墨，相對不辨人物形，移時微雨，乃漸清明。（民國《束鹿縣志》卷一一《災祥》）

雨雹，蝗嚙稼。（嘉慶《介休縣志》卷一《兵祥》）

東闕大水，漂民屋。（道光《安定縣志》卷一《災祥》）

七月

朔夜，大風拔木，空中隱隱有兵戈相鬭之形。（乾隆《永福縣志》卷一〇《災祥》）

會昌大黄沙崩裂，水湧出，居民溺死無算。（同治《贛州府志》卷二二《祥異》）

雨雹，大如卵。（乾隆《羅山縣志》卷八《災異》）

八月

二十五日，地震如雷，物價昂貴二倍。（光緒《潮陽縣志》卷一三《灾祥》）

九月

壬子，河決汴口。（《國榷》卷一一〇，第6152頁）

安化地震，有聲如雷，大旱。（乾隆《長沙府志》卷三七《災祥》）

十月

天鳴竟夜。（嘉慶《常德府志》卷一七《災祥》）

亢旱，禱雨不應。（道光《桐城續修縣志》卷二三《祥異》）

十二月

初三日，夜，杭州雷。（乾隆《杭州府志》卷五六《祥異》）

是年

甲申春，大饑。冬，大雪，秫穀千五百一斗，男女逃竄，為人奴使。（康熙《汝陽縣志》卷五《機祥》）

春，大風晝晦。（同治《武邑縣志》卷一〇《雜事》）

春，風霾，樹有火光。夏，無麥，至六月二十四日乃雨。（順治《曲周縣志》卷二《災祥》）

夏，旱，赤地十里，斗米二千文。（康熙《內鄉縣志》卷一一《災祥》）

夏，旱。秋，霆。冬，沙。（康熙《雲南府志》卷二五《菑祥》）

天目洪水，漲蛟脣出，損禾田、房屋數百家。（同治《孝豐縣志》卷八《災歉》）

大水，民居漂没。（光緒《縉雲縣志》卷一五《災祥》）

浙江海沸，杭、嘉、甯、紹、台屬致廨宇多圮。（民國《新昌縣志》卷一八《災異》）

大水，饑饉相繼，民不聊生，所在盜賊蠭起。（民國《遷江縣志》第五編《災祥》）

大旱。（同治《醴陵縣志》卷一一《災祥》）

天雨土，如霰，晝晦。（道光《武陟縣志》卷一二《祥異》）

地震。（同治《湖州府志》卷四四《祥異》）

大旱。（同治《安化縣志》卷三四《五行》）

廣東地震。（同治《番禺縣志》卷二一《前事》）

夏，無雨，田盡荒，米貴。（嘉慶《商城縣志》卷一四《災祥》）

秋，太白經天。（康熙《陽春縣志》卷一五《祥異》）

秋，大旱。（乾隆《銅陵縣志》卷一三《祥異》）

冬，久雪，民多凍餒死。（民國《全椒縣志》卷一六《祥異》）

冬，府署東井溢，凡三日。二鼓，群雞鳴，凡三夜。大水，山崩蝗饑。（光緒《茂名縣志》卷八《災祥》）

崇禎末，連年洛渭漲溢，二水交流，平地深四五尺，南鄉村落盡被災。（康熙《朝邑縣後志》卷八《災祥》）

徵引文獻

《稗史彙編》《崇禎實録》《崇禎遺録》《督餉疏草》《二申野録》《國榷》《海昌叢載》《湖南郴縣橋口鄉·水文刻崖》《明實録》《明史》《蓬窗類紀》《平番始末》《濮鎮紀聞》《清史稿》《石門遺事》《説聽》《陶庵夢憶》《萬曆野獲編》《味水軒日記》《浠水縣簡志》《賢博編》《懸笥瑣探》《鄖署雜鈔》《游居柿録》《豫變紀略》《元史》《粵西叢載》《乍浦九山補志》《鎮江府金壇縣採訪册》《罪惟録》

洪武

《永州府志》

景泰

《建陽縣志》

天順

《重刊襄陽郡志》

成化

《處州府志》《公安縣志》《杭州府志》《河南總志》《山西通志》《重修毗陵志》

弘治

《八閩通志》《常熟縣志》《重修無錫縣志》《撫州府志》《句容縣志》《衡山縣志》《徽州府志》《嘉興府志》《將樂縣志》《蘭谿縣志》《潞州志》《泰安州志》《桐城縣志》《溫州府志》《吳江志》《無錫縣志》《興化府志》《永平府志》《直隸鳳陽府宿州志》

正德

《安慶府志》《博平縣志》《常州府志續集》《池州府志》《崇明縣重修志》《大名府志》《福州府志》《姑蘇志》《光化縣志》《淮安府志》《江陰縣志》《夔州府志》《練川圖記》《臨漳縣志》《瓊臺志》《饒州府志》《汝州志》《瑞州府志》《順昌邑志》《松江府志》《莘縣志》《永康縣志》《袁州府志》《中牟縣志》

嘉靖

《安化縣志》《安吉州志》《安慶府志》《安溪縣志》《巴陵縣志》《霸州志》《寶應縣志略》《亳州志》《昌樂縣志》《長沙府志》《長泰縣志》《長垣縣志》《常德府志》《常熟縣志》《潮州府志》《澄城縣志》《池州府志》《重修邛州志》《重修如皋縣志》《重修太平府志》《大理府志》《大埔縣志》《德慶州志》《鄧州志》《定海縣志》《東鄉縣志》《恩縣志》《范縣志》《豐乘》《奉化縣圖志》《福寧州志》《撫州府志》《高淳縣志》《高唐州志》《藁城縣志》《鞏縣志》《固安縣志》《固始縣志》《固原州志》《光山縣志》《廣德州志》《廣東通志初稿》《廣平府志》《廣平縣志》《廣西通志》《廣州志》《歸州全志》《歸州志》《貴州通志》《嵊縣志》《海門縣志》《海寧縣志》《海鹽縣志》《含山邑乘》《漢陽府志》《漢陽縣志》《漢中府志》《和州志》《河間府志》《河南通志》《河州志》《衡州府志》《洪雅縣志》《湖廣圖經志書》《懷慶府志》《皇明天長志》《黃陂縣志》《輝縣志》《徽郡志》《惠安縣志》《惠州府志》《獲鹿縣志》《冀州志》《薊州志》《建

寧府志》《建寧縣志》《建平縣志》《建陽縣志》《江陰縣志》《進賢縣志》《荆州府志》《靖安縣志》《靖江縣志》《九江府志》《開州志》《蘭陽縣志》《遼東志》《臨海志》《臨江府志》《臨山衛志》《臨潁志》《靈壽縣志》《六安州志》《六合縣志》《隆慶志》《龍巖縣志》《魯山縣志》《灤州志》《畧陽縣志》《羅川志》《羅田縣志》《馬湖府志》《沔陽志》《内黄縣志》《南安府志》《南宫縣志》《南康縣志》《南寧府志》《南平縣志》《南雄府志》《寧波府志》《寧德縣志》《寧國府志》《寧國縣志》《寧海州志》《寧州志》《沛縣志》《平涼府志》《蒲州志》《濮州志》《普安州志》《淇縣志》《蘄水縣志》《杞縣志》《欽州志》《青州府志》《清河縣志》《清流縣志》《慶陽府志》《衢州府志》《全遼志》《仁和縣志》《仁化縣志》《瑞安縣志》《沙縣志》《山東通志》《山西通志》《山陰縣志》《陝西通志》《商城縣志》《上高縣志》《上海縣志》《韶州府志》《邵武府志》《涉縣志》《沈丘縣志》《石埭縣志》《壽昌縣志》《壽州志》《順德直隸志》《思南府志》《四川通志》《四川總志》《泗志備遺》《宿州志》《随志》《太倉州志》《太康縣志》《太平府志》《太平縣志》《太原縣志》《天長縣志》《通許縣志》《通州志》《桐鄉縣志》《銅陵縣志》《潼川志》《威縣志》《尉氏縣志》《温州府志》《吴江縣志》《吴邑志》《武安縣志》《武城縣志》《武寧縣志》《武平志》《武義縣志》《息縣志》《硤川續志》《夏津縣志》《夏邑縣志》《香山縣志》《襄城縣志》《象山縣志》《蕭山縣志》《新河縣志》《新寧縣志》《新修清豐縣志》《興國州志》《興化縣志》《興濟縣志書》《興寧縣志》《雄乘》《休寧縣志》《徐州志》《許州志》《續澉水志》《宣府鎮志》《宣平縣志》《尋甸府志》《鄢陵志》《延津志》《延平府志》《郾城縣志》《葉縣志》《宜城縣志》《儀封縣志》《翼城縣志》《應山縣志》《潁州志》《永城縣志》《永豐縣志》《永嘉縣志》《裕州志》《袁州府志》《鄆城志》《增城縣志》《漳平縣志》《柘城縣志》《真定府志》《真陽縣志》《淄川縣志》

隆慶

《寶應縣志》《長洲縣志》《潮陽縣志》《豐潤縣志》《豐縣志》《高郵

州志》《溧陽縣志》《臨江府志》《平陽縣志》《任縣志》《儀真縣志》《永州府志》《岳州府志》《雲南通志》《趙州志》

萬曆

《安邱縣志》《安邑縣志》《巴東縣志》《白水縣志》《保定府志》《保定縣志》《寶應縣志》《賓州志》《濱州志》《滄州志》《常山縣志》《常熟縣私志》《常州府志》《郴州志》《辰州府志》《成安縣志》《池州府志》《重修磁州志》《重修漢陰縣志》《重修寧羌州志》《重修岐山縣志》《重修鎮江府志》《重修鎮江府志》《滁陽志》《慈利縣志》《大田縣志》《代州志書》《儋州志》《德州志》《帝鄉紀略》《東昌府志》《東流縣志》《恩縣志》《汾州府志》《福安縣志》《福寧州志》《福州府志》《古田縣志》《冠縣志》《廣東通志》《廣平縣志》《廣西太平府志》《廣西通志》《廣宗縣志》《歸化縣志》《歸州志》《杭州府志》《合川志》《合肥縣志》《合州志》《和州志》《河間府志》《河內縣志》《洪洞縣志》《湖廣總志》《湖州府志》《華陰縣志》《淮安府志》《懷柔縣志》《黃岡縣志》《黃巖縣志》《輝縣志·災祥》《惠州府志》《會稽縣志》《渾源州志》《霍邱縣志》《績溪縣志》《即墨志》《稷山縣志》《濟陽縣志》《嘉定縣志》《嘉定州志》《嘉善縣志》《嘉興府志》《建昌縣志》《建寧府志》《建陽縣志》《江華縣志》《江浦縣志》《將樂縣志》《交河縣志》《階州志》《金華府志》《荊門州志》《旌德縣志》《景寧縣志》《鉅野縣志》《開封府志》《崑山縣志》《括蒼彙紀》《萊州府志》《蘭谿縣志》《樂安縣志》《樂亭志》《雷州府志》《澧紀》《溧水縣志》《林縣志》《臨城縣志》《臨汾縣志》《臨洮府志》《臨縣志》《靈石縣志》《靈壽縣志》《六安州志》《六合縣志》《龍川縣志》《龍游縣志》《灤志》《羅源縣志》《鄆志》《閩大記》《閩書》《內黃縣志》《南安府志》《南海縣志》《南陽府志》《寧德縣志》《寧都縣志》《寧國府志》《寧津縣志》《寧遠縣志》《沛志》《彭澤縣志》《平陽府志》《平原縣志》《蒲臺縣志》《濮州志》《浦城縣志》《祁門縣志》《齊東縣志》《杞乘》《錢塘縣志》《黔記》《青城縣志》《青浦縣志》《青陽縣志》《瓊州府志》《泉州府志》

《饒陽縣志》《任丘志集》《如皋縣志》《汝南志》《瑞金縣志》《山西通志》《陝西通志》《商河縣志》《上海縣志》《上虞縣志》《邵武府志》《紹興府志》《嵊縣志》《壽昌縣志》《舒城縣志》《順德府志》《順德縣志》《朔方新志》《四川總志》《宿遷縣志》《蕭鎮華夷志》《遂安縣志》《太谷縣志》《太和縣志》《太平縣志》《太原府志》《泰和志》《泰興縣志》《湯谿縣志》《桃源縣志》《通州志》《同官縣誌》《銅陵縣志》《威縣志》《渭南縣志》《衛輝府志》《溫州府志》《汶上縣志》《沃史》《無錫縣志》《武定州志》《武進縣志》《歙志》《咸陽縣新志》《香河縣志》《襄城縣志》《襄陽府志》《象山縣志》《項城縣志》《蕭山縣志》《新昌縣志》《新會縣志》《新寧縣志》《新修崇明縣志》《新修館陶縣志》《新修餘姚縣志》《興化府志》《興化縣新志》《雄乘》《休寧縣志》《秀水縣志》《續朝邑縣志》《續處州府志》《續吳郡志》《續修泰興縣志》《續修嚴州府志》《延綏鎮志》《嚴州府志》《鹽城縣志》《兗州府志》《揚州府志》《猗氏縣志》《沂州府志》《宜興縣志》《儀封縣志》《益都縣志》《應天府志》《營山縣志》《永安縣志》《永春縣志》《永福縣志》《永寧縣志》《永新縣志》《榆次縣志》《原武縣志》《棗強縣志》《澤州志》《霑化縣志》《章丘縣志》《彰德府續志》《漳州府志》《肇慶府志》《趙州志》《諸城縣志》《淄川縣志》

天啟

《成都府志》《滇志》《東安縣志》《封川縣志》《封州縣志》《鳳陽新書》《高陽縣志》《海鹽縣圖經》《淮安府志》《江山縣志》《荊門州志》《潞城縣志》《平湖縣志》《衢州府志》《太原縣志》《同州志》《文水縣志》《新泰縣志》《新修成都府志》《新修來安縣志》《雲間志畧》《中牟縣志》《舟山志》

崇禎

《博羅縣志》《長樂縣志》《長沙府志》《常熟縣志》《處州府志》《從化縣志》《碭山縣志》《撫州府志》《高陽縣志》《固安縣志》《廣昌縣志》

《海昌外志》《海澄縣志》《橫谿録》《淮安府實録備草》《嘉興府志》《嘉興縣志》《嘉興縣纂修啟禎兩朝實録》《江浦縣志》《江陰縣志》《靖江縣志》《開化縣志》《蠡縣志》《醴泉縣志》《歷城縣志》《歷乘》《廉州府志》《隆平縣志》《閩書》《内邱縣志》《南海縣志》《烏程縣志》《寧海縣志》《寧化縣志》《寧志備考》《浦江縣志》《乾州志》《清江縣志》《慶元縣志》《瑞州府志》《山陰縣志》《壽寧縣志》《松江府志》《太倉州志》《泰州志》《湯陰縣志》《外岡志》《蔚州志》《文安縣志》《烏程縣志》《吳縣志》《吳興備志》《梧州府志》《武定州志》《新城縣志》《興寧縣志》《郾城縣志》《義烏縣志》《永年縣志》《尤溪縣志》《元氏縣志》《鄆城縣志》《肇慶府志》

弘光

《州乘資》

永曆

《寧洋縣志》

順治

《安慶府太湖縣志》《白水縣志》《保安縣志》《邠州志》《長興縣志》《陳留縣志》《澄城縣志》《重修句容縣志》《重修臨潼縣志》《重修岐山縣志》《崇信縣志》《單縣志》《登州府志》《鄧州志》《定南縣志略》《定陶縣志》《東阿縣志》《庵村志》《汾陽縣志》《封邱縣志》《扶風縣志》《贛州府志》《高淳縣志》《高平縣志》《固始縣志》《光山縣志》《光州志》《歸德府志》《海寧縣志略》《含山縣志》《邯鄲縣志》《漢中府志》《河南府志》《華亭縣志》《懷慶府志》《黃梅縣志》《渾源州志》《霍山縣志》《雞澤縣志》《濟陽縣志》《嘉善縣纂修啟禎條款》《郏縣志》《監利縣志》《絳縣志》《涇縣志》《句容縣志》《鉅鹿縣志》《藍田縣志》《蘭田縣志》《離平縣志》《蠡縣志》《溧水縣志》《臨潁縣續志》《麟遊縣志》《靈臺志》《六合縣志》《廬江縣志》《洛陽縣志》《蒙城縣志》《密縣志》《南海九江

鄉志》《南陽府志》《平陰縣志》《浦城縣志》《淇縣志》《蘄水縣志》《曲周縣志》《饒陽縣後志》《汝陽縣志》《陝州志》《商水縣志》《涉縣志》《沈丘縣志》《石城縣志》《壽州志》《汜志》《泗水縣志》《綏德州志》《太谷縣志》《太和縣志》《湯陰縣志》《堂邑縣志》《通城縣志》《銅陵縣志》《威縣續志》《蔚州志》《衛輝府志》《温縣志》《閿鄉縣志》《西華縣志》《息縣志》《歙志》《鄉寧縣志》《襄城縣志》《襄陽府志》《祥符縣志》《項城縣志》《蕭縣志》《新泰縣志》《新修東流縣志》《新修豐縣志》《新修望江縣志》《新鄭縣志》《興濟縣志》《徐州志》《鄢陵縣志》《延慶州志》《偃師縣志》《郾城縣志》《陽城縣志》《陽山縣志》《伊陽縣志》《黟縣志》《儀封縣志》《易水志》《滎澤縣志》《潁上縣志》《潁州志》《攸縣志》《零都縣志》《虞城縣志》《禹州志》《遠安縣志》《雲中郡志》《招遠縣志》《真定縣志》《鄒平縣志》《胙城縣志》

康熙

《安東縣志》《安福縣志》《安海志》《安化縣志》《安陸府志》《安寧州志》《安平縣志》《安慶府潛山縣志》《安慶府太湖縣志》《安慶府望江縣志》《安慶府志》《安仁縣志》《安肅縣志》《安溪縣志》《安鄉縣志》《安陽縣志》《安義縣志》《安遠縣志》《安州志》《巴陵縣志》《霸州志》《柏鄉縣志》《保安州志》《保德州志》《保定府祁州束鹿縣志》《保定府志》《保定縣志》《寶坻縣志》《寶慶府志》《寶應縣志》《濱州志》《博平縣志》《博興縣志》《博野縣志》《曹縣志》《曹州志》《昌化縣志》《昌樂縣志》《昌黎縣志》《昌平州志》《昌邑縣志》《長安縣志》《長葛縣志》《長樂縣志》《長清縣志》《長沙府志》《長山縣志》《長泰縣志》《長興縣志》《長垣縣志》《長洲縣志》《長子縣志》《常寧縣志》《常熟縣志》《常州府志》《巢縣志》《朝城縣志》《朝邑縣後志》《潮陽縣志》《郴州總志》《辰州府志》《陳留縣志》《成安縣志》《成寧縣志》《成縣志》《城固縣志》《城武縣志》《程鄉縣志》《澂江府志》《澄邁縣志》《池州府志》《茌平縣志》《崇明縣志》《重慶府涪州志》《重修崇明縣志》《重修阜志》《重修贛榆縣

志》《重修嘉善縣志》《重修平遥縣志》《重修無極志》《重修襄垣縣志》
《重纂靖遠衛志》《滁州志》《淳化縣志》《磁州志》《從化縣志》《大城縣
志》《大名府志》《大名縣志》《大田縣志》《大興縣志》《大冶縣志》《丹
徒縣志》《單縣志》《儋州志》《當塗縣志》《當塗縣志補遺》《當陽縣志》
《德安安陸郡縣志》《德安縣志》《德化縣志》《德平縣志》《德清縣志》
《德興縣志》《德州志》《登封縣志》《登州府志》《電白縣志》《鼎修德安
府全志》《鼎修霍州志》《定安縣志》《定邊縣志》《定海縣志》《定襄縣
志》《定興縣志》《定州志》《東阿縣志》《東安縣志》《東光縣志》《東平
州志》《東鄉縣志》《都昌縣志》《恩平縣志》《番禺縣志》《繁昌縣志》
《范縣志》《肥城縣志》《費縣志》《分宜縣志》《汾陽縣志》《封邱縣續志》
《豐城縣志》《豐潤縣志》《奉新縣志》《鳳陽府志》《鄜州志》《扶溝縣志》
《浮梁縣志》《福安縣志》《福建通志》《福山縣志》《撫寧縣志》《撫州府
志》《蓋平縣志》《贛縣志》《贛州府志》《高淳縣志》《高密縣志》《高明
縣志》《高唐州志》《高要縣志》《高邑縣志》《高苑縣續志》《高苑縣志》
《高州府志》《藁城縣志》《公安縣志》《固始縣志》《冠縣志》《館陶縣志》
《灌陽縣志》《光澤縣志》《廣昌縣志》《廣德州志》《廣東通志》《廣濟縣
志》《廣靈縣志》《廣平府志》《廣西通志》《廣信府志》《廣永豐縣志》
《廣宗縣志》《歸安縣志》《歸化縣志》《桂林府志》《貴池縣志略》《貴溪
縣志》《貴州通志》《海豐縣志》《海康縣志》《海宁縣志》《海寧縣志》
《海鹽縣志》《含山縣志》《邯鄲縣志》《韓城縣續志》《漢南郡志》《漢陽
府志》《漢陰縣志》《杭州府志》《合肥縣志》《和州志》《河間府志》《河
間縣志》《河津縣志》《河內縣志》《河南通志》《河西縣志》《河陰縣志》
《河源縣志》《河州志》《鶴慶府志》《衡水縣志》《衡州府志》《虹縣志》
《壺關縣志》《湖廣通志》《湖廣武昌府志》《湖廣鄖陽府志》《湖廣鄖陽縣
志》《湖口縣志》《潴墅關志》《鄂縣志》《滑縣志》《化州志》《淮南中十
場志》《懷來縣志》《懷慶府志》《懷柔縣新志》《黃安縣志》《黃縣志》
《黃州府志》《輝縣志》《徽州府志》《惠州府志》《會同縣志》《霍邱縣志》
《畿輔通志》《激水志林》《吉安府萬安縣志》《吉水縣志》《汲縣志》《冀

州志》《薊州志》《濟南府志》《濟寧州志》《嘉定縣志》《嘉興府志》《嘉興縣志》《監利縣志》《建安縣志》《建昌縣志》《建德縣志》《建寧府志》《建寧縣志》《建平縣志》《江都縣志》《江南通志》《江寧府志》《江寧縣志》《江山縣志》《江夏縣志》《江陰縣志》《絳州志》《交城縣志》《交河縣志》《膠州志》《解州全志》《介休縣志》《金華府志》《金華縣志》《金壇縣志》《金谿縣志》《金鄉縣志》《晉寧州志》《晉州志》《進賢縣志》《縉雲縣志》《京山縣志》《荊門州志》《荊州府志》《涇陽縣志》《景陵縣志》《景州志》《靖安縣志》《靖邊縣志》《靖邊縣志》《靖江縣志》《靖州志》《靜海縣志》《靜樂縣志》《九江府志》《莒州志》《具區志》《均州志》《濬縣志》《會稽縣志》《開封府志》《開建縣志》《開平縣志》《開州志》《考城縣志》《岢嵐州志》《夔州府志》《萊陽縣志》《藍山縣志》《蘭陽縣志》《蘭州志》《樂昌縣志》《樂平縣志》《雷州府志》《耒陽縣志》《黎城縣志》《豐城縣志》《利津縣新志》《荔浦縣志》《溧水縣志》《溧陽縣志》《連城縣志》《連山縣志》《連州志》《廉州府志》《瀲水志林》《良鄉縣志》《兩當縣志》《臨安縣志》《臨城縣志》《臨汾縣志》《臨高縣志》《臨海縣志》《臨淮縣志》《臨江府志》《臨晉縣志》《臨清州志》《臨朐縣志書》《臨洮府志》《臨潼縣志》《臨武縣志》《臨縣志》《臨湘縣志》《臨淄縣志》《麟遊縣志》《陵川縣志》《陵縣志》《鄮縣鼎修縣志》《靈璧縣志略》《靈邱縣志》《靈山縣志》《靈石縣志》《瀏陽縣志》《六合縣志》《隆德縣志》《龍門縣志》《龍南縣志》《龍溪縣志》《龍巖縣志》《龍陽縣志》《龍游縣志》《隴州志》《盧氏縣志》《廬江縣志》《廬陵縣志》《廬州府志》《瀘溪縣志》《鹿邑縣志》《潞城縣志》《欒城縣志》《灤志》《羅山縣志》《羅田縣志》《羅源縣志》《絡州志》《雒南縣志》《麻城縣志》《麻陽縣志》《馬邑縣志》《滿城縣志》《茂名縣志》《蒙城縣志》《蒙化府志》《蒙陰縣志》《孟津縣志》《孟縣志》《米脂縣志》《密雲縣志》《內鄉縣志》《南安縣志》《南昌郡乘》《南豐縣志》《南宮縣志》《南海縣志》《南和縣志》《南康府志》《南康縣志》《南樂縣志》《南寧府全志》《南寧府志》《南皮縣志》《南平縣志》《南雄府志》《南陽縣志》《寧國府志》《寧國縣志》《寧海州

志》《寧化縣志》《寧晉縣志》《寧陵縣志》《寧鄉縣志》《寧洋縣志》《寧陽縣志》《寧遠縣志》《寧州志》《甯化縣志》《甌寧縣志》《彭水縣志》《彭澤縣志》《邳州志》《平度州志》《平和縣志》《平湖縣志》《平江縣志》《平樂縣志》《平陸縣志》《平山縣志》《平順縣志》《平鄉縣志》《平陽縣志》《平彝縣志》《平遠縣志》《萍鄉縣志》《鄱陽縣志》《蒲城志》《蒲縣新志》《濮州志》《浦江縣志》《棲霞縣志》《齊東縣志》《齊河縣志》《蘄州志》《杞紀》《遷安縣志》《錢塘縣志》《潛江縣志》《沁水縣志》《青浦縣志》《青縣志》《青州府志》《清豐縣志》《清河縣志》《清流縣志》《清水縣志》《清苑縣志》《慶都縣志》《慶元縣志》《慶雲縣志》《瓊郡志》《瓊山縣志》《丘縣志》《曲阜縣志》《曲江縣志》《曲沃縣志》《曲陽縣新志》《衢州府志》《全椒縣志》《全州志》《饒州府志》《仁和縣志》《仁化縣志》《任邱縣志》《任縣志》《日照縣志》《容城縣志》《榮河縣志》《如皋縣志》《汝寧府志》《汝陽縣志》《汝州全志》《乳源縣志》《瑞金縣志》《三河縣志》《三水縣志》《沙縣志》《山東通志》《山海關志》《山西通志》《山西直隸沁州志》《山陽縣初志》《山陰縣志》《陝西通志》《商城縣志》《商丘縣志》《上蔡縣志》《上高縣志》《上杭縣志》《上饒縣志》《上思州志》《上猶縣志》《上虞縣志》《上元縣志》《韶州府志》《邵陽縣志》《紹興府志》《涉縣志》《深澤縣志》《嵊縣志》《石城縣志》《石埭縣志》《石門縣志》《石屏州志》《始興縣志》《壽光縣志》《壽寧縣志》《壽陽縣志》《壽張縣志》《沭陽縣志》《順昌縣志》《順德縣志》《順寧府志》《順慶府志》《朔州志》《思州府志》《四川敘州府志》《泗水縣志》《泗州通志》《松江府志》《松溪縣志》《松滋縣志》《淞南志》《嵩縣志》《蘇州府志》《宿遷縣志》《宿松縣志》《宿州志》《睢寧縣舊志》《睢寧縣志》《睢州志》《遂安縣志》《遂昌縣志》《遂寧縣志》《遂溪縣志》《台州府志》《太康縣志》《太平府志》《太平縣志》《泰安州志》《泰寧縣志》《泰順縣志》《泰興縣志》《郯城縣志》《唐山縣志》《唐縣新志》《唐縣志》《堂邑縣志》《桃源縣志》《桃源鄉志》《滕縣志》《天長縣志》《天津衛志》《天台縣志》《天柱縣志》《鐵嶺縣志》《通城縣志》《通道縣志》《通山縣志》《通許縣

志》《通州志》《同安縣志》《桐城縣志》《桐廬縣志》《桐鄉縣志》《潼關衛志》《屯留縣志》《萬泉縣志》《萬載縣志》《萬州志》《望江縣志》《威縣志》《濰縣志》《洧川縣志》《渭源縣志》《衛輝府志》《文安縣志》《文昌縣志》《文水縣志》《文縣志》《翁源縣志》《吳江縣志》《吳郡甫里志》《吳橋縣志》《吳縣志》《無為州志》《無錫縣志》《蕪湖縣志》《五河縣志》《五臺縣志》《武昌府志》《武昌縣志》《武岡州志》《武功縣續志》《武功縣重校續志》《武進縣志》《武康縣志》《武寧縣志》《武平縣志》《武強縣新志》《武清縣志》《武邑縣志》《武陟縣志》《婺源縣志》《西充縣志》《西和縣志》《西寧縣志》《西平縣志》《淅川縣志》《歙志》《隰州志》《夏邑縣志》《仙居縣志》《僊遊縣志》《咸寧縣志》《獻縣志》《香河縣志》《香山縣志》《湘潭縣志》《湘鄉縣志》《襄城縣志》《襄陵縣志》《蕭山縣志》《孝豐縣志》《孝感縣志》《新安縣志》《新蔡縣志》《新昌縣志》《新城縣志》《新淦縣志》《新河縣志》《新化縣志》《新會縣志》《新建縣志》《新樂縣志》《新寧縣志》《新泰縣志》《新鄉縣續志》《新興州志》《新修東陽縣志》《新修會昌縣志》《新修醴陵縣志》《新修蒲圻縣志》《新修壽昌縣志》《新修宜良縣志》《新修盂縣志》《新修玉山縣志》《新續宣府志》《新喻縣志》《新鄭縣志》《信豐縣志》《興安州志》《興國縣志》《興國州志》《興化縣志》《興寧縣志》《邢臺縣志》《杏花村志》《雄乘》《休寧縣志》《修武縣志》《秀水縣志》《盱眙縣志》《徐溝縣志》《徐聞縣志》《徐州志》《許州志》《敘永廳志》《續安丘縣志》《續定海縣志》《續華州志》《續修陳州志》《續修浪穹縣志》《續修商志》《續修汶上縣志》《續修武義縣志》《宣鎮西路志》《尋甸州志》《潯陽蹠醢》《衢州府志》《鄠署雜鈔》《延津縣志》《延平府志》《延慶州志》《延綏鎮志》《鹽山縣志》《鉛山縣志》《兗州府曹縣志》《兗州府志》《洋縣志》《陽春縣志》《陽穀縣志》《陽江縣志》《陽曲縣志》《陽朔縣志》《陽武縣志》《陽信縣志》《揚州府志》《葉縣志》《猗氏縣志》《沂水縣志》《沂州府志》《宜春縣志》《宜都縣志》《宜黃縣志》《儀封縣志》《儀徵縣志》《弋陽縣志》《益都縣志》《義烏縣志》《嶧縣志》《英德縣志》《英山縣通志》《滎陽縣志》《應城縣

志》《應山縣志》《永昌府志》《永城縣志》《永春縣志》《永定衛志》《永定縣志》《永豐縣志》《永和縣志》《永嘉縣志》《永康縣志》《永明縣志》《永年縣志》《永寧縣志》《永寧州志》《永平府志》《永清縣志》《永壽縣志》《永州府志》《雩都縣志》《魚臺縣志》《榆次縣續志》《餘干縣志》《餘杭縣志》《玉田縣志》《裕州志》《元城縣志》《沅陵縣志》《垣曲縣志》《原武縣志》《袁州府志》《岳州府慈利縣志》《岳州府志》《雲和縣志》《雲南府志》《雲南通志》《鄆城縣志》《贊皇縣志》《棗強縣志》《增城縣志》《章丘縣志》《彰德府志》《漳平縣志》《漳浦縣志》《漳州府志》《詔安縣志》《趙州志》《柘城縣志》《浙江通志》《真陽縣志》《鎮江府志》《鎮平縣志》《鎮原縣志》《鄭州志》《枝江縣志》《中部縣志》《中江縣志》《中牟縣志》《鍾祥縣志》《螯屋縣志》《諸城縣志》《諸暨縣志》《淄乘徵》《滋陽縣志》《紫堤村小志》《紫陽縣新志》《鄒縣志》《遵化縣志》

雍正

《安定縣志》《安東縣志》《安南縣志》《蒼梧志》《常山縣志》《巢縣志》《辰谿縣志》《呈貢縣志》《重修嵐縣志》《重修太原縣志》《崇安縣志》《崇明縣志》《處州府志》《慈谿縣志》《從化縣志》《定襄縣志》《東莞縣志》《恩縣續志》《肥鄉縣志》《分建南匯縣志》《鳳翔縣志》《撫州府志》《阜城縣志》《高陵縣志》《高陽縣志》《高郵州志》《館陶縣志》《廣東通志》《廣西通志》《歸善縣志》《河南通志》《衡陽縣志》《洪洞縣志》《湖廣通志》《懷來縣志》《懷遠縣志》《惠來縣志》《建平縣志》《江都縣志》《江浦縣志》《揭陽縣志》《井陘縣志》《景東府志》《開化縣志》《來安縣志》《藍田縣志》《樂安縣志》《樂至縣志》《遼州志》《臨汾縣志》《臨漳縣志》《靈川縣志》《瀏陽縣志》《六合縣志》《瀘溪縣志》《晷陽縣志》《鄅縣志》《密雲縣志》《南陵縣志》《寧波府志》《平樂府志》《平陽府志》《沁源縣志》《沁州志》《欽州志》《邱縣志》《瑞昌縣志》《山東通志》《山西通志》《陝西通志》《深州志》《師宗州志》《師宗州志》《石樓縣志》《舒城縣志》《朔平府志》《朔州志》《四川通志》《四川總志》《淞

南志》《太平府志》《泰順縣志》《泰州志》《通許縣志》《屯留縣志》《完縣志》《萬載縣志》《文登縣志》《吳川縣志》《武功縣後志》《武功縣志》《襄陵縣志》《孝義縣志》《洵陽縣志》《陽高縣志》《揚州府志》《猗氏縣志》《應城縣志》《應州志》《永安縣志》《岳陽縣志》《雲龍州志》《澤州府志》《浙江通志》《直隸定州志》《直隸深州志》《直隸完縣志》

乾隆

《安東縣志》《安福縣志》《安吉州志》《安仁縣志》《安溪縣志》《安陽縣志》《安遠縣志》《白水縣志》《柏鄉縣志》《保昌縣志》《保德州志》《寶坻縣志》《寶豐縣志》《寶山縣志》《北流縣志》《畢節縣志》《亳州志》《博白縣志》《博羅縣志》《博山縣志》《滄州志》《蒼溪縣志》《曹州府志》《昌化縣志》《昌邑縣志》《長樂縣志》《長沙府志》《長泰縣志》《長汀縣志》《長興縣志》《長治縣志》《長子縣志》《常昭合志》《潮州府志》《潮州縣志》《郴州總志》《辰州府志》《陳留縣志》《陳州府志》《程鄉縣志》《澄海縣志》《池州府志》《赤城縣志》《重修固始縣志》《重修和順縣志》《重修懷慶府志》《重修蒲圻縣志》《重修桃源縣志》《重修鎮平縣志》《重修直隸陝州志》《重修盩厔縣志》《崇明縣志》《崇陽縣志》《淳安縣志》《淳化縣志》《大理府志》《大荔縣志》《大名縣志》《大同府志》《大足縣志》《丹陽縣志》《單縣志》《當塗縣志》《碭山縣志》《德安縣志》《德化縣志》《德平縣志》《德慶州志》《德州志》《登封縣志》《鄧州志》《狄道州志》《滇黔志略》《定安縣志》《定南廳志》《東安縣志》《東昌府志》《東流縣志》《東明縣志》《獨山州志》《恩平縣志》《番禺縣志》《汾陽縣志》《汾州府志》《豐城縣志》《豐潤縣志》《奉化縣輯略》《奉化縣圖志》《鳳臺縣志》《鳳翔府志》《鳳翔縣志》《鳳陽縣志》《佛山忠義鄉志》《伏羌縣志》《扶溝縣志》《浮梁縣志》《浮山縣志》《涪州志》《福安縣志》《福建通志》《福寧府志》《福山縣志》《福州府志》《府谷縣志》《阜平縣志》《阜陽縣志》《富川縣志》《富平縣志》《富順縣志》《甘肅通志》《贛州府志》《皋蘭縣志》《高安縣志》《高淳縣志》《高密縣志》《高平縣志》

《珙縣志》《鞏縣志》《句容縣志》《古田縣志》《固安縣志》《光山縣志》《廣安州志》《廣德直隸州志》《廣德州志》《廣豐縣志》《廣濟縣志》《廣靈縣志》《廣寧縣志》《廣平府志》《廣信府志》《歸德府志》《歸善縣志》《桂陽縣志》《桂陽州志》《貴溪縣志》《貴州通志》《崞縣志》《海澄縣志》《海豐縣志》《海寧縣志》《海寧州志》《海陽縣志》《海虞別乘》《韓城縣志》《漢川縣志》《漢陽府志》《漢陽縣志》《漢陰縣志》《杭州府志》《合水縣志》《合州志》《河間府新志》《河間府志》《河間縣志》《河津縣志》《河南府志》《河源縣志》《郃陽縣全志》《橫州志》《衡水縣志》《衡陽縣志》《衡州府志》《壺關縣志》《湖北下荆南道志》《湖口縣志》《湖南通志》《湖州府志》《華容縣志》《華亭縣志》《華陰縣志》《滑縣志》《化州志》《淮安府志》《淮安府志·河渠叙》《淮寧縣志》《懷安縣志》《懷集縣志》《環縣志》《黃岡縣志》《黃縣志》《黃巖縣志》《黃州府志》《惠民縣志》《會昌縣志稿》《會同縣志》《獲嘉縣志》《霍邱縣志》《霍山縣志》《績溪縣志》《雞澤縣志》《吉安府志》《吉水縣志》《吉州志》《汲縣志》《稷山縣志》《冀州志》《濟甯直隸州志》《濟陽縣志》《濟源縣志》《嘉定縣志》《嘉禾縣志》《嘉祥縣志》《嘉應州志》《建昌府志》《建德縣志》《建寧縣志》《江都縣志》《江津縣志》《江陵縣志》《江南通志》《江夏縣志》《將樂縣志》《絳縣志》《膠州志》《揭陽縣正續志》《解州安邑縣運城志》《解州平陸縣志》《解州全志》《解州芮城縣志》《解州夏縣志》《介休縣志》《金山縣志》《金谿縣志》《金澤小志》《晉江縣志》《縉雲縣志》《荆門州志》《荆州府志》《涇州志》《旌德縣志》《井研縣志》《景陵縣志》《靖安縣志》《静寧州志》《開化縣志》《開泰縣志》《開州志》《夔州府志》《崑山新陽合志》《樂陵縣志》《樂平縣志》《樂至縣志》《里安縣志》《澧志舉要》《醴泉縣志》《溧水縣志》《歷城縣志》《連江縣志》《連州志》《廉州府志》《林縣志》《鄰水縣志》《臨晉縣志》《臨清直隸州志》《臨潼縣志》《臨潁縣續志》《臨榆縣志》《陵川縣志》《靈寶縣志》《靈璧縣志略》《靈山縣志》《柳州府馬平縣志》《柳州府志》《柳州縣志》《隆平縣志》《龍川縣志》《龍南縣志》《龍泉縣志》《龍溪縣志》《隴西縣志》《隴

州續志》《婁縣志》《廬陵縣志》《瀘溪縣志》《魯山縣全志》《陸豐縣志》《陸凉州志》《鹿邑縣志》《潞安府志》《羅山縣志》《洛陽縣志》《雒南縣志》《滿城縣志》《蒙自縣志》《彌勒州志》《沔陽州志》《内黄縣志》《南安府大庾縣志》《南澳志》《南昌府志》《南昌縣志》《南和縣志》《南匯縣新志》《南靖縣志》《南康縣志》《南寧府志》《南雄府志》《南鄭縣志》《寧國府志》《寧河縣志》《寧武府志》《寧夏府志》《寧鄉縣志》《寧志餘聞》《寧州志》《農部瑣録》《沛縣志》《彭澤縣志》《蓬溪縣志》《邠州志》《平定州志》《平湖縣志》《平江縣志》《平樂府志》《平涼府志》《平陸縣志》《平鄉縣志》《平原縣志》《屏山縣志》《鄱陽縣志》《莆田縣志》《蒲臺縣志》《蒲縣志》《蒲州府志》《蒲州縣志》《濮院瑣志》《浦江縣志》《普安州志》《祁陽縣志》《祁州志》《蘄水縣志》《杞縣志》《遷安縣志》《遷遊縣志》《潛山縣志》《沁州志》《青城縣志》《青浦縣志》《清河縣志》《清泉縣志》《清水縣志》《清遠縣志》《慶遠府志》《瓊郡志》《瓊州府志》《邱縣志》《曲阜縣志》《曲周縣志》《泉州府志》《確山縣志》《饒陽縣志》《任邱縣志》《容城縣志》《榮河縣志》《瑞安縣志》《瑞金縣志》《瑞縣志》《三河縣志》《三原縣志》《沙河縣志》《山陽縣志》《山陽志遺》《商南縣志》《上海縣志》《上杭縣志》《上饒縣志》《紹興府志》《射洪縣志》《沈邱縣志》《澠池縣志》《嵊縣志》《什邡縣志》《石城縣志》《石門縣志》《石屏州志》《石首縣志》《始興縣志》《壽陽縣志》《壽州志》《束鹿縣志》《順德府志》《順德縣志》《氾水縣志》《泗州志》《松陽縣志》《嵩縣志》《蘇州府志》《蕭寧縣志》《綏德州直隸州志》《綏陽縣志》《遂安縣志》《遂昌縣志》《遂寧縣志》《太康縣志》《太平府志》《太平縣志》《太原府志》《泰安府志》《泰和縣志》《泰寧縣志》《郯城縣志》《湯谿縣志》《湯陰縣志》《唐縣志》《騰越州志》《天津府志》《天門縣志》《天鎮縣志》《汀州府志》《通渭縣志》《通許縣舊志》《通州志》《同安縣志》《同官縣志》《同州府志》《桐柏縣志》《桐廬縣志》《銅陵縣志》《銅山志》《潼川府志》《萬年縣志》《萬全縣志》《萬泉縣志》《望江縣志》《威海衛志》《威遠縣志》《濰縣志》《洧川縣志》《蔚縣志》《蔚州志補》《衛輝府志》

《温縣志》《温州府志》《閿鄉縣志》《烏程縣志》《烏青鎮志》《无为州志》《吳川縣志》《吳江縣志》《吳縣志》《梧州府志》《無極縣志》《無為州志》《無錫縣志》《蕪湖縣志》《武安縣志》《武昌縣志》《武城縣志》《武定府志》《武進縣志》《武康縣志》《武寧縣志》《武清縣志》《武鄉縣志》《武緣縣志》《舞陽縣志》《西和縣志》《西華縣志》《西寧府新志》《歙縣志》《錫金識小録》《峽江縣志》《夏津縣志》《夏縣志》《儌遊縣志》《咸陽縣志》《獻縣志》《香山縣志》《湘潭縣志》《湘陰縣志》《襄陽府志》《襄垣縣志》《祥符縣志》《象山縣志》《象州志》《項城縣志》《蕭山縣志》《小海場新志》《孝義縣志》《忻州志》《新安縣志》《新蔡縣志》《新城縣志》《新化縣志》《新建縣志》《新樂縣志》《新寧縣志》《新泰縣志》《新鄉縣志》《新興縣志》《新興州志》《新修廣州府志》《新修慶陽府志》《新修曲沃縣志》《新修上饒縣志》《新野縣志》《新喻縣志》《信宜縣志》《興安府志》《興安縣志》《興國縣志》《興化府莆田縣志》《興寧縣志》《行唐縣新志》《邢臺縣志》《修武縣志》《盱眙縣志》《徐州志》《許州志》《漵浦縣志》《續河南通志》《續修曲沃縣志》《續耀州志》《宣城縣志》《宣化府志》《宣化縣志》《宣平縣志》《洵陽縣志》《雅州府志》《鄢陵縣志》《鉛山縣志》《延長縣志》《延慶州志》《鹽城縣志》《兗州府志》《偃師縣志》《郾城縣志》《陽城縣志》《陽春縣志》《陽武縣志》《姚州志》《掖縣志》《伊陽縣志》《沂州府志》《宜陽縣志》《宜章縣志》《儀封縣志》《弋陽縣志》《益陽縣志》《翼城縣志》《鄞縣志》《英山縣志》《滎經縣志》《滎陽縣志》《滎澤縣志》《營山縣志》《潁上縣志》《潁州府志》《永北府志》《永昌縣志》《永春州志》《永定縣志》《永福縣志》《永嘉縣志》《永寧縣志》《永平府志》《永清縣志》《永壽縣新志》《永興縣志》《雩都縣志》《魚臺縣志》《榆次縣志》《虞城縣志》《禹州志》《玉屏縣志》《玉山縣志》《裕州志》《元和縣志》《沅州府志》《垣曲縣志》《原武縣志》《岳州府志》《雲南通志》《雲陽縣志》《贊皇縣志》《棗陽縣志》《增城縣志》《霑益州志》《彰德府志》《昭化縣志》《昭平縣志》《柘城縣志》《震津縣志》《震澤縣志》《鎮海縣志》《鎮江府志》《鎮洋縣志》《正寧縣志》《鄭州志》

《枝江縣志》《直隸代州志》《直隸絳州志》《直隸階州志》《直隸澧州志林》《直隸秦州新志》《直隸商州志》《直隸通州志》《直隸易州志》《直隸遵化州志》《直隸秦州新志》《中江縣志》《中牟縣志》《中衛縣志》《忠州志》《鍾祥縣志》《鰲屺縣志》《諸城縣志》《諸暨縣志》《竹山縣志》《莊浪志略》《涿州志》《淄川縣志》《淄州縣志》《資陽縣志》《遵化州志》

嘉慶

《安化縣志》《安仁縣志》《巴陵縣志》《白河縣志》《寶豐縣志》《備修天長縣志稿》《昌樂縣志》《長春縣志》《長寧縣志》《長沙縣志》《長山縣志》《長垣縣志》《常德府志》《常寧縣志》《潮陽縣志》《郴州總志》《澄海縣志》《崇安縣志》《重刊宜興縣舊志》《重修慈利縣志》《重修贛榆縣志》《重修毗陵志》《楚雄府志》《丹徒縣志》《德平縣志》《滇系雜載》《東昌府志》《東流縣志》《東臺縣志》《恩施縣志》《法華鄉志》《番郡璨錄》《范縣志》《方泰志》《福鼎縣志》《高邑縣志》《高郵州志》《廣西通志》《桂陽縣志》《海豐縣志》《海州直隸州志》《漢南續修郡志》《漢州志》《合肥縣志》《和平縣志》《衡陽縣志》《洪雅縣志》《湖口縣志》《湖南通志》《懷遠縣志》《黃平州志》《惠安縣志》《會同縣志》《霍山縣志》《績溪縣志》《嘉興府志》《江津縣志》《介休縣志》《涇縣志》《旌德縣志》《九江府志》《莒州志》《濬縣志》《開州志》《蘭谿縣志》《雷州府志》《澧志舉要》《溧陽縣志》《連江縣志》《臨桂縣志》《臨武縣志》《零陵縣志》《瀏陽縣志》《龍川縣志》《龍陽縣志》《廬江縣志》《廬州府志》《魯山縣志》《灤州志》《洛川縣志》《孟津縣志》《密縣志》《內江縣志》《南充縣志》《南陵縣志》《南平縣志》《南陽府志》《寧國府志》《邠州志》《平樂府志》《平陰縣志》《平遠縣志》《萍鄉縣志》《青縣志》《慶元縣志》《慶雲縣志》《瓊東縣志》《如皋縣志》《汝寧府志》《瑞安縣志》《三水縣志》《山陽縣志》《山陰縣志》《善化縣志》《商城縣志》《上高縣志》《上海縣志》《上虞縣志》《邵陽縣志》《涉縣志》《什邡縣志》《石門縣志》《舒城縣志》《束鹿縣志》《順昌縣志》《四川通志》《松江府志》《淞南志》《宿

遷縣志》《太平縣志》《藤縣志》《通道縣志》《桐鄉縣志》《洧川縣志》《無爲州志》《無錫金匱縣志》《無錫縣志》《蕪湖縣志》《五河縣志》《武義縣志》《西安縣志》《息縣志》《蕭縣志》《新安縣志》《邢臺縣志》《休寧碎事》《續修潼關廳志》《續修興業縣志》《宣城縣志》《延安府志》《羊城古鈔》《揚州府圖經》《揚州府志》《黟縣志》《宜興縣志》《宜章縣志》《益陽縣志》《義烏縣志》《永安州志》《虞城縣志》《餘杭縣志》《禹城縣志》《沅江縣志》《岳州府慈利縣志》《郇陽志》《雲霄廳志》《增城縣志》《增修贛榆縣志》《直隸太倉州志》《直隸敍永廳志》《中部縣志》

道光

《安定縣志》《安徽通志》《安陸縣志》《安平縣志》《安岳縣志》《安州志》《白山司志》《襄城縣志》《保安州志》《寶豐縣志》《寶慶府志》《賓州志》《博白縣志》《博平縣志》《昌化縣志》《長寧縣志》《長清縣志》《巢縣志》《辰谿縣志》《城武縣志》《澂江府志》《崇川咫聞錄》《重輯渭南縣志》《重慶府志》《重修寶應縣志》《重修博興縣志》《重修膠州志》《重修嶧陽縣志》《重修蓬萊縣志》《重修平度州志》《重修汧陽縣志》《重修武强縣志》《重修伊陽縣志》《重修儀徵縣志》《重修鎮番縣志》《重纂福建通志》《重纂光澤縣志》《川沙撫民廳志》《大定府志》《大同縣志》《大姚縣志》《定南廳志》《定遠縣志》《定州志》《東阿縣志》《東陽縣志》《繁昌縣志書》《繁峙縣志》《分水縣志》《封川縣志》《豐城縣志》《奉新縣志》《佛岡直隸軍民廳志》《佛山忠義鄉志》《扶溝縣志》《浮梁縣志》《阜陽縣志》《富順縣志》《高安縣志》《高要縣志》《高州府志》《冠縣志》《觀城縣志》《灌陽縣志》《廣東通志》《廣豐縣志》《貴池縣志》《貴溪縣志》《貴陽府志》《海門縣志》《海寧州志》《河內縣志》《河曲縣志》《衡山縣志》《壺關縣志》《淮寧縣志》《懷寧縣志》《黃安縣志》《黃岡縣志》《璜涇志稿》《晃州廳志》《輝縣志》《徽州府志》《會昌縣志》《會稽縣志稿》《會寧縣志》《吉水縣志》《濟南府志》《濟甯直隸州志》《建德縣志》《江南直隸通州志》《江西新城縣志》《江陰縣志》《膠州志》《金華縣志》

《金縣志》《晉江縣志》《晉寧州志》《進賢縣志》《涇縣續志》《靖安縣志》《靖遠衛志》《靖遠縣志》《鉅野縣志》《開平縣志》《昆明縣志》《崑新兩縣志》《來安縣志》《蘭州府志》《樂平縣志》《樂至縣志》《黎平府志》《麗水縣志》《廉州府志》《兩當縣新志》《兩當縣志》《鄰水縣志》《臨川縣志》《臨邑縣志》《龍安府志》《龍江志略》《龍巖州志》《廬陵縣志》《瀘溪縣志》《欒城縣志》《羅城縣志》《泌陽縣志》《內邱縣志》《南城縣志》《南海縣志》《南康縣志》《南寧府志》《寧都直隸州志》《寧國縣志》《寧陝廳志》《甌乘補》《蓬溪縣志》《蓬州志略》《偏關志》《平望志》《鄱陽縣志》《蒲圻縣志》《綦江縣志》《欽州志》《清澗縣志》《清江縣志》《清流縣志》《清平縣志》《慶遠府志》《瓊郡志》《瓊山縣志》《瓊州府志》《仁懷直隸廳志》《榮成縣志》《汝州全志》《商河縣志》《上元縣志》《深州直隸州志》《嵊縣志》《石門縣志》《寶慶府志》《壽州志》《雙鳳里志》《思南府續志》《蘇州府志》《宿松縣志》《遂溪縣志》《太平縣志》《太原縣志》《泰州志》《滕縣志》《天門縣志》《桐城續修縣志》《銅山縣志》《萬全縣志》《萬州志》《尉氏縣志》《文登縣志》《武進陽湖縣合志》《武康縣志》《武寧縣志》《武強縣新志》《武緣縣志》《武陟縣志》《西寧縣志》《西鄉縣志》《歙縣志》《香山縣志》《象山縣志》《新昌縣志》《新城縣志》《新淦縣志》《新化縣志》《新會縣志》《新津縣志》《新寧縣志》《新修東陽縣志》《新修羅源縣志》《新喻縣志》《休寧縣志》《修武縣志》《許州志》《續修寧羌州志》《續增高郵州志》《宣威州志》《潯州府志》《鄢陵縣志》《陽江縣志》《陽曲縣志》《伊陽縣志》《沂水縣志》《宜黃縣志》《儀徵縣志》《義寧縣志》《義寧州志》《英德縣志》《英山縣志》《永定縣志》《永明縣志》《永州府志》《雩都縣志》《榆林府志》《榆林縣志》《虞鄉志略》《禹州志》《雲南備徵志》《雲南通志稿》《增補廣德州志》《乍浦備志》《章丘縣志》《章邱縣志》《肇慶府志》《趙城縣志》《趙州志》《震澤鎮志》《鎮原縣志》《枝江縣志》《直隸霍州志》《直隸南雄州志》《直隸定州志》《忠州直隸州志》《竹鎮紀略》《紫陽縣新志》《鄒平縣志》《遵義府志》

咸豐

《安順府志》《保安縣志》《濱州志》《澄城縣志》《重修興化縣志》《大名府志》《鄧川州志》《鳳陽縣志》《古海陵縣志》《固安縣志》《黃渡鎮志》《郟縣志》《簡州志》《金鄉縣志略》《晉州志》《靖江縣志稿》《開縣志》《南寧縣志》《寧陽縣志》《邠州志》《平山縣志》《蘄州志》《青州府志》《清河縣志》《清江縣志》《慶雲縣志》《邛嶲野錄》《瓊山縣志》《深澤縣志》《順德縣志》《太谷縣志》《天全州志》《同州府志》《武定府志》《武定州志》《嶍峨縣志》《興甯縣志》《興義府志》《遠安縣志》《資陽縣志》

同治

《安福縣志》《安化縣志》《安慶府太湖縣志》《安仁縣志》《安義縣志》《安遠縣志》《巴縣志》《保康縣志》《蒼梧縣志》《茶陵州志》《昌黎縣志》《長樂縣志》《長興縣志》《長陽縣志》《常寧縣志》《城步縣志》《重修成都縣志》《重修嘉魚縣志》《重修寧海州志》《重修山陽縣志》《崇仁縣志》《崇陽縣志》《大冶縣志》《大庾縣志》《當陽縣志》《德安縣志》《德化縣志》《德興縣志》《德陽縣志》《東鄉縣志》《都昌縣志》《番禺縣志》《房縣志》《肥鄉縣志》《分宜縣志》《豐城縣志》《奉新縣志》《贛縣志》《贛州府志》《高安縣志》《高平縣志》《公安縣志》《穀城縣志》《廣昌縣志》《廣豐縣志》《廣濟縣志》《廣信府志》《歸州志》《桂東縣志》《桂陽直隸州志》《漢川縣志》《河南府志》《衡陽縣志》《湖口縣志》《湖州府志》《滑縣志》《黃安縣志》《黃陂縣志》《黃縣志》《會昌縣志稿》《霍邱縣志》《畿輔通志》《即墨縣志》《稷山縣志》《嘉定府志》《嘉興府志》《郟縣志》《監利縣志》《建昌府志》《建昌縣志》《江華縣志》《江山縣志》《江西新城縣志》《江夏縣志》《金鄉縣志》《進賢縣志》《荆門直隸州志》《靖安縣志》《静海縣志》《九江府志》《開封府志》《樂昌縣志》《樂平縣志》《醴陵縣志》《麗水縣志》《連州志》《臨江府志》《臨武縣志》《臨湘縣志》

《臨邑縣志》《鄮縣志》《靈壽縣志》《瀏陽縣志》《六安州志》《龍泉縣志》《瀘溪縣志》《欒城縣志》《螺洲志》《雒南縣志》《蒙城縣志》《南安府志》《南昌府志》《南昌縣志》《南城縣志》《南豐縣志》《南靖縣志》《南康府志》《南康縣志》《南漳縣志集鈔》《寧州志》《彭澤縣志》《平江縣志》《平鄉縣志》《萍鄉縣志》《鄱陽縣志》《莆田縣志》《蒲圻縣志》《祁門縣志》《祁陽縣志》《遷安縣志》《清豐縣志》《清河縣志》《清江縣志》《清苑縣志》《曲周縣志》《饒州府志》《瑞昌縣志》《山陽縣志》《上高縣志》《上海縣志》《上海縣志札記》《上江兩縣志》《上饒縣志》《韶州府志》《嵊縣志》《石門縣志》《石首縣志》《雙林鎮志》《蘇州府志》《宿遷縣志》《隨州志》《綏寧縣志》《太湖縣志》《泰和縣志》《泰順分疆錄》《泰順縣志》《桃源縣志》《藤縣志》《天長縣纂輯志稿》《通城縣志》《萬安縣志》《萬年縣志》《武岡州志》《武陵縣志》《武邑縣志》《西寧縣新志》《峽江縣志》《儌遊縣志》《咸甯縣志》《香山縣志》《湘鄉縣志》《襄陽縣志》《象山縣志稿》《孝豐縣志》《新昌縣志》《新城縣志》《新淦縣志》《新化縣志》《新修麻陽縣志》《新喻縣志》《星子縣志》《興安縣志》《興國縣志》《徐州府志》《續輯漢陽縣志》《續修東湖縣志》《續修寧鄉縣志》《續修永定縣志》《宣城縣志》《鄢陵文獻志》《鄢陵文獻志》《鉛山縣志》《陽城縣志》《葉縣志》《宜昌府志》《宜城縣志》《宜春縣志》《宜都縣志》《弋陽縣志》《益陽縣志》《鄞縣志》《應山縣志》《營山縣志》《穎上縣志》《永春州志》《永豐縣志》《永順府志》《永新縣志》《攸縣志》《榆次縣志》《餘干縣志》《禹州志》《玉山縣志》《元城縣志》《沅陵縣志》《袁州府志》《鄖西縣志》《鄖縣志》《鄖陽府志》《鄖陽志》《雲和縣志》《棗陽縣志》《增修酉陽直隸州總志》《震澤縣志》《枝江縣志》《直隸理番廳志》《直隸澧州志》《直隸綿州志》《鍾祥縣志》《竹谿縣志》

光緒

《安東縣志》《安徽通志》《白河縣志》《保安州續志》《保德州鄉土志》《保定府志》《寶山縣志》《北流縣志》《亳州志》《曹縣志》《昌平州志》

《長河縣志》《長寧縣志》《長汀縣志》《長治縣志》《長子縣志》《常山縣志》《常昭合志稿》《潮陽縣志》《城固縣志》《澄邁縣志》《崇明縣志》《重修華亭縣志》《處州府志》《川沙廳志》《淳安縣志》《慈谿縣志》《大城縣志》《大寧縣志》《代州志》《丹徒縣志》《丹陽縣志》《道州志》《德安府志》《德安縣志》《德平縣志》《德慶州志》《登州府志》《定安縣志》《定興縣志》《定遠廳志》《東安縣志》《東光縣志》《東平州志》《東鄉縣志》《繁峙縣志》《范縣志》《肥城縣志》《費縣志》《分疆録》《分水縣志》《分宜縣志》《汾西縣志》《豐都縣志》《豐縣志》《奉化縣志》《奉賢縣志》《鳳臺縣志》《鳳縣志》《鳳陽府志》《鳳陽縣志》《扶溝縣志》《福安縣志》《福寧府志》《撫寧縣志》《撫州府志》《阜城縣志》《富川縣志》《富平縣志稿》《富陽縣志》《甘肅新通志》《贛榆縣志》《高陵縣續志》《高密縣鄉土志》《高密縣志》《高明縣志》《高州府志》《恭城縣志》《故城縣志》《冠縣志》《光化縣志》《光州志》《廣安州新志》《廣德州志》《廣東考古輯要》《廣平府志》《廣平縣志》《廣西通志輯要》《廣州府志》《歸安縣志》《貴池縣志》《海鹽縣志》《海陽縣志》《邯鄲縣志》《杭州府志》《合肥縣志》《和州志》《邵陽縣鄉土志》《菏澤縣志》《鶴慶州志》《洪洞縣志》《湖北通志》《湖南通志》《華嶽志》《華州鄉土志》《淮安府志》《懷來縣志》《懷仁縣新志》《黃安縣志》《黃岡縣志》《黃梅縣志》《黃巖縣志》《黃州府志》《惠民縣志》《惠州府志》《會同縣志》《獲鹿縣志》《霍山縣志》《吉安府志》《吉水縣志》《吉縣志》《吉州全志》《嘉定縣志》《嘉善縣志》《嘉興府志》《嘉應州志》《江東志》《江陵縣志》《江浦埤乘》《江西通志》《江夏縣志》《江陰縣志》《絳縣志》《交城縣志》《階州直隸州續志》《揭陽縣續志》《解州志》《金華府志》《金華縣志》《金華縣志》《金陵通紀》《金山縣志》《金壇縣志》《縉雲縣志》《京山縣志》《荊州府志》《井研志》《靖邊志稿》《靖江縣志》《靖州直隸州志》《九江儒林鄉志》《鉅鹿縣志》《開州志》《岢嵐州志》《崑新兩縣續修合志》《崑新兩縣續修合志》《淶水縣志》《萊蕪縣志》《藍田縣志》《蘭谿縣志》《浪穹縣志略》《樂清縣志》《樂亭縣志》《耒陽縣志》《黎城縣續志》《黎平府志》

《蠡縣志》《溧水縣志》《遼州志》《臨高縣志》《臨桂縣志》《臨平記》《臨朐縣志》《臨漳縣志》《麟遊縣新志草》《陵縣志》《零陵縣志》《六合縣志》《龍南縣志》《龍泉縣志》《龍巖州志》《龍陽縣志》《盧氏縣志》《盧江縣志》《盧州府志》《六安州志》《鹿邑縣志》《灤州志》《羅田縣志》《麻城縣志》《馬平縣志》《茂名縣志》《米脂縣志》《密雲縣志》《沔陽縣志》《沔陽州志》《内黃縣志》《内江縣志》《南安府志補正》《南宮縣志》《南匯縣志》《南樂縣志》《南皮縣鄉土志》《南皮縣志》《南陽縣志》《寧海縣志》《寧河縣志》《寧津縣志》《寧羌州志》《寧陽縣志》《彭縣志》《蓬州志》《平定州志》《平和縣志》《平湖縣志》《平樂縣志》《平涼縣志》《平望志》《平陰縣志》《平越直隸州志》《蒲城縣新志》《蒲江縣鄉土志》《浦城縣志》《浦江縣志》《普安直隸廳志》《棲霞縣續志》《祁縣志》《祁州鄉土志》《岐山縣志》《蘄州志》《遷江縣志》《乾州志稿》《潛江縣志》《潛江縣志續》《沁水縣志》《青浦縣志》《青田縣志》《青陽縣志》《清河縣志》《清源鄉志》《清遠縣志》《衢州府志》《曲江縣志》《曲陽縣志》《饒平縣志》《日照縣志》《容城縣志》《容縣志》《榮昌縣志》《榮河縣志》《三續華州志》《三原縣新志》《山西通志》《陝州直隸州志》《善化縣志》《上海縣志劄記》《上猶縣志》《上虞縣志》《上虞縣志校續》《邵武府志》《邵陽縣志》《射洪縣志》《神池縣志》《石城縣志》《石門縣志》《壽昌縣志》《壽陽縣志》《壽張縣志》《壽州志》《順甯府志》《順天府志》《四會縣志》《泗虹合志》《泗水縣志》《松陽縣志》《蘇州府志》《宿州志》《睢寧縣志稿》《睢州志》《綏德直隸州志》《綏德直隸州志》《遂昌縣志》《遂寧縣志》《台州府志》《太倉直隸州志》《太平府志》《太平縣志》《泰興縣志》《唐山縣志》《唐縣新志》《唐縣志》《堂邑縣志》《洮州廳志》《桃源縣志》《藤縣志》《騰越廳志稿》《天鎮縣志》《天柱縣志》《通渭縣志》《通州直隸州志》《通州志》《桐鄉縣志》《銅梁縣志》《銅仁府志》《屯留縣志》《望都縣志》《洧川縣鄉土志》《蔚州志》《文登縣志》《巫山縣志》《烏程縣志》《吳川縣志》《吳橋縣志》《無錫金匱縣志》《五河縣志》《五臺新志》《武昌縣志》《武定直隸州志》《武進縣志》《武進陽湖縣志》《武

陽志餘》《西充縣志》《夏縣志》《仙居志》《咸甯縣志》《湘潭縣志》《湘陰縣圖志》《襄陽府志》《祥符縣志》《孝感縣志》《莘縣志》《新河縣志》《新樂縣志》《新寧縣志》《新修菏澤縣志》《新修潼川府志》《新續郘陽縣志》《新續渭南縣志》《興國縣志》《興國州志》《興化府莆田縣志》《興寧縣志》《興文縣志》《邢臺縣志》《雄縣鄉土志》《盱眙縣志稿》《敘州府志》《續輯均州志》《續輯咸寧縣志》《續修故城縣志》《續修崞縣志》《續修廬州府志》《續修舒城縣志》《續修嵩明州志》《續修睢州志》《續修敘永寧廳縣合志》《續永清縣志》《宣平縣志》《洵陽縣志》《延慶州志》《嚴州府志》《鹽城縣志》《洋縣志》《陽穀縣志》《姚州志》《宜陽縣志》《嶧縣志》《翼城縣志》《應城志》《潁上縣志》《永安州志》《永昌府志》《永城縣志》《永川縣志》《永福縣志》《永濟縣志》《永嘉縣志》《永康縣志》《永明縣志》《永年縣志》《永寧州志》《永平府志》《永清縣志》《永壽縣志》《永興縣志》《於潛縣志》《盂縣志》《魚臺縣志》《榆社縣志》《虞城縣志》《餘姚縣志》《鬱林州志》《垣曲縣志》《月浦志》《越巂廳全志》《雲龍州志》《雲南縣志》《鄆城縣志》《增修崇慶州志》《增修登州府志》《增修甘泉縣志》《增修灌縣志》《霑化縣志》《霑益州志》《漳浦縣志》《漳州府志》《趙州志》《柘城縣志》《震澤縣志》《鎮海縣志》《鎮平縣志》《正定縣志》《直隸和州志》《直隸絳州志》《忠義鄉志》《周莊鎮志》《諸暨縣志》《資州直隸州志》《遵化通志》《左雲縣志》

宣統

《陳留縣志》《重修恩縣志》《楚雄縣志》《東明縣續志》《恩縣志》《高要縣志》《固原州志》《廣安州新志》《建德縣志》《涇陽縣志》《樂會縣志》《聊城縣志》《臨安縣志》《蒙陰縣志》《南海縣志》《南金鄉土志》《南寧府全志》《南寧府志》《彭浦里志》《濮州志》《山東通志》《太倉州志》《泰興縣志補》《吳長元三縣合志初編》《新修固原直隸州志》《徐聞縣志》《續纂山陽縣志》《增修清平縣志》

民國

《安次縣志》《安徽通志稿》《安塞縣志》《安鄉縣志》《安澤縣志》《霸縣新志》《柏鄉縣志》《寶雞縣志》《寶應縣志》《滄縣志》《岑溪縣志》《昌化縣志》《昌黎縣志》《昌圖縣志》《長樂縣志》《長壽縣志》《長泰縣新志》《長汀縣志》《潮州府志略》《潮州志》《成安縣志》《澄城縣附志》《荏平縣志》《重修滑縣志》《重修莒志》《重修臨潁縣志》《重修靈臺縣志》《重修隆德縣志》《重修蒙城縣志》《重修岐山縣志》《重修四川通志金堂採訪録》《重修汜水縣志》《重修泰安縣志》《重修咸陽縣志》《重修秀水縣志》《重修鎮原縣志》《重修正陽縣志》《重纂禮縣新志》《重纂興平縣志》《崇安縣新志》《崇安縣志》《崇明縣志》《崇慶縣志》《崇善縣志》《川沙縣志》《慈利縣志》《磁縣縣志》《次安縣志》《從化县志》《大名縣志》《大埔縣志》《大田縣志》《大邑縣志》《儋縣志》《當塗縣志》《德化縣志》《德平縣續志》《德清縣新志》《德縣志》《德興縣志》《定海縣志》《定陶縣志》《東安縣志》《東次縣志》《東樂縣志》《東明縣新志》《東平縣志》《東莞縣志》《恩平縣志》《方城縣志》《肥鄉縣志》《分宜縣志》《封邱縣續志》《奉天通志》《浮山縣志》《福建通志》《福山縣志稿》《阜寧縣新志》《蓋平縣志》《甘肅通志稿》《甘棠堡瑣志》《高淳縣志》《高密縣志》《高邑縣志》《鞏縣志》《古田縣志》《穀城縣志稿》《固安縣志》《故城縣志》《瓜洲續志》《冠縣志》《館陶縣志》《光山縣志約稿》《廣平縣志》《廣宗縣志》《貴州通志》《海澄縣志》《海寧縣志》《海寧州志稿》《海縣志稿》《邯鄲縣志》《韓城縣續志》《漢南續修郡志》《漢源縣志》《杭州府志》《和順縣志》《河南通志稿》《賀縣志》《橫山縣志》《洪洞縣志》《洪洞縣志》《侯閩縣志》《湖北通志》《華容縣志》《華亭縣志》《華縣縣志稿》《淮陽縣志》《淮陰縣志徵訪稿》《懷安縣志》《懷集縣志》《懷寧縣志》《璜涇志稿》《徽縣新志》《霍邱縣志》《冀縣志》《冀州志》《濟陽縣志》《郟縣志》《犍為縣志》《建德縣志》《建寧縣志》《建甌縣志》《建陽縣志》《劍閣縣續志》《江灣里志》《江陰縣續志》《交河縣志》《揭陽縣正

續志》《解縣志》《介休縣志》《金華縣志》《金門縣志》《金壇縣志》《晉
江新志》《晉縣鄉土志》《晉縣志》《京師坊巷志》《涇陽縣志》《景東縣志
稿》《景縣志》《筠連縣志》《開平縣志》《開原縣志》《考城縣志》《來賓
縣志》《萊蕪縣志》《萊陽縣志》《樂安縣志》《樂昌縣志》《里安縣志》
《澧縣縣志》《醴陵縣志》《麗水縣志》《連城縣志》《連江縣志》《連縣志》
《遼陽縣志》《林縣志》《臨安縣志補》《臨汾縣志》《臨高縣志》《臨海縣
志稿》《臨晉縣志》《臨清縣志》《臨潼縣志》《臨縣志》《臨沂縣志》《臨
榆縣志》《臨淄縣志》《陵川縣志》《靈寶縣志》《靈川縣志》《靈山縣志》
《柳城縣志》《隆安縣志》《龍門縣志》《龍山鄉志》《龍巖縣志》《龍游縣
志》《盧龍縣志》《盧陵縣志》《陸良縣志稿》《禄勸縣志》《羅城縣志》
《洛川縣志》《洛寧縣志》《麻城縣志前編》《馬邑縣志》《滿城縣志略》
《蒙化縣志稿》《孟縣志》《綿竹縣志》《閩清縣志》《明溪縣志》《牟平縣
志》《木瀆小志》《内黃縣志》《内江縣志》《南安縣志》《南昌縣志》《南
充縣志》《南豐縣志》《南宮縣志》《南和縣志》《南匯縣續志》《南陵縣
志》《南皮縣志》《南平縣志》《南溪縣志》《南潯鎮志》《南潯志》《南漳
縣志》《寧國縣志》《寧化縣志》《寧晉縣志》《寧鄉縣志》《沛縣志》《邳
志補》《平樂縣志》《平涼縣志》《平民縣志》《平鄉縣志》《平陽縣志》
《莆田縣志》《祁陽縣志》《齊東縣志》《齊河縣志》《遷安縣志》《遷江縣
志》《潛山縣志》《沁源縣志》《青城縣志》《青縣志》《清豐縣志》《清河
縣志》《清流縣志》《清平縣志》《清遠縣志》《清苑縣志》《清鎮縣志稿》
《慶雲縣志》《瓊山縣志》《渠縣志》《衢縣志》《全椒縣志》《確山縣志》
《仁化縣志》《任縣志》《榮縣志》《如皋縣志》《汝城縣志》《芮城縣志》
《三河縣新志》《沙河縣志》《沙縣志》《山東通志》《陝縣志》《商南縣志》
《商水縣志》《上杭縣志》《上思縣志》《紹興縣志資料》《澠池縣志》《嵊
縣志》《石城縣志》《石屏縣志》《始興縣志》《首都志》《壽昌縣志》《壽
光縣志》《束鹿縣志》《雙林鎮志》《順德縣志》《順義縣志》《朔方道志》
《四川通志》《泗陽縣志》《松潘縣志》《宿遷縣志》《宿松縣志》《睢寧縣
舊志》《綏陽縣志》《綏中縣志》《遂安縣志》《遂寧縣志》《台州府志》

《太倉州志》《太谷縣志》《太和縣志》《太湖縣志》《太康縣志》《泰寧縣志》《泰縣志稿》《湯溪縣志》《通縣編纂省志材料》《同安縣志》《同官縣志》《銅山縣志》《潼南縣志》《完縣新志》《萬泉縣志》《萬載縣志》《王家營志》《望都縣志》《濰縣志稿》《渭源縣志》《文安縣志》《聞喜縣志》《烏青鎮志》《吳縣志》《無棣縣志》《無極縣志》《無錫富安鄉志》《蕪湖縣志》《武安縣志》《婺源縣志》《西華縣續志》《西平縣志》《西鄉縣志》《歙縣志》《霞浦縣志》《夏津縣志續編》《夏邑縣志》《獻縣志》《相城小志》《香河縣志》《鄉寧縣志》《襄陵縣志》《襄垣縣志》《象山縣志》《項城縣志》《蕭山縣志稿》《莘縣志》《新安縣志》《新蔡縣志》《新昌縣志》《新城縣志》《新登縣志》《新河縣志》《新絳縣志》《新校天津衛志》《新修閿鄉縣志》《新纂康縣縣志》《新纂雲南通志》《信都縣志》《興國州志》《雄縣新志》《修武縣志》《徐水縣新志》《許昌縣志》《漵浦縣志》《續修博山縣志》《續修東阿縣志》《續修范縣縣志》《續修廣饒縣志》《續修浪穹縣志》《續修醴泉縣志稿》《續修馬龍縣志》《續修南鄭縣志》《續修陝西通志稿》《續修昔陽縣志》《續修興化縣志》《宣平縣志》《鄢陵縣志》《鹽城縣志》《鹽城續志校補》《鹽豐縣志》《鹽山新志》《郾城縣記》《陽江志》《陽山縣志》《陽朔縣志》《陽信縣志》《陽原縣志》《姚安縣志》《宜春縣志》《宜良縣志》《儀封縣志》《義縣志》《翼城縣志》《鄞縣通志》《英山縣志》《滎經縣志》《邕寧縣志》《永春縣志》《永定縣志》《永和縣志》《永年縣志料》《永泰縣志》《尤溪縣志》《餘姚六倉志》《禹縣志》《元氏縣志》《岳陽縣志》《鄆西縣志》《棗強縣志》《增修膠志》《增修清平縣志》《霑化縣志》《漳浦縣志》《昭平縣志》《昭萍志略》《昭通志稿》《詔安縣志》《浙江續通志》《鎮海縣志》《政和縣志》《鄭縣志》《鄭州志》《中牟縣志》《鐘祥縣志》《蟊屋縣志》《紫陽縣志》《鄒平縣志》

圖書在版編目（CIP）數據

明代氣象史料編年：全六冊 / 展龍編. -- 北京：
社會科學文獻出版社，2022.11
ISBN 978 - 7 - 5201 - 9290 - 3

Ⅰ.①明… Ⅱ.①展… Ⅲ.①氣象學 - 史料 - 中國 -
明代 Ⅳ.①P4 - 092

中國版本圖書館 CIP 數據核字（2021）第 231103 號

明代氣象史料編年（全六冊）

編　　者 / 展　龍

出 版 人 / 王利民
責任編輯 / 宋榮欣　陳肖寒 等
責任印製 / 王京美

出　　　版 / 社會科學文獻出版社·歷史學分社（010）59367256
　　　　　　地址：北京市北三環中路甲 29 號院華龍大廈　郵編：100029
　　　　　　網址：www. ssap. com. cn
發　　　行 / 社會科學文獻出版社（010）59367028
印　　　裝 / 三河市東方印刷有限公司

規　　　格 / 開　本：787mm × 1092mm　1/16
　　　　　　印　張：176. 75　字　數：2704 千字
版　　　次 / 2022 年 11 月第 1 版　2022 年 11 月第 1 次印刷
書　　　號 / ISBN 978 - 7 - 5201 - 9290 - 3
定　　　價 / 2480. 00 圓（全六冊）

讀者服務電話：4008918866